Dr. Antje Arnold

# LET'S GO WILD!

## Wie wilde Gärten glücklich machen

Dr. Antje Arnold

# LET'S GO WILD!

## Wie wilde Gärten glücklich machen

# INHALT

# VORWORT

Liebe Wildnis-Gärtnerin, lieber Wildnis-Gärtner,

»Let's go wild« nimmt dich auf eine spannende Reise mit – nicht nur in die Welt der Wildnis, sondern auch zu einem tieferen Verständnis, warum Wildnis und ein wild gestalteter Garten dir Glücksmomente und Gesundheit zaubern kann. Hier findest du nicht nur einen Ort der Entspannung und des inneren Wohlbefindens, sondern auch eine ständig sprudelnde Quelle für Distanz zum Alltag, für Kreativität und den oft so wichtigen Perspektivenwechsel. In der heutigen Welt können wir in unseren wilden Gärten wieder das entdecken, was uns oft fehlt, aber für das wir gemacht sind: das Leben im Moment, das Beobachten der Natur, aber auch das Ungezwungene und die Abwesenheit von Druck.

Lass dich von der Vielfalt, dem orchestrierten Zusammenwirken von Mikroorganismen, Pilzen, Pflanzen und Tieren beeindrucken und inspirieren. Sie bilden ein komplexes, funktionierendes Netzwerk in deinem wilden Garten. Vor deiner Terrassentür kannst du die Wunder der Natur entdecken: von schillernden Insekten bis zu anmutigen Wildpflanzen.

Und mehr noch: Indem du Wildnis in deinen Garten und in dein Leben wieder hereinholst, wirst du Teil einer größeren Bewegung, die auf Respekt für unsere Mitlebewesen setzt, denn sie haben es mehr als nötig. Ein Schritt in die eigene Wildnis kann der Anfang eines erfüllteren, gesünderen Lebens sein. Also, worauf wartest du? Wage den ersten Schritt, von Wildblumenwiesen über Pilzgeflechte bis hin zu Mäuselöchern als Mikrohabitate! Let's go wild!

# WILDNIS & GLÜCK: WIE PASST DAS ZUSAMMEN?

**Warum wir uns in wilder Natur wie in den Bergen, am Meer, im naturnahen Wald und im Dschungel glücklich fühlen – eine Reise in das Herz längst vergangener und heutiger Wildnis.**

# IN WELCHER NATUR FÜHLEN WIR UNS BESONDERS GLÜCKLICH?

**Was passiert in unserem Körper, in unserem Geist, wenn wir uns in der Wildnis, also in unberührter Natur aufhalten?**

Es gibt diesen einzigartigen Moment, den viele von uns nur zu gut kennen: Man steht auf einem Berggipfel, der Wind weht einem durch die Haare, der Blick reicht über endlose Täler und schneebedeckte Gipfel. Oder man spaziert an einem einsamen Strand entlang, die Wellen rauschen und die salzige Meeresluft erfüllt die Lungen.

Vielleicht zieht man auch durch einen naturnahen Wald, das Moos unter den Füßen, die Vögel zwitschern, und alles fühlt sich irgendwie »richtig« an. In diesen Momenten wird es plötzlich klar – es ist die Natur, die uns dieses tiefe Gefühl von Glück und Erfüllung schenkt. Doch warum ist das so? Die Antwort liegt tief in unserer Evolution verwurzelt und hat sowohl biologische als auch psychologische Gründe.

Schroffe Felsen, urige Bäume, steile Bergflanken und ein weiter Blick vermitteln uns unberührte Wildnis.

## DIE WILDE NATUR ALS UNSER URSPRUNG

Bevor es die Zivilisation schaffte, uns mit Straßen, Beton und Glaswänden einzuschließen, lebten wir Menschen im Einklang mit der Natur. Wir waren Jäger und Sammler, die ihre Tage in den Wäldern, Bergen, Steppen, an Flüssen und seit relativ kurzer Zeit auch auf den Feldern verbrachten. In dieser Zeit waren wir direkt auf die Natur angewiesen – nicht nur für Nahrung und Wasser, sondern auch für unsere psychische und physische Gesundheit. Wissenschaftler sprechen hier von der **»biophilen Hypothese«**, die besagt, dass der Mensch eine angeborene Affinität zu natürlichen Umgebungen hat, da wir uns in diesen Landschaften über Millionen von Jahren entwickelt haben. Wir hören ab Seite 42 noch davon.
Die Natur war unser Lebensraum und viele der tiefsten Teile unserer Psyche sind noch immer in diese Umgebungen eingebettet. Diese Evolution

Besondere Bäume dienten seit jeher als Kraftquelle. Heute gelingt uns in solcher Umgebung die Flucht aus unserem überreizten Alltag und die Chance zu Regeneration.

hat dazu geführt, dass unsere Gehirne und Körper auf natürliche Reize wie Bäume, Wasser, Berge, Felsen und Tiere besonders positiv reagieren.

### Der »Flucht«-Effekt: Wie die Wildnis uns entstresst

Ein wichtiger Grund, warum wir uns in der Wildnis so wohlfühlen, liegt in der Reduktion von Stress. In einer Welt, die von digitaler Ablenkung und sozialem Druck geprägt ist, hat das Eintauchen in die Natur eine beruhigende Wirkung auf unseren Geist. Zahlreiche Studien belegen, dass natürliche Umgebungen den Cortisolspiegel – ein Hormon, das mit Stress in Verbindung steht – senken. Wenn wir uns in der Wildnis aufhalten, insbesondere in weniger urbanisierten Gebieten, erleben wir eine natürliche »Flucht« aus der hektischen Welt.
Das Gehirn reagiert auf die Stille und den Rhythmus der Natur, indem es in einen Zustand versetzt wird, der oft als »restorative attention« bezeichnet wird. Dabei handelt es sich um die Fähigkeit der Natur, unser Gehirn von den ständigen Reizen und Überlastungen der modernen Welt zu befreien, sodass wir uns erholen und regenerieren können. Die beruhigenden Reize von Wasser, Bäumen oder einer Berglandschaft helfen uns dabei, die ständige »kognitive Belastung« zu reduzieren.

### Der »Wald-Effekt«: Warum wir den Wald lieben

Besonders im Wald zeigt sich, wie tief unser Bedürfnis nach natürlichen Umgebungen verankert ist. Waldböden, bedeckt von einer Schicht aus Laub, Nadeln und Moos, dämpfen Geräusche und schaffen eine akustisch geschützte Umgebung. In Studien konnte gezeigt werden, dass Spaziergänge im Wald oder in waldähnlichen Umgebungen die Aktivität des parasympathischen Nervensystems anregen, das für Entspannung und Regeneration verantwortlich ist (siehe Seite 211). Dieser Effekt wird auch als »Shinrin Yoku« bezeichnet, was auf Japanisch so viel wie **»Waldbaden«** bedeutet. Japanische Forscher haben herausgefunden, dass der Aufenthalt in einem natürlichen Waldumfeld die Symptome von Angst und Depression verringert und sogar das Immunsystem stärkt (dazu mehr ab Seite 45). Das »Waldbaden« ist mittlerweile eine anerkannte Therapieform.

Der Wald bietet dabei nicht nur eine Flucht vor der urbanen Welt, sondern auch eine Vielfalt an Sinneseindrücken, die uns in den Moment zurückholen. Die frische, feuchte Luft, das Rascheln der Blätter und der Duft von Erde und Moos schaffen eine nahezu meditative Atmosphäre. Studien haben gezeigt, dass der Aufenthalt in Wäldern die Ausschüttung von »Wohlfühl«-Hormonen wie Endorphinen und Serotonin anregt, die uns ein Gefühl von Glück und Zufriedenheit vermitteln.

## Berge und Meer – unsere Sehnsucht nach Weite

Berge und Meer üben eine ganz besondere Faszination auf uns aus. In der modernen Welt fühlen wir uns oft gefangen – in vier Wänden, in Büros, im Verkehr, in festgefahrenen Routinen, vielleicht auch in Beziehungen. Gewaltige Berge und das offene Meer zeigen uns, wie groß und unendlich die Welt ist. Diese Weite löst in uns das Gefühl von Entlastung, Freiheit und Unabhängigkeit aus. Auf Gipfeln erzeugt die Weite des Panoramas ein intensives Empfinden von Freiheit und Autonomie. Die enorme horizontale und vertikale Ausdehnung aktiviert im Gehirn Belohnungssysteme, die das Hormon Dopamin ausschütten und so Glücksgefühle verstärken. Die Kontraste aus Felsformationen und lichtdurchfluteten Gipfelplateaus üben eine ästhetische Faszination aus, die über visuelle Ästhetik hinaus auch kognitive Ressourcen mobilisiert und kreatives Denken anregt.

Beton und Asphalt kombiniert mit Lärm, Gestank und Enge dominieren unsere Städte.

Weite, insbesondere nach körperlicher Anstrengung, löst ganz besondere Gefühle aus: Freiheit, Selbstbestimmtheit und Stolz, etwas geschafft zu haben.

Ein faszinierendes Phänomen ist, dass die Nähe zum Meer eine besondere Wirkung auf unsere Psyche hat. Forschungen haben gezeigt, dass der Klang von Wellen eine beruhigende Wirkung auf das Gehirn hat und dabei hilft, Stress abzubauen. Der gleichmäßige Rhythmus der Brandung wirkt als »soft fascination« im Sinne der **Attention Restoration Theory** (siehe Seite 43) und ermöglicht dem »directed attention«-System eine Regeneration. Gleichzeitig fördert die salzhaltige Luft – durch Aerosole von Meersalz und Mikroalgen – eine verbesserte Lungenfunktion und besitzt antimikrobielle Eigenschaften, die einen direkten positiven Einfluss auf das autonome Nervensystem haben (im autonomen oder vegetativen Nervensystem werden automatische Vorgänge im Körper reguliert wie Verdauung oder Atmung, die nicht willentlich beeinflusst werden können).
Auch die Weite des Horizonts, also der scheinbar endlose Blick auf das Meer, hat etwas Beruhigendes und lässt uns unser eigenes Leben relativieren. Dieses Gefühl von »endloser Freiheit« kann zu einer tieferen Zufriedenheit führen, da wir uns unserer eigenen Unwichtigkeit im größeren Kontext der Natur bewusst werden.

Urgewalt des Meeres als Inbegriff purer Wildnis: Der Wellenschlag, der Geruch der Gischt schaffen Erholung und Klarheit.

## Der Dschungel - exotische Faszination und Reizüberflutung

Der Dschungel – wild, geheimnisvoll, exotisch – übt auf viele von uns eine einzigartige Faszination aus. Doch warum fühlen wir uns auch von dieser dichten, oftmals feuchten und überbordenden Natur so angezogen? Der Dschungel ist ein Ort der Reizüberflutung, der uns gleichzeitig sowohl anzieht als auch herausfordert. Die Vielfalt an Leben – von Tieren über Pflanzen bis hin zu den Geräuschen der Natur – spricht die tiefsten Sinne an. In der Natur des Dschungels ist das Leben überall präsent. Diese Unmittelbarkeit des Lebens kann uns erfrischen und kann gleichzeitig ein Gefühl der Ehrfurcht hervorrufen.
Forschungen haben gezeigt, dass die Vielfalt an Reizen, die in einem Dschungel zu finden ist, das Gehirn in einen Zustand der »aufmerksamen Ruhe« versetzt. Diese Form der Aufmerksamkeit wird oft als besonders kreativ und produktiv angesehen, da unser Gehirn gezwungen ist, sich auf die verschiedenen Sinneseindrücke zu fokussieren, ohne überfordert zu werden. Der Dschungel fordert uns auf, präsent zu sein, aufmerksam zu sein und die Schönheit in der Komplexität wahrzunehmen.

Die überbordende Fülle an Grün, unbekannten Geräuschen und Gerüchen stimuliert unsere tiefsten Sinne.

# WAS IST EIGENT-LICH WILDNIS?

Wildnis ist vielschichtig – der Begriff an sich, aber auch seine kulturelle Bedeutung in den verschiedenen Dimensionen. Die Sicht auf Wildnis wandelt sich stetig.

# DER BLICK ZURÜCK LOHNT

**Der Begriff »Wildnis« bezeichnet naturnahe Räume, die weitgehend unbeeinflusst von menschlicher Nutzung sind und die sich nach ihren eigenen ökologischen Prozessen entwickeln. Sie zeichnen sich durch hohe biologische Vielfalt, dynamische Sukzession und eine geringe infrastrukturelle Erschließung aus.**

Wildnis ist Lebensraum für viele bedrohte Arten und erfüllt wichtige ökologische Funktionen wie Kohlenstoffbindung, Wasserrückhalt und Klimaregulation. In der Umweltethik symbolisiert Wildnis zudem die Eigenwertigkeit der Natur – unabhängig von ihrer Nützlichkeit für den Menschen.

## BASELINE: EIN BLICK IN DIE PALÄONTOLOGIE UND AUF MAMMUT & CO.

Schauen wir auf die Lebenswelten in geologischer Vergangenheit bei uns in Mitteleuropa.

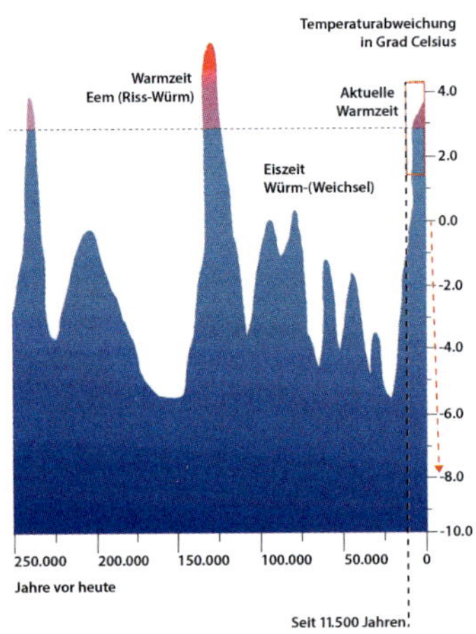


Wir leben innerhalb der Eiszeit in einer kurzen, aber kühleren Warmphase als im Eem.

### Der Wildnis auf der Spur: deine Wildnis-Baseline

Wenn wir den Begriff Wildnis aus ökologischer Sicht betrachten – also die Natur Mitteleuropas ohne menschlichen Einfluss –, müssen wir Geologie plus Paläontologie zurate ziehen und gedanklich weit zurückreisen. In die Erdgeschichte, ins Quartär – unsere große Eiszeit –, das vor rund 2,5 Millionen Jahren begann und bis heute andauert. In dieser langen Phase wechselten sich etwa alle 100.000 Jahre zehnmal so lange Kaltzeiten mit kurzen, wärmeren Zwischenzeiten ab, gesteuert von einem Taktgeber, den sogenannten Milanković-Zyklen: Veränderungen in der Erdumlaufbahn und der Neigung und Richtung der Erdachse sorgen für ein Abwechseln von kalten und wärmeren Phasen.

## IM WANDEL DER ZEITEN

Aktuell leben wir in einer dieser kurzen Wärmephasen, dem **Holozän**, das vor rund 12.000 Jahren begann. Während der letzten großen Kaltzeit – der Weichsel-/Würm-Kaltzeit – reichten zeitweise die Gletscher von Norden her bis zur Weichsel und von Süden bis zur Würm. Mitteleuropa war keineswegs komplett vereist, so wie man es sich gerne vorstellt. Der Boden war zwar oft gefroren, aber die Vegetation variierte zwischen schütterer Tundra-Vegetation bis hin zu rotbuchen- und tannenreichen Wäldern. Hier lebten archaische Menschen: zunächst verstreut die Neandertaler als Jäger, dann

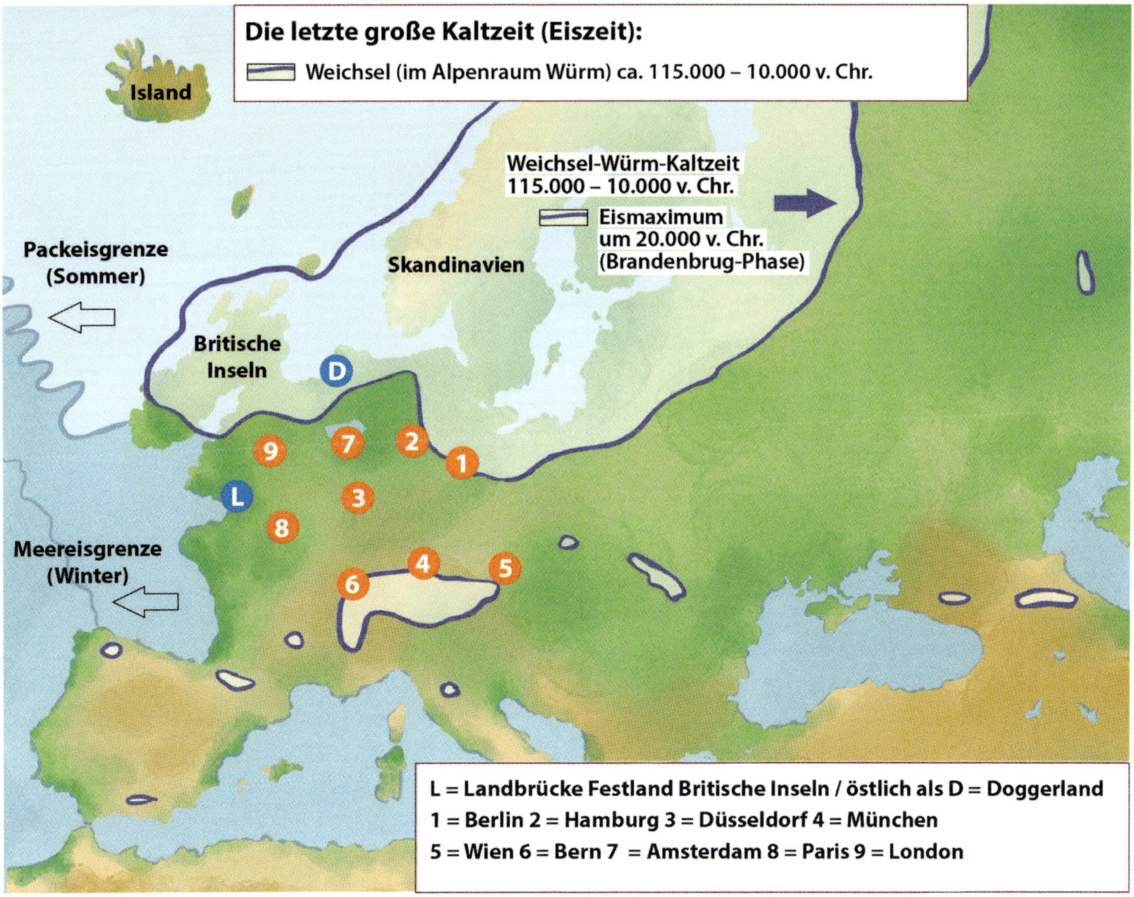


Die maximale Vergletscherung Europas um 20.000 v. Chr. während der letzten kleinen Kaltzeit, die von Norden bis zur Weichsel und mit dem Alpengletscher von Süden bis zur Würm reichte.

seit etwa 45.000 Jahren der moderne Mensch, der sich rasant entwickelte und tiefgreifende Veränderungen mit sich brachte – insbesondere für die Tier- und Pflanzenwelt.

## Ein Blick in die Eem-Warmzeit - Natur im Gleichgewicht

Um zu verstehen, wie Mitteleuropas Wildnis ohne menschlichen Einfluss aussah, lohnt sich der Blick in die Eem-Warmzeit. Diese begann vor rund 130.000 Jahren und dauerte etwa 11.000 Jahre an. Der Neandertaler war schon da, aber seine Eingriffe in die Natur waren gering. Das Klima war milder als heute, die Durchschnittstemperaturen lagen tagsüber bis zu 2 °C über dem Niveau der vorindustriellen Zeit, ausgelöst durch extremere Milanković-Zyklen. Der globale Meeresspiegel lag wegen der geschrumpften Eisschilde bis zu 9 m über dem heutigen Niveau. Milde Temperaturen, ein komplexes Mosaik aus Wald- und Offenlandflächen und eine lebendige Tierwelt wirkten zusammen. Die enge Rückkopplung zwischen großen Pflanzenfressern und der Vegetation schuf ein dynamisches Gleichgewicht, das uns heute als Referenz für ein ursprüngliches mitteleuropäisches Naturgefüge dienen könnte – ein faszinierender Einblick in die Balance von Klima, Flora und Fauna.

## Kleinteilige Mosaike

Die Megaherbivorentheorie (siehe Seite 210) besagt, dass die Landschaft kein dichter Urwald war, sondern ein vielfältiges Mosaik aus Wald, Offenland und Feuchtgebieten: kleinteiligen Lebensräumen, die auch durch vor allem große und viele

wandernde Pflanzenfresser geschaffen wurden. Ein Wechselspiel aus lichtdurchfluteten Laubmischwäldern, wenigen dichten Waldbereichen und weitläufigen Offenländern prägte das Gelände. Lediglich weniger als ein Viertel der Landfläche lag unter geschlossenem Laubwald. Der Großteil davon bildete eine Mischung aus sogenannten Leichtwäldern mit weniger als 60 % Kronenschluss und etwa 17 % offenen Flächen wie Wiesentäler und Flussauen. Die Wälder und Offenländer waren innerhalb weniger hundert Meter ineinander verzahnt. Solche Offenlandflächen entstanden teils durch das Wirken einer artenreichen Megaherbivorenfauna, also durch große Pflanzenfresser wie Auerochsen, Wildpferde und Elefanten: Sie hinterließen beim Grasen und Treten Grasländer und Buschstadien und hielten so das halboffene Mosaik lebendig.
In den feuchten Niederungen wuchsen Seggen und Weiden, auf Hängen lichte Eichen-Hainbuchen-Wälder. An trockeneren Standorten gediehen Eiben und Wacholder, die offenen Flächen leuchteten von arten- und blütenreichen Kräuterfluren, die sich durch Großsäugetier-Tritte und gelegentliche Überschwemmungen immer wieder erneuerten.

### Tierische Vielfalt der besonderen Art

Die Tierwelt spiegelte das Landschaftspatchwork: Flusspferde und Waldelefanten hinterließen an Flussufern Trittsiegel und Fraßspuren, während Elefanten in lichten Zonen Nahrung suchten. Mehrere Nashornarten bewegten sich durchs Geflecht aus Wald und Offenland: das Steppennashorn in Halboffenland, das Merck'sche Waldnashorn in waldreichen Biotopen und das Hundsheimer Nashorn in offenen Grasflächen. Seltener tauchte der Europäische Wasserbüffel in sumpfigen Auen auf.
Auerochsen grasten in den Offenländern, während Rothirsche, Damhirsche und Rehe Nischen in Lichtungen und Dickichten nutzten.
Höhlenlöwen und Höhlenhyänen jagten an Saumstrukturen, ergänzt wurden sie durch Wölfe, Braunbären und Luchse.

Wisente (Europäischer Bison) zählen zu den letzten großen Pflanzenfressern, die in Europa noch übrig sind.

### Typische Bäume der damaligen Wälder

In den dichten Waldbereichen bildeten Eiche (*Quercus* spec.), Hainbuche *(Carpinus betulus)*, Bergahorn *(Acer pseudoplatanus)*, Ulme *(Ulmus glabra)*, Vogelkirsche *(Prunus padus)* und Winterlinde *(Tilia cordata)* zusammen mit einem mehrschichtigen Unterwuchs ein üppiges Kronendach.
In den Leichtwäldern dominierten Pionierarten wie Hasel *(Corylus avellana)*, verschiedene Weiden (*Salix* spec.) und Schwarzdorn *(Prunus spinosa)*, begleitet von blütenreichen Lichtungskräutern.
Die offenen Flächen bestanden aus arktisch-alpenähnlichen Grasfluren, feuchten Auwiesen und Sukzessionsrasen, gesäumt von Schilf *(Phragmites australis)* und Kopfweiden *(Salix alba)* entlang der Gewässer.

Kleinere Säugetiere wie Bilche, Eichhörnchen und Waldmäuse belebten die Boden- und Baumschichten mit ihrem emsigen Treiben.
Und das war in dieser »vormenschlichen Wildnis« längst nicht alles: Auch Warm- und Kaltzeit-Mammuts, Riesenhirsche, Breitstirnelche, Steinböcke, Gämsen, Esel und Warmzeit-Pferde gab es in großer Zahl – in den Warmzeiten mit dünnerem Fell, in den Eiszeiten mit dickem, zotteligem Fell. Auch lebten dann weniger Exemplare, da die Nahrung knapper war. Aber alle Tiere hatten enormen Appetit auf Pflanzen – mit erstaunlichen Effekten. Wir alle kennen die Aufnahmen riesiger, periodisch ziehender Tierherden von Pflanzenfressern der Savannen Afrikas wie der Serengeti. So ähnlich muss es damals wohl weltweit ausgesehen haben. Diese Tierherden hielten die Flächen weitgehend frei von geschlossenem, dunklem Wald.

In den Laubwäldern dominieren heute Rotbuchen, an den Rändern und im Mittelwald gedeihen auch Hainbuchen.

## HOLOZÄN: ALS DIE WELT UNSERE WURDE

Das Holozän startete vor etwa 11.700 Jahren – und vieles veränderte sich. Der Mensch trat auf den Plan.

### Vegetation – ein Wald in sanften Farbnuancen

Die Eem-Wälder Nordeuropas wirkten als mosaikartige Mischwald-Landschaften: Birke (*Betula* spec.), Fichte (*Picea abies*) und Kiefer (*Pinus* spec.) bildeten das Gerüst, während Stieleiche *(Quercus robur)*, Bergulme *(Ulmus glabra)* und Winterlinde *(Tilia cordata)* Farbtupfer setzten. Lichtungen und Übergangsmoore verliehen zusätzliche Reize. Im Holozän rückten wegen der niedrigeren Temperaturen im Vergleich zum Eem Rotbuche *(Fagus sylvatica)* und Hainbuche *(Carpinus betulus)* stärker in den Vordergrund, nicht zuletzt, weil neolithische Rodungen offene Flächen schufen. Ackerbau und Neophyten (siehe Seite 210) ergänzten das floristische Bild um neue Komponenten. Das Neolithikum bezeichnet die jungsteinzeitliche Zeitepoche, in der sich der Mensch vom Jäger und Sammler allmählich zum Bauern und Viehzüchter entwickelte.

Blütenreiche Kräuterfluren entstanden nach der letzten Eiszeit, dieses Mal durch die aufkommende Landwirtschaft.

### Wo sind die Großen geblieben?

Die großen Pflanzenfresser verschwanden – Rentier, Rotwild, Auerochse und Wildpferd blieben als letzte Vertreter übrig – die Giganten, die Stars des Eem, sind Geschichte.

Übrig geblieben sind europaweit nur wenige Exemplare von Elchen.



Für das Ende der Eiszeitriesen war eine Mischung aus verschiedenen Einflüssen verantwortlich:

- **Menschlicher Druck:** Frühpaläolithische Jäger überraschten mit ihren Fernwaffen eigentlich uns überlegene Tiere und bejagten die großen Pflanzenfresser intensiv **(Overkill-Theorie)**, während deren langsame Fortpflanzung kein schnelles Erholen der Bestände erlaubte. Bis ins späte Pleistozän hinein tummelte sich auf allen Kontinenten eine beeindruckende Vielfalt an Großtieren – ähnlich jener, die uns heute nur noch aus Afrika vertraut ist. Doch vor rund 100.000 bis 10.000 Jahren setzte eine Aussterbewelle ein, die zahlreiche dieser imposanten Arten für immer verschwinden ließ. Nur in Afrika und teilweise in Südasien überlebten einige der tierischen Riesen wie Elefanten und Nashörner – und mit ihnen auch deutlich mehr andere Großsäuger als anderswo. Abgesehen von diesen Regionen verschwanden weltweit sämtliche Arten mit einem Körpergewicht über 1000 kg sowie rund 80 % aller Arten zwischen 100 und 1000 kg – meist parallel zum allmählichen Vormarsch des modernen Menschen. Dagegen ist der Anteil verschwundener Arten unterhalb der 45-Kilogramm-Grenze kaum der Rede wert.
- **Klimaeinbruch:** Im Jüngeren Dryas (ca. 12.900–11.700 v. Chr.) fielen die Temperaturen rasch, wodurch sich Vegetationsmuster veränderten, sodass spezialisierte Weideökosysteme zusammenbrachen.
- **Lebensraumverlust:** Moorbildungen und das Wiederaufwachsen dichter Wälder nahmen den offenlandliebenden Riesen ihre Weidegründe.
- **Virus killt Mammut?** Vorstellbar ist aber auch, dass ein tödliches Virus, möglicherweise eingeschleppt durch die sich immer schneller ausbreitenden Menschen oder deren Begleiter wie Ratten und Flöhe, zum Aussterben beitrug **(Hyperdisease-Theorie)**.

Gemeinsam führten diese Faktoren zum schrittweisen Verschwinden der Riesen, während anpassungsfähige Arten wie das Rotwild überlebten.

### Holozäne Wildnis – tierische Vielfalt trotz Wandel der Landschaft und Auftreten des Menschen

Doch auch im beginnenden Holozän war die Wildnis noch bunt:

- Auerochsen hielten Waldlichtungen offen.
- Wisente liebten das Mosaik aus Wald und Offenland.
- Rothirsche, Rehe und Elche nutzten Waldränder, Sümpfe und Moore.
- Wildpferde zogen über offene Ebenen.
- Wildschweine durchwühlten Wälder.
- Wölfe, Luchse, Bären, Otter und Biber prägten das Landschaftsbild.

Auch kleinere Säuger wie Wildkatzen, Feldhasen und verschiedene Nagetiere wie Eichhörnchen waren allgegenwärtig. In der Luft jagten Uhus, in den

Wildschweine sorgen heute für Vielfalt in den Wäldern. Sie pflügen die Böden auf der Suche nach Nahrung um.

Bäumen lebten Schwarzstörche und Singvögel. Die Ufer von Gewässern und flache Tümpel bewohnten Reptilien und Amphibien wie die Gelbbauchunke und die Ringelnatter. Insgesamt konnte sich diese vielfältige Tierwelt ungestört entfalten – großflächige menschliche Eingriffe fehlten weitgehend, wodurch Nahrungsnetze stabil blieben und selbst spezialisierte Arten passende Lebensräume fanden. Mit dem Holozän begann eine neue Ära: Nachdem der Mensch die großen Pflanzenfresser quasi »aufgegessen« hatte, musste er sich anderweitig versorgen. Der Mensch wurde sesshaft, begann mit Ackerbau und Viehzucht. Auch er schuf Mosaike. Die Wälder veränderten sich: Rotbuche und Hainbuche wurden häufiger, Lichtungen entstanden durch Rodungen. Auch neue Pflanzenarten hielten Einzug – durch bewusste Einführung oder Zufall. Könnte das unsere gesuchte Wildnis-Referenz sein?

## ZURÜCK ZUR WILDNIS – »REWILDING« IN EUROPA

In ganz Europa gewinnt jüngst ein faszinierender Ansatz im Naturschutz an Bedeutung: das **Rewilding**. Ziel ist es, der Natur wieder mehr freien Lauf zu lassen – mit möglichst wenig menschlicher Steuerung, um Ökosysteme wiederherzustellen und das Artensterben zu stoppen. Große Pflanzenfresser stehen dabei im Mittelpunkt: Wisente, Wildpferde oder robuste Rückzüchtungen wie Taurusrinder. Diese Tiere gestalten als sogenannte Schlüsselarten Landschaften aktiv – sie sind Architekten lebendiger Vielfalt.

### Mehr Vielfalt durch wilde Weidetiere

Große Pflanzenfresser sorgen durch ihr Fress- und Bewegungsverhalten dafür, dass Landschaften ab-

Stark bejagt, verschwanden Wildpferde im 16. Jh. Nun kommen sie und Wildnis zurück.

In Richtung Auerochse rückgezüchtete Taurusrinder schaffen Strukturreichtum und Offenlandschaften. Sie sind Schlüsselarten beim Rewilding.

wechslungsreicher werden. Sie halten offene Flächen frei, schieben Waldränder zurück und schaffen lichte Gehölzinseln – ein Mosaik verschiedenster Lebensräume entsteht. Genau diese Vielfalt ist ein Segen für die Artenvielfalt: Blumenreiche Wiesen, besonnte Lichtungen und strukturreiche Hecken entstehen und bieten Nischen für unzählige Insekten, Vögel und andere Tiere.

### Nährstoffe, die Kreisläufe schließen

Was reingeht, muss auch raus – und genau das ist für die Ökosysteme ein echter Gewinn. Dung und Urin der Tiere reichern den Boden mit Nährstoffen an bestimmten Stellen an und kurbeln das Pflanzenwachstum genau dort an. Das wiederum schafft Pflanzenvielfalt, fördert Insektenvielfalt (siehe Seite 175), was auch Vögeln und anderen Insektenfressern zugutekommt. Zudem verbessern die Tiere mit ihren Tritten die Bodenstruktur, wodurch Wasser besser gespeichert und Mikroorganismen aktiviert werden, aber auch Insekten ihre Eier ablegen können – die Basis eines gesunden Ökosystems.

#### *Samen auf Wanderschaft*

Ob im Fell von Säugetieren, im Gefieder von Vögeln oder über den Verdauungstrakt: Die Tiere transportieren unzählige Samen über weite Strecken. Diese »wilde Logistik« hilft den standortgebundenen Pflanzen, neue Plätze zu besiedeln und ihre genetische Vielfalt zu erhalten. Gerade in zerschnittenen Landschaften ist das ein wertvoller Beitrag zur Wiedervernetzung.

### Klimaschutz mit Hufen

Auch fürs Klima spielen große Pflanzenfresser eine wichtige Rolle. Studien an ausgewilderten Wisenten in den Karpaten zeigen, dass Herden freilebender Großsäuger helfen könnten, große Mengen Kohlenstoff im Boden zu speichern, indem der Dung von Bodenlebewesen unter die Erde gebracht und dort sowohl verspeist als auch gespeichert wird. Dies alles ganz ohne Hightech, nur mit Hufen, Dung und Instinkten.

Dunghaufen sind kleine, aber äußerst effektive und lebendige Mikrohabitate (siehe Seite 175).

Klettenartige Samen bleiben im Fell der Wildtiere hängen und gehen so mit auf Wanderschaft.

## MEHR ALS NATUR – EIN GEWINN FÜR ALLE

Rewilding bringt nicht nur der Natur Vorteile: Die Rückkehr der Wildnis begeistert, zieht Touristen an und stärkt regionale Wirtschaftskreisläufe. Und vielleicht noch wichtiger: Sie zeigt uns, wie lebendig Natur sein kann, wenn man sie einfach mal machen lässt. Das hat für viele Menschen einen unschätzbaren Wert.

# WILDNIS – EIN BEGRIFF IM STETIGEN WANDEL

**»Wildnis« hat eine bewegte Bedeutungsgeschichte. Was einst einfach unbewohntes, ungezähmtes Land bedeutete, wurde über die Jahrhunderte mit kulturellen, religiösen und ideologischen Vorstellungen aufgeladen.**

Das Wort »Wildnis« ist abgeleitet vom althochdeutschen *wildernis* und verwandt mit *wild*. Doch Wildnis hatte nicht immer die gleiche Bedeutung für uns Menschen. Sie unterlag einem stetigen Wandel.

Höhlen dienten den Menschen nicht nur als Schutz, sondern auch als Rückzugsort zur Kontemplation.

## WIE SICH UNSER BILD VON WILDNIS VERÄNDERT HAT

### Zwischen Sand und Schilf: Mesopotamiens und Ägyptens wilder Rand

**Mesopotamien:** In den Keilschrifttexten von Akkad und Sumer erscheint die Wildnis als ungezähmter Raum jenseits der Stadtmauern, bewohnt von Dämonen und Ungeheuern. Gleichzeitig diente sie mythologisch als Ursprungsraum schöpferischer Kräfte und als Ort der göttlichen Begegnung.
**Ägypten:** Für die alten Ägypter war die Wüste, der »überflüssige« Raum, das Gegenbild zur geordneten Welt. In ihr herrschten Chaos und Prüfung – zugleich bot sie aber Rückzug für jene, die jenseits des Alltags nach Erleuchtung strebten.

### Rätselhaftes Grün: Griechen und Römer im Wald

**Für die Griechen** waren die Wälder voller Mysterien. Homers *Odyssee* schildert Höhlen, die Reisende in ihren Bann zogen, während Arkadien längst Legende als spiritueller Rückzugsort war.
**Die Römer** sahen in der *silva* nicht nur Raum für mörderische Gesetzlose, sondern auch eine Quelle für Freiheitsträume. Ovid beschrieb in den Metamorphosen, wie Bäume und Räume in steter Verwandlung stehen – ein Bild für Wandel und Unbeständigkeit (Ovid 8 n. Chr.). Parallel wuchs die römische Forstverwaltung, in der *saltus* als kontrolliertes Forstgebiet auftauchte.

Benedikt von Nursia, Begründer des Benediktinerordens, zog sich aus dem Trubel Roms zurück und lebte zunächst mit asketisch lebenden Einsiedlern, später auch für einige Jahre allein in einer Höhle. Diese Erfahrungen prägten seine Lehre entscheidend.

## Kloster, Buch und Gebet: Wildnis im Übergang

**Spätantike:** Als das weströmische Reich zerfiel, kehrte die »Unordnung« in die Wälder zurück. Augustinus von Hippo setzte in seiner Schrift *De civitate Dei* (426 n. Chr.) die »himmlische Stadt« dem »heidnischen Wald« entgegen.
**Frühmittelalter:** Mönche wie Benedikt von Nursia (ca. 480–547 n. Chr.) wählten hingegen die Einsamkeit der Wildnis als Ort der Selbstprüfung. Die *Regula Benedicti* beschreibt im Kapitel 4, wie Abgeschiedenheit von Gesang und Kontemplation dem Helfen und Prüfen der Seele dient.

## Rodung, Recht und Erzählung: die Wildnis als Rahmung

**Hochmittelalter:** Mit zunehmender Kultivierung verwandelte sich die Bedeutung der Urwälder in »unnützes Ödland«. Deutsche Landfriedensgesetze des 12. Jahrhunderts übertrugen gemeinschaftlich Jagd- und Weiderechte auf diese Peripherie.
**Kunst und Sage:** In Minneliedern und Chroniken wurde der Wald zur Theaterkulisse – Schauplatz ritterlicher Duelle, Rituale und romantischer Abenteuer. Er blieb stets Gegenwelt zur höfischen Burg und Sinnbild unbändiger Natur.

## Mittelalter und Frühe Neuzeit: wo Dunkelholz und Mythen sich trafen

In der Vormoderne bezeichnete *wildernis* vor allem unheimliche, jenseitige Räume abseits menschlicher Zivilisation: dichte, düstere Wälder, Sümpfe, Gebirge, die als Wohnort von Wölfen, Feen oder Dämonen galten und Furcht hervorriefen.
Wildnis war Synonym für Chaotisches und Ungeordnetes; sie stand im Gegensatz zu kultivierten Feldern und befestigten Städten, die göttlicher Ordnung entsprachen.

## Aufklärung und Romantik: von der Bedrohung zur Sehnsuchtslandschaft

**Wenn Natur zum Spiegel der Seele wird:** Mit dem Aufkommen der Aufklärung wandelte sich die Wahrnehmung allmählich. Naturwissenschaftler wie Georg Forster (1754–1794) aus Deutschland beschrieben Wildnis zunehmend als Quelle empirischer Erkenntnis.
**In der Romantik** schließlich wurde sie idealisiert: Schriftsteller und Maler wie Caspar David Friedrich (1774–1840) inszenierten sie als Spiegel der Seele und als Gegenentwurf zur Industrialisierung. Die Wildnis wurde zum Symbol individueller Freiheit und transzendenter Erhebung.

Wisente kamen in Europa bis ins frühe Mittelalter vor, im Kaukasus überlebten einige.

### Amerikanische Frontier- und Naturschutzbewegung

**Pioniere für unberührte Landschaften:** Im 19. Jahrhundert prägte insbesondere die amerikanische Frontier-Idee das Verständnis von Wildnis als »unberührtes Erbe«. Autoren wie John Muir (1838–1914) und Henry David Thoreau (1817–1862) propagierten die Bewahrung wilder Gebiete als moralische Pflicht. Die Gründung des Yellowstone-Nationalparks 1872 markierte institutionell die Bedeutung von Wildnis als schützenswerte Natur. Aldo Leopold (1887–1948) formulierte in »A Sand County Almanac« (1949) die »land ethic« als ethische Erweiterung des Mensch-Natur-Verhältnisses – Wildnis wurde nun als ökologisches System begriffen.

Grüne Inseln in der Stadt sorgen für besseres Mikroklima und neue Optiken.

## MODERNE KONZEPTE: BIODIVERSITÄT, IUCN UND KULTURLANDSCHAFT

### Neue Maßstäbe für unberührte Gebiete

Seit den 1970er-Jahren arbeiten internationale Organisationen wie die IUCN (siehe Seite 32) mit klaren Kriterien: Wildnis braucht minimalen menschlichen Einfluss und darf nur in geringem Maß gemanagt werden. Auch indigene Nutzungsformen gelten heute als Teil »traditioneller Wildnis«. In Europa, wo es kaum noch ursprüngliche Gebiete gibt, bezeichnet man zunehmend die vom Menschen beeinflusste Landschaft als »Kulturlandschaft« – Wildnis ist hier oft ein Ziel von Renaturierung.

### Ein Begriff im stetigen Wandel

Der Wandel des Begriffs »Wildnis« spiegelt gesellschaftliche und ökologische Paradigmenwechsel wider: von einer angsteinflößenden Anderswelt über eine romantische Sehnsuchtslandschaft bis hin zu einem wissenschaftlich fundierten Instrument für Naturschutz und Nachhaltigkeit. Und heute? Heute dient »Wildnis« als Referenzrahmen für globale Umweltpolitik ebenso wie für lokale Renaturierungsprojekte und urbane Naturentwicklung.

### Zeitgenössische Debatten: »Rewilding« und urbane Wildnis

Aktuelle ökologische Bewegungen fordern »Rewilding« – die gezielte Rückkehr großer Beutegreifer und extensiv genutzter Flächen zu selbstregulierenden Ökosystemen (siehe Seite 22). Gleichzeitig etabliert sich der Begriff »urbane Wildnis« für spontane Vegetationsinseln in Städten, die soziale und ökologische Funktionen erfüllen. Wildnis wird somit nicht mehr nur als äußerster Rand menschlicher Siedlung, sondern als integraler Bestandteil vielfältiger Landschaftskonzepte gedacht.

# WILDNIS PHILOSOPHISCH BETRACHTET

**Wildnis und Philosophie lassen sich nicht trennen: Wildnis aus unserer Perspektive kann immer Philosophie sein und Philosophie kann auch gleichzeitig Wildnis, Liebe zur Klugheit, zum Denken, Erkennen und zur Verantwortung sein.**

Es gibt etwas tief in uns drin, das uns immer wieder hinauszieht. Sei es ein Spaziergang im Wald oder eine Expedition durch die Alpen – der Drang, dem urbanen Dschungel zu entfliehen und in die Freiheit der Natur einzutauchen, ist so alt wie die Menschheit selbst. Was macht diese Sehnsucht aus? Warum treibt es uns immer wieder in die ungezähmte Natur?

Einer der letzten Urwälder Europas liegt in Rumänien. Urwälder sind mittlerweile durch unseren Papierhunger in Gefahr.

## DIE PHILOSOPHISCHE PRÄMISSE: WILDE FREIHEIT

Mindestens schon die antiken Philosophen beschäftigten sich mit dem Verhältnis des Menschen zur Natur. Der griechische Philosoph Diogenes von Sinope (etwa 413–323 v. Chr.) lebte in einer Tonne und predigte die Rückkehr zu einem Leben im Einklang mit der Natur. Wenn man so will, war er der erste »Wildnis-Influencer«. Diogenes hatte wenig für das damalige »Zivilisationszeug« übrig – nur für ein Leben in der Einfachheit der Natur. Seine Philosophie beruhte auf der Idee, dass wahre Freiheit nur im Verzicht auf gesellschaftliche Normen und unnötigen Luxus zu finden sei. Heute könnten wir sagen, Diogenes war der Urvater des minimalistischen Lebensstils und vielleicht der erste Mensch, der ernsthaft in die Wildnis wollte, oder zumindest der erste Mensch, von dem es überliefert ist – zumindest metaphorisch.

### Im antiken Rom schwankte das Bild der Wildnis zwischen Furcht und Faszination

Für Cicero (106–43 v. Chr.) erstreckte sich die *silva* jenseits der *polis* als unbeherrschbarer Raum, in dem das Unbekannte lauert (Tusculanae Disputationes V, 11). Lukrez (99/94–55/53 v. Chr.) jedoch feierte in seiner *De Rerum Natura* wilde Landschaften als Teil eines harmonischen Kosmos, deren Verständnis zur Seelenruhe führt. Seneca (ca. 1–65 n. Chr.) empfahl in den *Epistulae Mora-*

Der Lech war einst der wildeste Fluss Europas, der Geröll- und Kiesmassen ins Flachland schob und ständig neue Lebensräume schuf. Heute noch finden wir solch faszinierende Ansichten von ihm im Lechtal bei Forchau.

*les* XCIII stille Einkehr in die Natur – ein Rückzug, der Gelassenheit und Tugend nährt.
Plinius der Ältere (23/24–79 n. Chr.) kartierte in der *Naturalis Historia* unerschlossene Regionen und beschrieb systematisch das Verhalten von Wildtieren, um die göttliche *physis* zu ergründen.
Schließlich öffnete Plotin (205–270 n. Chr.) in den *Enneaden* die Wildnis als Schwelle zur Mystik: Das Ungezähmte entblößt das Eine jenseits aller Formen.

## Ambivalente Wildnis im Mittelalter

Im hohen Mittelalter hafteten dem »wilden« Raum gleichsam zwei Seelen an: Einerseits drohte er als furchteinflößender *locus terribilis* jenseits menschlicher Ordnung, andererseits wurde er zur Keimzelle tiefer Spiritualität.
Schon Augustinus von Hippo (354–430 n. Chr.) prägte in seiner Schrift *De civitate Dei* das Bild der Wüste als Prüfstein für Glauben und Tugend – ein unwirtlicher Schauplatz, an dem Dämonen lauern und das Heil der Seele auf dem Prüfstand steht.
Die Kirche rodet abendländische Haine, um »heidnische Wildnis« zu zähmen und das christliche Ackerland zu mehren.
Doch genau diese Abgeschiedenheit lockte die Wüstenväter: Antonius von Ägypten flüchtete in die Sandweiten, um in asketischer Einsamkeit Gott zu begegnen – die Wildnis als spirituelles Laboratorium der Selbsterkenntnis.
Mit dem Aufkommen der Scholastik setzte Albertus Magnus (ca. 1200–1280 n. Chr.) in seinem *De animalibus* wilde Tiere ins Licht systematischer Naturforschung, erkannte ihr gottgewolltes Platz- und Funktionsprinzip, warnte aber zugleich vor ihrer Unberechenbarkeit.
Thomas von Aquin (1225–1274) bündelte diese Dialektik in der *Summa Theologiae*: Der Mensch ist berufen, die Schöpfung zu ordnen, doch müsse er die ihr innewohnende »physis« mit Demut und Verstand würdigen.

## Die Aufklärung klärt auf

Im 18. Jahrhundert, als die Aufklärung in vollem Gange war, erlebte die Idee des »Naturzustands« von Jean-Jacques Rousseau (1712–1778) eine Wiedergeburt. Rousseau stellte sich eine Zeit vor, in der der Mensch in seinem natürlichen Zustand ohne gesellschaftliche Zwänge lebte – die perfekte Harmonie zwischen Mensch und Natur. »Zurück zur Natur«, rief er. Es ist kein Zufall, dass Rousseau und andere Denker dieser Zeit den »guten Wilden« als Gegenbild zur korrumpierten, von der Zivilisation geprägten Gesellschaft skizzierten. Für Rousseau war der Mensch in seiner natürlichen Umgebung unschuldig und frei von den verfälschenden Einflüssen der Kultur.

## Romantik: eine Liebe zur Wildnis

Die Romantiker des 19. Jahrhunderts, besonders in Deutschland, trugen diesen Gedanken weiter und verliehen ihm eine fast mystische Bedeutung. Für Dichter wie Johann Wolfgang von Goethe, Friedrich Schiller und später auch die Brüder Grimm war die Natur nicht nur ein Ort der Flucht vor der Zivilisation, sondern ein Symbol für das Unbekannte, das Unergründliche und das Erhabene. Schiller drückte es poetisch aus: »Die Freiheit ist das höchste Gut, die Natur unser Erbe.«

Ein weiteres Beispiel: Caspar David Friedrich, ein Maler der Romantik, malte mit seinen dramatischen Landschaftsbildern eine wildere, aber auch unheimlichere Natur. Man könnte sagen, er hat die Natur »überdramatisiert« und mit der Art von Pathos versehen, die selbst einem modernen Abenteuerurlauber das Gefühl geben würde, er müsse sich sofort eine Wanderkarte und einen Rucksack besorgen, um dorthin zu kommen.

Doch nicht nur in der Kunst fand die Wildnis ihren Platz. Auch Philosophen wie Immanuel Kant (1724–1804) reflektierten über die Bedeutung der Natur und den menschlichen Drang, in die Wildnis zu gehen. Kant, der in seiner »Kritik der praktischen Vernunft« die Idee einer moralischen Gesetzmäßigkeit aufwarf, ließ sich von der Erhabenheit der Natur in seiner moralphilosophischen Sichtweise inspirieren. Man könnte sagen, dass Kant den Berg als moralischen Ort der Selbstreflexion sah – auch wenn er nie die Alpen erklommen hat. Wenn er es getan hätte, hätte er vielleicht seinen berühmten kategorischen Imperativ eingepackt und die Aussicht genossen, um in der Stille der Berge und in der Klarheit der Bergluft über das gute Leben nachzudenken.

Die zeitweise Flucht aus dem modernen Alltag gelingt uns in naturbelassenen Wäldern.

Die Verklärung und Romantisierung der Wildnis ist keine neue Erfindung. Caspar David Friedrich schuf damit eine besondere Mystik, die heute noch fasziniert.

### Die Wildnis im modernen Zeitalter: Natur als Kontrapunkt zur Moderne

In der Moderne fand die Sehnsucht nach Wildnis einen weiteren Ausdruck – dieses Mal im Kontext der Industrialisierung und des technologischen Fortschritts. Der Naturbursche von heute sucht nicht nur nach Abenteuern, sondern auch nach einer Flucht vor der entfremdenden Wirkung der modernen Welt. In einer Gesellschaft, die von Maschinen, Computern und Smartphones dominiert wird, ist die Wildnis zum Ort der Erneuerung und des Selbstfindens geworden. Philosophen wie Martin Heidegger und Michel Foucault beleuchteten das Verhältnis des Menschen zu den Technologien und Institutionen, die ihn von seiner »wahren Natur« entfremden.

Heidegger (1889–1976) sah die technologische Welt als eine »Verfallenheit« der menschlichen Existenz – ein Zustand, in dem der Mensch die ursprüngliche Verbindung zur Natur verliert bzw. die Welt nur noch unter dem Gesichtspunkt sieht, wie er sich die Erde nutzbar machen kann. In seinem berühmten Aufsatz über die »Technik« warnte Heidegger, dass die moderne Welt den Menschen seiner ursprünglichen Bestimmung beraube, die er nur in der Auseinandersetzung mit der Natur wiederfinden könne. Der wahre »Seins-Zustand« des Menschen ist nicht in den Büros oder in den überfüllten Städten zu finden, sondern in den stillen Wäldern, an den wilden Flüssen, in den majestätischen Bergen, wo das ständige »Verstehen und Verwalten« der Welt eine Pause macht.

Foucault (1926–1984), der sich mit der Macht von Institutionen und der Normierung von Gesellschaften beschäftigte, hätte die Wildnis vermutlich als einen Ort der Subversion gesehen – ein Rückzugspunkt für den Einzelnen, um sich von den zwangsweisen Kategorien der Gesellschaft zu befreien. In dieser Lesart ist das Zelt in den Bergen eine Form des Widerstands gegen die modernen Institutionen der Kontrolle, die den Menschen in einem festgefügten System von Regeln und Normen gefangen halten.

## DER MODERNE »WALDPHILOSOPH«: PRAKTISCHE ANWENDUNGEN

Heute sind es nicht mehr nur die großen Denker der Vergangenheit, die die Wildnis als Philosophie betrachten. Es sind auch praktische Denker und moderne Philosophen, die die Natur als Rückzugsort und Reflexionsraum begreifen. Eine Bewegung, die in den letzten Jahren immer populärer wurde, ist die sogenannte »Waldbaden«-Philosophie aus Japan, das sogenannte *Shinrin-yoku*. Der Begriff wurde von der japanischen Regierung in den 1980er-Jahren geprägt und bedeutet »im Wald baden«. Diese Form der Therapie basiert auf der Idee, dass der Aufenthalt im Wald – das Eintauchen in die Natur – therapeutische Vorteile hat und Stress abbauen kann. Waldbaden könnte als eine praktische Anwendung von Rousseaus Idealen angesehen werden – eine Rückkehr zur Natur, um den Geist zu befreien und die Seele zu heilen.

Wissenschaftliche Studien bestätigen, was die Philosophen der Wildnis längst vermuteten: Der Aufenthalt in der Natur verbessert das Wohlbefinden. In einer Untersuchung der Stanford University zeigte sich, dass Menschen, die Zeit in natürlichen Umgebungen verbringen, weniger Angst haben und kreativer werden.

So gesehen könnte man die Sehnsucht nach Wildnis als eine Form der »kognitiven Diät« betrachten – eine Möglichkeit, den Kopf von den Überflutungen der modernen Welt zu befreien und Platz für Klarheit und Kreativität zu schaffen.

Letztlich spiegelt sich die Sehnsucht nach Wildnis in der Philosophie als eine ewige Rückkehr zum Ursprünglichen, zur Freiheit und zur Reflexion über das »wahre« Selbst wider. Philosophen haben die Natur in ihren Schriften gefeiert – sei es als Ort der moralischen Reinheit, als Symbol der Subversion oder als Quelle des inneren Friedens. Und vielleicht ist es genau das, was uns in die Wildnis zieht: der Wunsch nach etwas, das größer ist als wir selbst, das uns in seiner ungezähmten, natürlichen Schönheit in den Bann zieht.

# WO FINDEN WIR HEUTE NOCH WILDNIS?

**Trotz menschlicher Aktivitäten in fast jedem Winkel der Erde finden wir doch noch intakte, weil oft schwer zugängliche Wildnisgebiete.**

Im Rahmen des IUCN-Systems (International Union for Conservation of Nature) zur Klassifikation von Schutzgebieten wird »Wildnis« als eigenständige Schutzkategorie I b definiert. Diese Definition umfasst mehrere zentrale Merkmale:

**1. Weite und Ursprünglichkeit:** Wildnisgebiete sind in der Regel großflächig und entweder unbeeinflusst oder nur geringfügig verändert. Sie sollen ihre natürlichen Strukturen, Prozesse und Wechselwirkungen weitgehend ohne menschliche Eingriffe bewahren.

**2. Spurenfreier Rückzugsraum:** Es gibt keine dauerhaften Siedlungen oder signifikante Infrastruktur (z. B. Straßen, Industrieanlagen, Bergbau). Aufenthalt und Nutzung sind auf ein Minimum beschränkt und orientieren sich häufig an traditionellen, nichtinvasiven Lebensweisen indigener und lokaler Gemeinschaften.

**3. Natürliche Dynamik im Fokus:** Managementmaßnahmen zielen darauf ab, die natürliche Dynamik, Biodiversität und Ökosystemfunktionen zu erhalten oder wiederherzustellen. Direkte Eingriffe erfolgen nur, wenn sie zum Schutz der ökologischen Integrität unerlässlich sind (z. B. Kontrolle invasiver Arten).

**4. Bewahrer der Öko-Integrität:** Das vorrangige Ziel ist der Erhalt langfristiger ökologischer Integrität und natürlicher Prozesse. Wildnisgebiete dienen zudem als Referenzflächen für wissenschaftliche Forschung und Umweltbeobachtung.

**5. Lebendige Traditionen:** Obwohl moderne industrielle Infrastruktur fehlt, wird die Verbindung von Mensch und Natur – insbesondere traditionelle Nutzungen – anerkannt und als integraler Bestandteil des Naturschutzes betrachtet.

Wenn man die Natur selbst machen lässt, entstehen wieder wilde Gebiete, wie hier im Nationalpark Bayerischer Wald.

## DER WILDNIS AUF DER SPUR

In den folgenden Gebieten finden wir heute noch bestmögliche Wildnis und Biodiversitäts-Hotspots.

Ein unfassbar weites und verästeltes Flusssystem mit sich ständig ändernden Verläufen – der Amazonas: grüne Lunge und Hotspot der Artenvielfalt zugleich und Wildnis pur.

### Das grüne Lungenwunder: tropischer Regenwald – Amazonasbecken

Mit seinen gewaltigen 5,3 Mio. km² erstreckt sich das Amazonasbecken als ununterbrochenes Band aus üppigem Grün. Hier leben über 40.000 Pflanzenarten und mehr als 12.000 Baumarten, unter anderem mächtige Kapokbäume. Raubkatzen wie der Jaguar, majestätische Greifvögel wie die Harpyie und eine schillernde Amphibienwelt fühlen sich gleichermaßen zu Hause. Diese noch intakte Wildnis reguliert den Weltklimakreislauf, gibt jährlich rund 20 % des Süßwassers direkt an die Ozeane ab und bindet gigantische Kohlenstoffmengen.

### Das endlose Nadelmeer: boreale Taiga – Sibirien, Alaska und Kanada

Über 6,6 Mio. km² ziehen sich endlose Wälder nordwärts – das Zuhause der Schnee-Eule, der wandernden Rentiere sowie zahlreicher Flechten- und Moosarten. Diese borealen Wildnisse sind nicht nur gewaltige $CO_2$-Senken, sie bremsen auch das Auftauen des Permafrosts und stabilisieren damit unser globales Klima.

### Das grüne Herz Afrikas: Kongobecken

Rund 1,8 Mio. km² unversehrte Tropenwälder machen das Kongobecken zu einem der größten Wildnisgebiete. Hier leben der Westliche Flachlandgorilla und der scheue Waldelefant, eingebettet in ein Netzwerk zahlloser Flüsse und Sümpfe, das Afrikas Wetterrhythmen maßgeblich steuert.

### Relikte einer alten Welt: australische Wildnisse – Tasmanien und Kimberley

**Takayna (Tarkine), Tasmanien**: Ein 3500 km² großer Gondwana-Restwald mit einzigartigen Bewohnern wie dem Tasmanischen Teufel. Seit mehr als 40.000 Jahren feiern Aborigines hier ihre Kultur – ein lebendiges Museum der Erdgeschichte.
**Kimberley-Region**: Weite Savannen und zerklüftete Küsten im Nordwesten Australiens, fast frei von Straßen und Dörfern. Hier patrouillieren Salzwasserkrokodile, während seltene endemische Pflanzen blühen.

### Weite Flächen aus Eis und Stille: Polarregionen – Grönland und Nordkanada

Riesige Gletscher, eisbedeckte Fjorde und schroffe Tundra: Grönland und der kanadische Archipel gelten als letzte Bastionen ungestörter Kältewildnis. Eisbären, Walrosse und wandernde Rentierherden zeugen von einer Tierwelt, die sich perfekt an diese Bedingungen angepasst hat. Gleichzeitig fungieren sie als Frühwarnsysteme für den Klimawandel.

### Fels und Gletscher im Süden: Anden-Patagonien

Zwischen windgepeitschter Steppe und schneebedeckten Gipfeln breiten sich die Wildnisse Patagoniens aus. Pumas schleichen durch lichten Wald, Guanakos äsen in den Hochebenen und Gletscherzungen münden in smaragdgrüne Seen. Große Schutzgebiete wie Torres del Paine bewahren diesen mosaikartigen Naturraum.

### Stille Riesen aus Sand und Stein: Wüstenwildnis – Sahara und Gobi

Die Sahara (9,2 Mio. km²) und Gobi (1,3 Mio. km²) sind Spielplätze des Extremen: Schlangen und Echsen fühlen sich in den endlosen Dünenmeeren wohl, während der Fennek mit seinen großen Ohren die Hitze vertreibt. Eingeschränkte Wasservorkommen und extreme Temperaturschwankungen zwischen Tag und Nacht halten menschliche Siedlungen fern, sodass natürliche Abläufe hier nahezu ungestört bleiben.

### Serengeti: Tanz der Savannenwanderer

Das Serengeti-Ökosystem in Tansania und Kenia lebt von den jährlichen Wanderzügen riesiger Huftierherden. Gnus, Steppenzebras und Thomson-Gazellen gestalten die Landschaft durch selektives Grasen und Trampeln: Sie belüften den Boden, verteilen Nährstoffe und schaffen abwechslungsreiche Vegetationsmuster. Diese Mosaike fördern eine höhere Pflanzen- und Gliedertiervielfalt, während Raubtiere von der Fülle an Beutetieren profitieren. Langfristig stabilisieren diese Wechselwirkungen ökologische Prozesse und stärken die Resilienz gegenüber Klimaschwankungen. Empirische Untersuchungen zeigen, dass die Dynamik großer Herden essenziell für die Aufrechterhaltung der Biodiversität im Serengeti-Nationalpark ist.

Die Wüste lebt! Dieses einzigartige Ökosystem ist auch heute noch nahezu intakt.

Serengeti: Die letzten verbliebenen großen wilden Tierherden der Erde erhalten durch ihre Wanderungen vielfältige Mosaikstrukturen.

## BIODIVERSITÄTS-HOTSPOTS

Einen etwas anders gelagerten Rahmen bilden Biodiversitäts-Hotspots. Es sind Regionen, die durch eine außergewöhnlich hohe Zahl an endemischen Arten, also Arten, die ausschließlich in der entsprechenden Region vorkommen, und gleichzeitig durch starken Lebensraumverlust gekennzeichnet sind (mindestens 1500 endemische Gefäßpflanzen und mehr als 70 % Verlust der ursprünglichen Vegetation). Weltweit wurden 36 solcher Gebiete identifiziert – sogenannte Myer-Hotspots –, die nur 2,4 % der Landfläche ausmachen, aber rund 60 % aller Pflanzen- und Wirbeltierarten beherbergen. Nachfolgend sollen sechs herausragende globale Hotspots der weltweit 36 Hotspots als Beispiel dienen, außerdem eine Betrachtung Mitteleuropas.

Orchideen konnten im Laufe von vielen Millionen Jahren komplexe und faszinierende Bestäubungsstrategien entwickeln.

### Bergwelten voller Farben: Tropical Andes

Vom feuchten Tiefland Venezuelas bis hinauf zu den kargen Páramo-Flächen von Zentralchile erstreckt sich der Tropical-Andes-Hotspot über etwa 1,5 Mio. km². Mit rund 15.000 endemischen Gefäßpflanzen ist er der unangefochtene Champion der Artenvielfalt. Üppige Orchideen, bunte Bromelien und die winzigen Páramo-Schildkröten finden hier ebenso ihr Zuhause wie unzählige Froscharten. Doch Landwirtschaft und Bergbau haben bereits über 80 % der ursprünglichen Wälder in Nutzflächen verwandelt.

Nebelwälder in höheren Lagen besetzen weitere Klimazonen und bilden ganz eigene Ökosysteme.

### Grüner Korridor der Kontinente: Mesoamerika

Auf rund 300.000 km² von Südmexiko bis Panama liegen üppige Regen- und Nebelwälder, in denen mehr als 7000 Pflanzenarten endemisch sind, also nur dort vorkommen. Nebel verhüllt die Bergflanken und schafft Refugien für die kraftvollen Jaguare *(Panthera onca)*, die einzige Großkatze Amerikas, den schillernden Quetzal *(Pharomachrus mocinno)* und eine schier unüberschaubare Amphibienfauna. Leider sind hier bereits über zwei Drittel der ursprünglichen Wälder abgeholzt worden.

### Indiens verborgener Schatz: Western Ghats und Sri Lanka

Entlang der westindischen Küste breiten sich die Western Ghats auf etwa 160.000 km² aus, gemeinsam mit Sri Lanka ergibt das rund 250.000 km² artenreiches Terrain. Über 3000 Gefäßpflanzen und zahlreiche Amphibien (etwa aus der Gattung *Nyctibatrachus*) sind hier endemisch. Doch auch hier hat der Mensch bereits mehr als 70 % des Waldbestands vernichtet.

Bergwiesen faszinieren übers Jahr durch ihre unterschiedlichsten Blütenaspekte.

### Mosaik aus Küste und Gebirge: Mediterranean Basin

Vom sonnigen Spanien über die französische Côte d'Azur bis zu den Olivenhainen Nordafrikas erstreckt sich ein 2 Mio. km² großes Biotop mit etwa 25.000 Pflanzenarten, von denen die Hälfte nirgendwo sonst wächst. Hartlaubwälder, duftende Macchien und bunte Sonnentrockengebiete bieten unzähligen Insekten, Reptilien und Vögeln Lebensraum. Allerdings sind bereits über 75 % der ursprünglichen Vegetation verschwunden.

### Inseloasen im Tropenmeer: Sundaland

Auf Borneo, Sumatra, Java und den Kleininseln verteilen sich einst weitläufige Regenwälder, von denen heute nur noch Reste stehen: Über 80 % wurden gerodet. Dennoch leben hier Orang-Utans, seltene Riesenfarnarten und eine Fülle endemischer Reptilien in verbliebenen Bergnebelwäldern.

Auf Inseln entwickelten sich durch ihre Isolierung endemische Arten wie beispielsweise die Lemuren auf Madagaskar.

### Evolution im Alleingang: Madagaskar und die Indian Ocean Islands

Madagaskar und seine Inselnachbarn (zusammen etwa 587.000 km²) sind eine Bühne für das Wunder der Isolation: Über 11.000 Pflanzenarten und die gesamte Lemurenfauna gibt es nur hier. Doch knapp 90 % der ursprünglichen Wälder sind bereits verschwunden oder stark zersplittert.

## UND MITTELEUROPA?

Obwohl das Kerngebiet Mitteleuropas formal keiner der 36 Myers-Hotspots ist, glänzen einige Flecken durch ihre Vielfalt:

**Alpen:** Von blühenden Bergwiesen bis zu eisbedeckten Gipfeln – hier wachsen über 1000 Gefäßpflanzenarten, darunter Alpenenziane wie *Gentiana tyrolensis*.

**Pannonische Tiefebene:** Trockenrasen und Salzlacken bieten Orchideen und zahlreichen Vögeln ein Zuhause.

**Rheinisches Schiefergebirge:** Schattige Felsen stellen eine Oase für Flechten, Moose und Reliktpflanzen dar.

Diese Gebiete sind für Mitteleuropa von höchster ökologischer Bedeutung, erreichen aber nicht die strengen Kriterien (mehr als 1500 endemische Pflanzen, über 70 % Verlust) für einen globalen Biodiversitäts-Hotspot.

**Urwaldgebiet Dürrenstein-Lassingtal in Österreich:** Der sogenannte »Rothwald« gilt als einer der letzten Primärwälder der Alpen. Jahrhundertelang wurde auf Nutzung weitgehend verzichtet.

**Bayerischer Wald/Šumava-Nationalpark:** Ebenso bedeutsam ist das grenzüberschreitende Gebiet zwischen dem Bayerischen Wald und dem tschechischen Šumava-Nationalpark – eine Wildnisinsel mitten in Mitteleuropa, in der die Natur zunehmend sich selbst überlassen wird.

# WARUM BRAUCHT ES MEHR WILDNIS?

**Die Wildnis spricht uns tief in uns an – sie beruhigt, belebt, macht glücklich und erinnert uns an die Einfachheit und Tiefe des Lebens. Gleichzeitig wird sie immer wichtiger im Kampf gegen das Artensterben, das wiederum unsere Lebensgrundlage gefährdet.**

# MEHR WILDNIS FÜR UNS

**In der wilden Natur fühlen wir uns glücklich, weil sie uns mit unserer ursprünglichen Natur in Kontakt bringt. Sie bietet uns sowohl Entspannung als auch Herausforderung, sowohl Weite als auch Nähe.**

Wir sind evolutionär darauf programmiert, auf natürliche Umgebungen positiv zu reagieren. In der Wildnis finden wir einen Ort der Heilung, der Freiheit und des Friedens – einen Ort, an dem unser Geist und Körper die Belastungen der modernen Welt hinter sich lassen können.

Die Natur tut uns gut. Viele von uns spüren das intuitiv, und die Wissenschaft hat diese Erfahrung vielfach bestätigt: Ob im Wald, am Meer, in den Bergen oder im Dschungel – wir fühlen uns dort glücklich, weil es uns mit den Wurzeln unseres Seins verbindet.

Zahlreiche psychologische Theorien und empirische Studien zeigen, dass natürliche Umgebungen nicht nur kurzfristig die Stimmung heben, sondern nachhaltige Veränderungen in Selbstwahrnehmung und innerer Balance bewirken. Während urbane Räume permanente Reizüberflutung und kognitive Erschöpfung begünstigen, bietet die Wildnis einen Spannungsraum zwischen sanfter Faszination und herausfordernder Grenzerfahrung, der Selbstheilung und Selbstfindung fördert.

Ein Spaziergang im naturnahen Wald kann Wunder wirken und sogar den Herbstblues vertreiben.

## NATÜRLICHE RESONANZ: ZURÜCK ZU DEN WURZELN

Unsere Vorfahren lebten Millionen Jahre in offenen Ebenen, Wäldern und an Gewässern, die Nahrung, Schutz und Orientierung boten. Diese ursprünglichen Lebensräume prägten nicht nur unsere Physiologie, sondern auch unser Nervensystem. Neurowissenschaftliche Untersuchungen zeigen, dass der Anblick natürlicher Landschaften die Hirnrinde aktiviert und gleichzeitig das Stresszentrum, die Amygdala, hemmt – was eine unmittelbare Beruhigung auslöst.

In der Wildnis synchronisieren sich Herzschlag und Atmung in einem Rhythmus, der unserem biologischen Ursprung entspricht. Dabei werden Parasympathikus und neuroendokrine Systeme aktiviert, wodurch Cortisol und Adrenalin abgebaut und Regenerationsprozesse beschleunigt werden.

Halten wir uns in natürlichen Umgebungen auf, die neben dem Grün Wasserelemente wie einen plätschernden Bach enthalten, steigert sich der Wohlfühlfaktor nochmals und wir regenerieren schneller.

## HEILENDE VIELFALT: PHYSIO UND IMMUNREGULATION

Die multisensorische Stimulation durch Waldbestand, Bodendecker und Wasserläufe entfaltet ein komplexes Zusammenspiel biologischer Wirkstoffe. Ätherische Terpene, sogenannte Phytonzide, werden etwa von Kiefern, Tannen und Buchen freigesetzt. Sie dienen den Pflanzen als Kommunikations- und Abwehrsystem – vom griechischen *phytón* (Pflanze) und *cide* (töten) abgeleitet. Jede Pflanze muss ihr Holz, ihre Blätter, Nadeln oder Blüten gegen Pflanzenfresser wie Insekten und Pilze schützen. Phytonzide steigern beim Menschen die Aktivität natürlicher Killerzellen (NK-Zellen) um bis zu 40 %. Gleichzeitig sinkt der systolische Blutdruck um durchschnittlich 5,5 mmHg, der diastolische um 3,7 mmHg. Randomisierte Studien belegen, dass nach nur zwei Stunden im Wald die Herzratenvariabilität als Marker parasympathischer Dominanz signifikant steigt. Entzündungsmarker wie C-reaktives Protein (CRP) und Interleukin-6 (IL-6) sinken um rund 15 %, was langfristig entzündungshemmende Effekte hat.

### Neurobiologische Mechanismen: Hirnscans in der Wildnisforschung

Bildgebende Verfahren wie funktionelle MRTs zeigen, dass Aufenthalte in wilder Natur eine Balance zwischen dem »Ruhezustandsnetzwerk« und den ausführenden Kontrollnetzwerken herstellen. Insbesondere der präfrontale Cortex, oft mit depressiven Zuständen assoziiert, weist dabei reduzierte Aktivität auf, während die neuronale Vernetzung zunimmt. Die Dauer dieser Effekte korreliert mit der ökologischen Vielfalt: Je komplexer die Landschaft, desto nachhaltiger ist die neurophysiologische Regeneration.

### Mood-Booster Wildnis: psychologische Entlastung

Die belebende Kraft der Wildnis wirkt auf den Körper und auf die Psyche. Nach eintägigen Waldexkursionen nehmen Angst, Depression und Erschöpfung messbar ab. Ein 90-minütiger Waldspaziergang senkt Grübeln (Rumination) und Angst, während solche Effekte in urbaner Umgebung ausbleiben. Naturaufenthalte erweitern so den mentalen Spielraum, steigern Kreativität, fördern das Arbeitsgedächtnis um bis zu 20 % und verbessern das Lösen von Problemen sogar um bis zu 50 %.

## BIOPHILIE UND AUFMERKSAMKEITS-REGENERATION

Diese zwei Schlüsselmodelle erklären unsere Nähe zur Natur.

### Die Biophilia-Hypothese

E. O. Wilson postulierte 1984 in seiner Biophilia-Hypothese eine angeborene, evolutionär entstandene Bindung des Menschen an lebendige Systeme. Organische Linienführungen, natürliche Geräuschmuster, diffuse Farbskalen und Naturdüfte werden im Gehirn schneller und energiesparender verarbeitet als künstliche Strukturen, denn Menschen besitzen eine angeborene Neigung, sich an das Lebendige in ihrer Umwelt gebunden zu fühlen. Diese Verbindung trägt wesentlich zu ihrem Wohlbefinden bei. »Biophilie« setzt damit eine evolutionär verwurzelte Vorliebe für natürliche Umgebungen voraus und verknüpft dabei biologische, psychologische und soziokulturelle Perspektiven. Damit bietet sie einen reichhaltigen Rahmen zum Verständnis unserer Beziehung zur Natur.

Strukturreiche, organische Landschaften tun uns wohler als ausgeräumte Landschaften mit geometrischen Monokulturen.

### Flow- und Selbstwirksamkeitserleben

Abseits befestigter Pfade fordert Wildnis Orientierungs- und Problemlösekompetenzen. Diese Herausforderungen können in einen Flow-Zustand münden, in dem Menschen tiefe Zufriedenheit und maximale Konzentration erleben. Studien im Kontext von »Wilderness Therapy« (siehe Seite 45) belegen, dass Teilnehmende nach mehrtägigen Expeditionen von einer signifikant erhöhten Selbstwirksamkeit berichten, verglichen mit Gruppen, die nur Tagesausflüge in kultivierte Parks unternahmen.

**Spuren unserer Vorfahren:** Im Verlauf der menschlichen Evolution besaßen jene Vorfahren einen Überlebensvorteil, die auf Graslandschaften, Wälder oder Gewässer aufmerksam reagierten – ein Erbe, das heute unser inneres Verlangen nach Naturreizen erklärt. Daraus ergibt sich heute ein inneres Verlangen nach lebendigen Reizen, das in modernen, urbanen Umgebungen oft auf Leere und Ödnis stößt.

**Herz und Verstand im Einklang:** Die Biophilie lässt sich in zwei zentrale Stränge gliedern: die emotionale Verbundenheit und das Interesse an der Natur. Erstere wirkt beruhigend und stressreduzierend, Letztere fördert Entdeckungsdrang, Lernen und kreative Problemlösungen. Zusammen bilden sie ein kraftvolles Instrument für psychische Gesundheit und geistige Flexibilität, gut zu zeigen am BDNF (brain-derived neurotrophic factor): Der BDNF ist ein unverzichtbarer Wachstumsfaktor für unsere Gehirnzellen und unterstützt Gedächtnis, Lernfähigkeit und vor allem gute Laune. Bewegung an frischer Luft und in wilder Umgebung, sei es ein flotter Waldspaziergang oder eine ausgedehnte Bergwanderung, hebt den Serum-BDNF im Schnitt um etwa 30 % an. Da Naturausflüge häufig mit moderater Bewegung einhergehen, wirken sie wie ein zusätzlicher Katalysator für die BDNF-Produktion.

**Wenn Grün zur Medizin wird:** Auch visuelle Naturreize wirken – der Blick auf natürliche Landschaften beschleunigt die Normalisierung von Herzfrequenz und Blutdruck nach Stress. Patienten mit Naturblick genesen im Krankenhaus schneller. Selbst kleine Grünoasen wie Stadtparks oder bepflanzte Fensterbänke senken Stress, heben die Stimmung und verbessern die Konzentration, wenn auch weniger stark als echte Wildnis. Multisensorische Naturreize – etwa Vogelgesang oder Blätterrauschen – steigern nachweislich Arbeitsgedächtnis und Impulskontrolle.

**Räume, die atmen:** Einen Schritt weiter geht das Biophilic Design. Es verankert natürliche Elemente systematisch in Architektur und Innenräumen. Ob direkte Naturreize wie offene Grünflächen, indirekte Hinweise durch natürliche Materialien oder fraktale Muster – gut gestaltete Umgebungen steigern nachweislich Produktivität und Zufriedenheit in Schulen, Büros und Kliniken.

**Gemeinsame Pfade durch rituelle Wildniserfahrungen**: Anthropologische Vergleiche traditioneller Gesellschaften belegen, dass Rituale in der Wildnis – etwa Schamanenreisen oder Pilgerwanderungen – weltweit ähnlich inneres Heil versprechen. In all diesen Ritualen manifestiert sich das uralte Bedürfnis des Menschen, sich durch Grenzerfahrungen und symbolische Handlungen mit einer größeren Ordnung zu verbinden.

**Wurzeln des Schutzgedankens**: Die Wildnis fungiert dabei nicht nur als malerische Kulisse, sondern aktiviert evolutionär bewährte psychophysiologische Programme, die in Städten verkümmern. Dieser »biophile Impuls« ist – so Wilson – grundlegend für die psychische Reifung und zugleich Basis einer »Conservation Ethic«, also einer Haltung zum Erhalt der biologischen Vielfalt. Abseits artifizieller Strukturen begegnen wir der Lebensvielfalt und der dynamischen Wechselwirkung natürlicher Systeme in ihrer reinsten Form, was ein tiefes Zugehörigkeitsgefühl und Sinnempfinden auslöst.

## Aufmerksamkeitsregeneration oder Attention Restoration Theory (ART)

Kaplan & Kaplan beschreiben in ihrer Attention Restoration Theory (ART), wie **»weiche Faszination«**, das sind unaufdringliche Reize wie Blätterrauschen, Vogelgesang, organische Oberflächentextur oder Lichtreflexe auf Wasser, die gerichtete Aufmerksamkeit entspannen. Vier zentrale Komponenten führen zur Regeneration:

**Distanz gewinnen**: Ein Tapetenwechsel – auch gedanklich – hilft uns, den Kopf freizubekommen, wir heben mental vom Alltag ab und reduzieren unsere stressinduzierten Gedankenschleifen (Rumination). Ein Spaziergang jenseits der Alltagskulisse schafft genau diesen nötigen Abstand.

**Sanfte Faszination**: Im Wald oder Park spielen Blätterrauschen, Vogelgesang und Lichtreflexe eine sanfte Melodie, der wir folgen können, ohne bewusst aufzupassen. Diese »weiche Faszination« nimmt unsere überreizte Aufmerksamkeit mit in den Urlaub.

**Weite erleben**: Großzügige Landschaften oder sogar weitläufige Gärten – ein zusammenhängender, erkundungswürdiger Raum – bieten ein zusammenhängendes Panorama, in das wir eintauchen können. Das Gefühl, Teil eines größeren Ganzen zu sein, trägt zur inneren Ruhe bei.

**Kompatibilität**: Eine wilde, natürliche Umgebung fühlt sich an wie ein passendes Paar Schuhe: komfortabel und unterstützend. Sie erlaubt uns, genau das zu tun, wozu wir Lust haben – sei es nachdenken, träumen oder einfach sein.

Durch Blätter tanzende Sonnenspiele zählen zu den »weichen Faszinationen«, die uns ganz nebenbei erholen.

In der Wildnis sind diese Merkmale oft besonders ausgeprägt: Das Spektrum an »weichen Faszinationen« ist vielfältiger, die räumliche Ausdehnung ist größer und die Erholung ist intensiver als in städtischen Parks, Grünanlagen oder konventionell angelegten Gärten.

Meta-Analysen bestätigen, dass Wanderungen in einer Wildnisumgebung die Dauer gerichteter Aufmerksamkeit deutlich verlängern – gemessen mit dem Attention Network Test (ANT) – und die subjektive Erschöpfung um bis zu 40 % senken. In Wildnisgebieten sind diese Merkmale deutlich ausgeprägter als in kultivierten Parks.

## TIEFER ALS LEDIGLICH KULISSE: WILDNIS ALS AKTIVER REGENERATIONSRAUM

Wildnis konstituiert sich durch eine dynamische Vielfalt: Verschiedenste Pflanzen- und Tierarten, unterschiedliche Mikroklimata und die natürliche Wiederbesiedlung gestörter Ökosysteme liefern ein breites Spektrum sensorischer Inputs. Dieses Zusammenspiel führt in MRT-Studien zu einer stärkeren Hemmung stressbezogener neuronaler Netzwerke und einer gleichzeitig erhöhten Aktivität parasympathischer, also entspannender Zentren.

## Vergleich Wildnis mit Kulturlandschaft

| ASPEKT | WILDNIS | KULTIVIERTE LANDSCHAFT |
|---|---|---|
| **Biodiversität** | höchste Diversität natürlicher Pflanzengemeinschaften | Monokulturelle Strukturen, geringe Artenvielfalt |
| **Phytonzid-Konzentration** | reich an Terpenen (z. B. *Pinus sylvestris*) | Ziergehölze ohne Terpenfreisetzung |
| **Reizstruktur** | unvorhersehbar; soft fascination durch dynamische Elemente | strukturiert und erwartbar; dominierte Blickachsen und Wege |
| **Hirnstimulation** | Aktivierung von Gehirnbereichen, die beim Nichtstun aktiv werden und Stressnetzwerke hemmen | geringerer neurophysiologischer Erholungseffekt |
| **Physische Herausforderung** | Navigation, unebenes Gelände, Wettereinflüsse | einfache Wege, klare Beschilderung |
| **Psychische Effekte** | höhere Resilienz, Flow-Zustände, Selbstwirksamkeitserleben | primär Entspannung, geringe kognitive Beanspruchung |
| **Erlebnisqualität** | Zufallsbegegnungen mit Tieren/Pflanzen, Spannungsreize | Planbarkeit, fehlende Überraschungsmomente |

## VON DER THEORIE ZUR ANWENDUNG: THERAPEUTISCHE KONZEPTE UND INTERVENTIONSSTUDIEN

Mittlerweile münden diese Erkenntnisse der multisensorischen »Entstressung« in neuen Therapien.

### Wilderness Therapy

Sie wird auch als Verhaltenstherapie im Freien beschrieben, beinhaltet mehrtägige Expeditionen in abgelegene Regionen und kombiniert physische Herausforderung mit psychosozialer Begleitung und Achtsamkeitstechniken. Studien belegen, dass Teilnehmende deutlich stärkere Selbstwirksamkeit und Resilienz zeigen als Kontrollgruppen in kultivierten Umgebungen. Insbesondere Jugendliche sollen davon profitieren.

### Forest Bathing (Shinrin Yoku): Ruhe im Blätterdach und der Weg zu mehr BDNF

Die japanische Praxis strukturiert Waldbadsitzungen mit geführten Sinnesübungen: Hören, Riechen, Fühlen. Eingangsprotokolle messen Cortisol- und Alpha-Wellen-Level; nach Sessions zeigen sich im Durchschnitt 28–30 % Cortisolreduktion und eine

Waldbaden ist bei den Japanern, die in den Städten einem besonders großen Dichtestress ausgesetzt sind, äußerst beliebt.

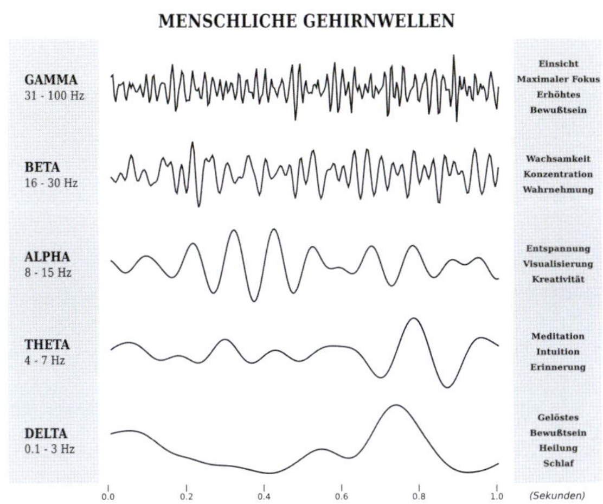


Natürliche Umgebung verschiebt im Gehirn Anteile des hochfrequenten Bereichs der Betawellen in Richtung Alphawellen.

Zunahme von Gehirnwellen, die mit Entspannung und kognitiver Regeneration einhergehen. »Shinrin-yoku« oder Waldbaden reduziert Stresshormone wie Cortisol, senkt die Herzfrequenz und den Blutdruck und stärkt die Herzratenvariabilität (die Variation der Zeiten zwischen aufeinanderfolgenden regulären Herzschlägen). Stress ist bekannt dafür, den BDNF (brain-derived neurotrophic factor, siehe Seite 43) zu drosseln – je entspannter wir sind, desto leichter kann sich der Faktor erhöhen – gut für unser Gehirn.

### So geht Waldbaden

Beim Waldbaden geht es darum, die Umgebung bewusst mit allen Sinnen wahrzunehmen – die Gerüche, Geräusche, Farben und Strukturen. Diese Präsenz fördert Ruhe und Achtsamkeit. Langsamkeit ist dabei zentral: Es ist kein sportliches Training, sondern ein achtsamer Spaziergang im eigenen Tempo. Studien der University of Michigan zeigen, dass schon 20–30 Minuten Waldbaden das Cortisol im Blut deutlich senken. Wer sich ausreichend Zeit nimmt, profitiert am stärksten. Regelmäßige Pausen und ausreichende Flüssigkeit – Wasser oder ungesüßter Tee – unterstützen das Wohlbefinden.

# WARUM LIEBEN WIR »SAFARIS«?

**Längst hat sich der Begriff von der Jagdsafari zur Beobachtungs- und Fotosafari gewandelt und »Safari« steht als Sinnbild für Tierbeobachtungen im Allgemeinen. Dabei ist es egal, wo Safaris stattfinden.**

Es ist unerheblich, ob wir Teilnehmer oder Teilnehmerinnen einer klassischen Afrika-Safari sind, in den Bergen wandern, im heimischen Terrain Vögel, Amphibien und Insekten beobachten oder eine »Gartensafari« machen, bei der wir zufällig auf Tiere stoßen und sie beobachten können. Selbst Tierfilme ziehen uns magisch an. Warum ist das logisch?

Tierbeobachtungen faszinieren uns auch heute noch, obwohl wir längst sesshaft sind und uns Tierzucht statt Jagd ernährt.

## WURZELN UNSERER AUFMERKSAMKEIT

Doch warum existieren noch Reste dieser Tierherden ausgerechnet in Afrika, wo der Mensch am längsten Jagd auf Fleisch machte? Möglicherweise war hier die Zeitspanne einer Interaktion zwischen Mensch und Tier lang genug, damit sich die Tiere ein Stück weit an die Bejagung anpassen konnten. Die Faszination für die Begegnung mit den letzten großen Pflanzenfressern und ihren Räubern in afrikanischen Steppen entspringt einem komplexen Geflecht aus evolutionärer Prägung, kulturhistorischen Traditionen und individuellen Sehnsüchten. Auf einer Safari verschmelzen tief in uns verwurzelte Bedürfnisse: das Kribbeln vor unbekannten Abenteuern, das Empfinden ästhetischer Erhabenheit und vor allem der Wunsch nach unmittelbarer Verbundenheit mit der Natur.

### Evolution im Blickfeld

Gerade in frühen menschlichen Gemeinschaften spielten Jagd und Tierbeobachtung eine zentrale Rolle für das Überleben. Das Aufspüren von Jagdtieren wie Gnus oder Zebras erforderte feinste Wahrnehmungsfähigkeiten und erhöhte die Chancen auf Nahrung. Diese Fähigkeit, kleinste Bewegungen am Horizont zu deuten, wurde über Generationen selektioniert und steckt noch heute in unserem Gehirn: Ein flüchtiger Schatten oder ein leises Rascheln können unvermittelt Herz und Verstand in Alarmbereitschaft versetzen. Die Faszination, die wir für große Säugetiere empfinden,

Die absolute Abhängigkeit unserer Vorfahren von der Natur ist immer noch in unseren Genen vorhanden. Gerade majestätische Tiere wie Elefanten lösen aber besonders Ehrfurcht in uns aus.

speist sich daher auch aus jener evolutionär entwickelten Neugier und Aufmerksamkeit, die einst über Leben und Tod entschied.

### Gene auf Entdeckungskurs

Aber wie funktioniert diese evolutionäre und archaische Prägung, sodass wir in Zeiten von rund um die Uhr geöffneten Supermärkten und Online-Lieferdiensten immer noch fasziniert sind von großen Tierherden, Tiererlebnissen in der wilden Natur oder beim Pilzesammeln auf den Jäger- und Sammlertrip kommen?
Unsere Neugier und Risikobereitschaft haben biochemische Grundlagen: Wer eine bestimmte Variante im Dopamin-D4-Rezeptor-Gen trägt, empfindet neue Situationen intensiver und sucht häufiger das Abenteuer. Ähnlich stimuliert die »Short«-Variante des Serotonin-Transporter-Gens die Empfänglichkeit gegenüber Umweltreizen und fördert unseren Drang, immer wieder Neues zu erkunden.

### Erinnerungen im Erbgut

Doch nicht nur die reine DNA formt unser Verhalten: Epigenetische Markierungen bewirken, dass Naturerlebnisse Spuren im Genom hinterlassen und sogar vererbt werden können. Methylgruppen am BDNF-Gen (brain-derived neurotrophic factor), auch ein Serummarker bei Depression und Burnout, können etwa neuronale Plastizität steigern und so das Verlangen nach weiteren Naturabenteuern verankern. Auch Veränderungen an Histonen (Proteine im Zellkern zur Stabilisierung der DNA) festigen solche Erfahrungen und lassen unsere Freude am Pilzesammeln oder an Wildtierbeobachtungen immer wieder aufleben.

## WARUM WIR – MEHR DENN JE – NATURREIZE BRAUCHEN

Unsere Gene stammen aus einer Welt der Ressourcenknappheit. Heute leben wir im Überfluss – doch genau hier zeigt sich, warum wir noch immer nach Pilzen und Wildtieren Ausschau halten, nämlich wegen einer gravierenden Diskrepanz zwischen Biologie und Komfort: Unser Erbgut ist auf ständige Suche nach Nahrung und Herausforderungen programmiert. Im modernen Alltag entsteht daher ein Spannungsfeld, das uns zurück in die Wildnis lockt, um die innere Balance wiederzufinden. Eine einfache Formel kann dies erklären: Je mehr Dauerverfügbarkeit im Supermarkt, je mehr überzogenen Komfort wir haben, je mehr Beton und Asphalt in Grau uns umgibt und je mehr Zeit wir vor zweidimensionalen Bildschirmen verbringen, desto mehr echte, wilde Natur brauchen wir – dreidimensional und alle Sinne anregend.

## SUBLIMITÄT – AM RANDE DES UNERMESSLICHEN

Unser menschliches Bewusstsein birgt viele Nuancen, doch kaum eine Empfindung ist so fesselnd wie Sublimität: ein Moment, in dem etwas besonders Erhabenes, Anmutiges, Vollkommenes über das Gewöhnliche hinausgeht.

Unsere Ergriffenheit bei der Begegnung mit großen Wildtieren geht über das Gewöhnliche hinaus und erzeugt »Awe«.

Anders als reine Sinnesfreuden dehnt Sublimität unser Bewusstsein, indem sie uns erhebt, womöglich in einen anderen Bewusstseinszustand oder sogar Transzendenz bringt – ähnlich der Sublimation, die den Phasenübergang beispielsweise von Wasser in Wasserdampf beschreibt.
Bereits im 19. Jahrhundert beschrieb der Naturphilosoph John Muir (1838–1914) das Gefühl der Sublimität, wenn der Mensch vor der Wildheit der Natur steht. Das Bild einer Elefantenherde im goldenen Licht der Dämmerung oder eines Löwenrudels, das lautlos durchs hohe Gras schleicht, löst Ehrfurcht und Demut aus. Neurowissenschaftliche Befunde zeigen, dass solche Erlebnisse das parasympathische Nervensystem aktivieren, Stress reduzieren und ein tiefes Gefühl von Glück und Verbundenheit mit der Biosphäre fördern.

### Wenn das Ich schrumpft

In der Psychologie gleicht Sublimität der Emotion »Awe« oder auch Ergriffenheit und Ehrfurcht. Ihre Kernkomponenten sind die Wahrnehmung von Größe und das Gefühl des »Small Self«, bei dem einem das eigene Selbst als winzig erscheint.
Weil das Erhabene bestehende Denkmuster sprengt, zwingt es uns, unser Weltbild zu erweitern. Awe stärkt das Gemeinschaftsgefühl und mindert Egoismus. Damit fördert es soziales Verhalten und Teilen. Diese kollektiven Effekte lassen sich evolutionär erklären: In schwierigen Zeiten war Zusammenhalt eben schlichtweg überlebenswichtig.

### Wenn Wasserfälle rauschen

Typische Auslöser sublimer Empfindungen sind Naturschauspiele: tosende Wasserfälle, imposante Berglandschaften oder tanzende Nordlichter. Spirituelle Rituale runden das Spektrum ab und führen dazu, dass die Grenze zwischen dem Ich und dem Unendlichen durchlässig wird.

### Staunen als Lebenselixier

Sublimität ist für uns mehr als ein flüchtiger Ausnahmezustand. Menschen, die regelmäßig Ehr-

furcht erleben, berichten von höherem Wohlbefinden, mehr Lebenssinn und größerer Stressresistenz. Die erweiterte Perspektive verringert Alltagsprobleme und integriert das eigene Dasein in einen umfassenderen Kontext.
Gleichzeitig inspiriert Sublimität uns zu Kreativität: Das Aufbrechen gewohnter Denkmuster öffnet neue Assoziationsräume – sei es in Kunst, Literatur oder Wissenschaft. Gerade in einer Zeit, in der Effizienz wichtig ist, erinnert uns das Erhabene daran, dass Staunen und ehrfürchtige Bewunderung unabdingbare Quellen menschlicher Tiefenerfahrung und damit auch Seelennahrung sind. Inmitten zunehmender Beschleunigung und Zerstückelung des modernen Lebens ist Sublimität ein kostbares Gut: Sie nährt das Staunen, stärkt Gemeinschaft und Nachhaltigkeit und zeigt uns, dass das Größte oft jenseits des Materiellen und Greifbaren liegt. Und all das kann uns Wildnis verschaffen.

Auch jenseits von Afrika sind ergreifende Naturschauspiele zu entdecken und zu erleben.

## WURZELN DER ABENTEUER- UND ENTDECKERLUST

Doch kurz zurück zum Safari- oder Wildtiertourismus: Er hat seine Ursprünge in den Expeditionen des 19. Jahrhunderts, als Forscherinnen und Forscher wie Mary Kingsley oder David Livingstone weite Teile Afrikas erkundeten. Diese Reisen verbanden systematische Feldforschung mit dem Verlangen nach Unbekanntem und machten die afrikanische Wildnis zum Inbegriff menschlicher Neugier. Heute sind Wildtiertouristen moderne Entdecker, die in einer zunehmend urbanisierten Welt authentische Naturerlebnisse suchen – auch jenseits von Afrika.

Tierbeobachtungen machen uns zu modernen Entdeckern und können sogar Forschung unterstützen

### Identitätsspuren im Tierreich

Tierbeobachtungen prägen maßgeblich unsere Selbstwahrnehmung. Ein Foto von der Giraffe, einem Elch am Abendhimmel oder ein Porträt eines stolzen Löwen sind zu Symbolen für Abenteuergeist geworden. Im sozialen Miteinander gilt der erfolgreich absolvierte Safari-Trip als kulturelles Kapital, das Reisende in ihren Freundesgruppen und Netzwerken teilen. Ein solches Erlebnis steigert nachweislich das Prestige und kann als langfristiger Teil der eigenen Lebensgeschichte erzählt werden.

### Schutzgedanke im Gepäck

Moderne Wildtiertouristen suchen nicht nur nach beeindruckenden Bildern, sondern auch nach aktivem Naturschutz. Viele Reiseveranstalter integrieren Citizen-Science-Programme (siehe Seite 67), in denen Teilnehmende Daten zu Tierzählungen, Verhaltensbeobachtungen oder zum Zustand der Lebensräume erfassen. Dieses Mitwirken stärkt das Verantwortungsgefühl und zeigt, wie individuelles Erleben und globale Verantwortung zusammengehören, und kann uns motivieren, lokale Schutzprojekte zu unterstützen oder selbst – auch im eigenen Garten – aktiv zu werden.

### Im Fluss der Wildnis

In der Weite der Wildnis, fernab der Hektik des Alltags, fallen viele Reisende in einen Zustand intensiver Konzentration und Gegenwärtigkeit – ganz im Sinne des »Flow«. Das Beobachten eines Leoparden, der sich lautlos anschleicht, oder zweier Smaragdeidechsen in Paarungslaune verlangt höchste Konzentration und löst ein tiefes Glücksgefühl aus. Häufig berichten Teilnehmende von mentaler Klarheit und langanhaltender Ruhe nach solchen Momenten.

## DIE RÜCKKEHR ZUM URSPRUNG: DIE ERFINDUNG DER »ABENTEUERREISEN« IM 21. JAHRHUNDERT

Die Sehnsucht nach Wildnis ist für viele mittlerweile so stark, dass sie das »echte« Abenteuer der digitalen Umgebung – der »Wildnis des modernen Lebens« – vorziehen.
Im Urlaub muss es plötzlich unberührt, exotisch und anstrengend sein, als könnte der Mensch nur durch körperliche Strapazen durch Selbstoptimierung und sogar durch Bezwingen des Berges glücklich werden. Diese Wendung von der idyllischen Natur zur »Selbstfindung in der Wildnis« lässt sich als eine der Trends beobachten.

### Es fängt mit dem Wanderurlaub an: Wie wir den Wald neu entdecken

Früher waren Wanderungen eher eine Pflichtübung für diejenigen, die sich nicht leisten konnten, mit

Wildnis und Ruhe intensivieren nach körperlicher Anstrengung das Glücksgefühl.

Der Weg zum Gipfelglück wird gerade auf bekannten und vielbegangenen Pfaden zunehmend »steinig«. Hier verpufft der Wildniseffekt.

dem Auto zu fahren. Heute aber ist Wandern in den alpinen Gefilden die moderne Antwort auf die Frage: »Wo kann ich für ein Wochenende dem stressigen Alltag entfliehen?« Der Wanderurlaub hat sich in den letzten Jahren zu einem klassischen Rückzugsort für Menschen entwickelt, die der Natur ganz nahe kommen wollen.

### Kurz gesagt

**Die Wildnis, die wir heute suchen, ist weniger ein fernes Ziel als vielmehr eine Idee: Sie steht für unsere Rückkehr zur Natur, für unsere Flucht vor der Zivilisation, aber auch für die Möglichkeit, Naturerlebnisse zu genießen, ohne auf moderne Annehmlichkeiten verzichten zu müssen.**
**Vielleicht ist es genau diese Kombination, die uns zu immer neuen Erlebnissen in der Wildnis führt – ob wir nun mit unserem Rucksack durch die Berge ziehen oder uns in den eigenen wilden Garten stürzen.**

Zugleich gibt es auch einen »Konflikt«: Die meisten Bergsteiger suchen das Ursprüngliche und Entbehrliche, aber in vielen Bergregionen wird inzwischen fast jeder noch so abgelegene Gipfel von einer kleinen Armee von Wanderern in perfekter Outdoor-Bekleidung »erklommen«.
Warum sich dann nicht die eigene kleine Wildnis im Garten direkt vor der Haustür schaffen?

## NATIONALPARKS, DIE HEILIGEN HALLEN DER NATUR – FÜR DEN »WILDEN« IN UNS

Nationalparks sind eine der besten Möglichkeiten, »abgelegene Natur« zu erleben. Während die Amerikaner ihre »Wilderness Areas« stolz als das wahre Abenteuer bezeichnen, haben die Europäer die Idee des Nationalparks perfektioniert, um den Abenteurern das Gefühl von Urwäldern, Gletschern und Felsen zu vermitteln – und dabei dennoch sicherzustellen, dass am Ende des Weges ein Café wartet, das Cappuccino und Kuchen serviert. So können wir uns beim »Abenteuer« wie moderne Philosophen der Natur fühlen, müssen aber gleichzeitig nicht auf den Luxus eines Handyladegeräts verzichten.
Nationalparks sind nicht nur »geheiligte« Naturreservate, sie sind mittlerweile das Herzstück jeder Wildnisreise. Die Symbiose aus unberührter Natur und touristischer Erschließung macht sie zum klassischen Ziel für die neu entdeckte Sehnsucht nach Wildnis. Der wahre Abenteurer von heute fährt nicht mehr in die weite Welt, sondern bucht das perfekte Wochenende im Yosemite oder im Schwarzwald – um dort »zivilisiert« mit Freunden Wildnis zu erleben.

Selbst Nationalparks können mittlerweile überlaufen sein. Die Natur im eigenen Garten kann da manchmal wilder wirken.

# GARTEN – KLEINE WILDNIS, TROTZDEM ENORMES GLÜCK

**In den letzten Jahrzehnten haben sich unsere Erkenntnisse darüber, wie natürliche Umgebungen unser Wohlbefinden fördern, rasant vertieft. Ein naturnaher Garten lässt auf kleinstem Raum Wildnis erleben.**

Wo Edward O. Wilson mit seiner Biophilia-Hypothese (siehe Seite 42) das angeborene Bedürfnis nach Natur beschrieb und Rachel und Stephen Kaplan in der Attention Restoration Theory (ART, siehe Seite 45) die Erholungsfunktion von Landschaften analysierten, erkennen wir ihre Prinzipien heute ebenso im heimischen Garten. Ein naturnaher, »wilder« Garten vereint gezielte und verschiedenste Gestaltungselemente mit ökologischer Eigenständigkeit und lädt ein, Wildnis und Biodiversität auf kleinstem Raum zu erleben. Mit heimischer Flora, Fauna, Pilzen und Mikroorganismen schafft er ein Mini-Ökosystem, das zugleich ästhetisch, reizvoll und gesundheitsförderlich und – einmal angelegt – pflegearm ist, sodass viel Zeit für Entspannung und Beobachtung bleibt.

Nur 0,5 % der Fläche Deutschlands besteht aus »Wildnis«, aber immerhin 2 % aus Gärten. Das ist also ein großes Potential für mehr Wildnis. Deshalb: Nutzen wir doch mehr Wildnis in unseren Gärten – ein Gewinn für alle: Tiere, Pflanzen, Pilze und für uns.

Ein faszinierender Anblick: Farnwedel, die sich gleichzeitig entrollen und Wildnis in den Garten bringen.

## ÖKOLOGISCHE GESTALTUNGS-ELEMENTE IM WILDEN GARTEN WIRKEN

Anstatt sich mit vielen anderen Naturbegeisterten auf einem Wildnispfad zu drängeln, stellt dein eigener wilder Garten dazu eine tolle Alternative dar. Hier kannst du mit nur einem Tritt vor die Tür spontan Wildnis erleben, ohne Stunden in die Anreise zu investieren.

Besonders eine Wildblumenwiese spiegelt die »weiche Aufmerksamkeit« wider. In ihr weben sich filigrane Gräser mit zarten Blüten wie hier das Echte Labkraut zu einem duftenden Arrangement.

## Muster aus der Natur entdecken

Wilde, naturnahe Gärten leben von besonders vielfältigen Strukturen auch in die dritte Dimension. Zusätzliche fraktale Strukturen, die sich in wiederkehrenden, selbstähnlichen Formen zeigen, intensivieren den Wildniseffekt. Ganz gleich, wie sich die Äste in den Baumkronen verzweigen, wie sich die Schuppen der Kiefernzapfen anordnen oder Farnwedel sich entrollen, wie Blattadern einmal deutlich hervortreten wie beim Roten Hartriegel oder unter filzigen Haaren verborgen sind wie bei der Berg-Flockenblume, oder wie sich die winzigen Einzelblüten der Ackerwitwenblume zur Blüte formieren – die Mischung erzeugt eine komplexe Textur. Fraktale Muster stimulieren unsere visuelle Wahrnehmung, indem sie das Gehirn in einen angenehmen Erkennungsprozess einbinden – ein Effekt, der in experimentellen Studien beschrieben wurde. Praktisch lässt sich dieses Prinzip im Garten umsetzen, indem man vielfältige Pflanzgruppen in unterschiedlichen Höhen staffelt. Ein Unterbau aus niedrigwüchsigen Polstern mit beispielsweise Thymian *(Thymus serpyllum)* wird ergänzt durch Mittel- bis Hochstauden, Wiesenflächen und Einzelsträucher bis hin zu Bäumen, die als visuelle Fixpunkte dienen – bestenfalls mit geschwungenen, organischen Linien statt in strikt orthogonalen Beeten.

## Leise Faszination im Gartenrauschen

Die Attention Restoration Theory (siehe Seite 45) betont die »soft fascination« – eine sanfte, nicht anstrengende Aufmerksamkeit, die unsere kognitive Erschöpfung lindert. Kleine Vogeltränken, mit Wasser gefüllte Mulden, eine sich im Wind wiegende und leise raschelnde Wildblumenwiese oder filigrane Wildstauden im Staudenbeet bieten subtile, beruhigende Reize. Kurzgeschorene Rasen, robuste, aber monotone Kirschlorbeerhecken oder hochgezüchtete, durch ihre dicken Stiele starre Zuchtrosen schaffen das nicht.

Selbst das DIY-Insektenhotel aus hohlen Stängeln, Lehm und Totholz erzeugt Klang- und Farbenspiele: summende Wildbienen wie die Rote Mauerbiene *(Osmia bicornis)*, im zeitigen Frühjahr übereinander purzelnde Exemplare der Gehörnten Mauerbiene *(Osmia cornuta)* oder schillernde Goldwespen *(Chrysididae)*. Flatternde Schmetterlinge und das Rascheln filigraner Gräser, Meisen, die ihre Ästlinge füttern, brummende Rosenkäfer, Blauschwarze Holzbienen oder Hummeln, am Totholz nagende Hornissen, am Abend über dem Garten insektenjagende Fledermäuse, deren Insektenfang hörbar ist, – dies alles schafft eine multisensorische Szenerie, die unser Bewusstsein auftanken lässt.

Natürlich anmutende Wege mit sich ausbreitenden Thymianen imitieren Pfade in der Natur.

Wildnis-Feeling: Eine Benjes-Hecke kann den Garten strukturieren, aber auch begrenzen und ändert ständig ihr Gesicht.

### Pfad ins grüne Refugium

Spannende Räume entstehen durch wechselnde Perspektiven. Geschwungene Kieswege, Trittsteine oder sandige Trampelpfade, die organisch in Pflanzinseln übergehen, und Orientierungspunkte wie eine breite vielfältige Hecke, ein sich schlängelnder Wildblumensaum oder eine Benjes-Hecke leiten den Blick auf angenehme Weise. Solitäre Blickfänge – etwa eine einzeln stehende anmutige Vogelbeere oder ein ehrwürdiger alter Obstbaum oder auch das stehende Totholz – erzeugen Vielfalt und Komplexität, auch in beengten Gärten. Rückzugsnischen unter Wildrosen oder Haselnusssträuchern oder Pergolen, begrünt mit Gewöhnlicher Waldrebe *(Clematis vitalba)* und Deutschem Geißblatt *(Lonicera peryclemenum)*, bieten abgeschirmte Sitzplätze, die zum Eintauchen in eine »Mini-Wildnis« einladen.

### Lebendige Vielfalt einladen

Ein vielfältiger, mit heimischen Pflanzenarten bestückter Garten spricht nichts anderes als eine Einladung für heimische Tiere aus. Viele folgen dieser Einladung, denn er spendet Nahrung und Lebensraum für zahlreiche Arten. Stachelbeersträucher *(Ribes uva-crispa)* und Wildrosen *(Rosa canina)* dienen Wildbienen, Käfern, Vögeln als Futterquelle, während die Blüten heimischer Kräuter wie Schafgarbe *(Achillea millefolium)* oder Thymian *(Thymus serpyllum)* Schmetterlinge und Bienen anlocken. Solche natürlichen Pflanzenkombinationen erhöhen die Bestäuberaktivität und aktivieren Nahrungsketten deutlich. Gleichzeitig unterstützen heimische Pflanzen die Bodenstruktur und fördern die Besiedlung durch nützliche Mikroorganismen.

## PSYCHISCHE UND PHYSIOLOGISCHE EFFEKTE

Dein Körper und dein Geist profitieren gleichermaßen von einem Wildnisgarten, ob durch Verbundenheitsgefühl, Entdecken oder das Spüren deiner Selbstwirksamkeit.

### Stress ade mit wildem Gartenblick

Schon wenige Minuten in einem naturnahen Garten senken physiologische Stressmarker: Etliche Studien dokumentierten eine Reduktion von Herzfrequenz und Muskelspannung oder eine signifikante Senkung des Cortisolspiegels (Stresshormon). In einer Feldstudie verbrachten Probanden 15 Minuten in einem Garten mit Wildblumenbeeten und Vogelstimmen – im Vergleich zu urbaner Kontrolle fielen ihre Stressparameter deutlich ab. Das beruhigende Plätschern von Wasser wirkt wie ein natürliches Biofeedback und aktiviert den Parasympathikus.

### Aufmerksamkeit tanken im Grün

Kaplans Attention Restoration Theory postuliert, dass sich in Umgebungen mit sanfter Faszination eine nachlassende Aufmerksamkeit erholen kann. In Experimenten verbesserten sich nach 20 Minuten Aufenthalt in einem wildnisähnlichen Garten signifikant die Leistungen in Tests zur Arbeitsgedächtniskapazität und Konzentration. Die Umgebung übernimmt die Regeneration der Aufmerksamkeitskontrolle, ohne dass sich die Person bewusst anstrengen muss.

### Entspannung statt Verspannung

Ein wilder, naturnaher Garten entstresst. Nicht jede Woche muss Rasen gemäht und der Rasenschnitt entsorgt werden, nicht ständig die Rabatte gehackt und jedes kleine Beikräutlein gezupft oder die Hecke geschnitten werden. Sanfte Lenkungen reichen aus, die Artenfülle zu erhalten oder sogar zu erhöhen.

### Immun-Kick durch Bodenleben

Die »Biodiversity Hypothesis« besagt, dass die Vielfalt an Umweltmikroben unsere Immunregulation stärkt. Wissenschaftler dokumentieren, dass Kinder in naturnahen Umgebungen seltener allergische Erkrankungen entwickeln. Sie verglichen Boden- und Pflanzenmikrobiota in naturnahen Gärten mit der von monotonen Rasenflächen und fanden

**Unser Erbe**

Wir laufen quasi unseren »Genom-Pfad« entlang, denn dafür wurden wir gemacht: zum Gehen, Laufen in unebenem Gelände und zum Ausschauhalten und Entdecken.

### Seelenglück im Blättermeer und bewegtes Staunen

Das Konzept der »Connectedness to Nature« (Verbundenheit mit der Natur) korreliert stark mit Wohlbefinden. Forscher fanden, dass eine hohe Naturverbundenheit die subjektive Lebenszufriedenheit und das psychologische Wohlbefinden steigert. Erlebnisse wie die zufällige Begegnung mit Nachtfaltern und Fledermäusen oder der Anblick eines Siebenschläfers im eigentlich für Meisen installierten Nistkasten erzeugen Glücksmomente und stärken unsere Resilienz gegenüber Alltagsstress. Ein wilder Naturgarten lädt dich eher zum »Flanieren« und Entdecken zwischen den Beeten ein als ein steriler Kiesgarten. Unebene, geschwungene Pfade beanspruchen mehr Muskelgruppen als schnurgerade, brettebene Betonwege.

Flutende Glücksgefühle sind dir garantiert, wenn du vom Siebenschläfer im Meisennistkasten überrascht wirst.

Unwiderstehlich für zahlreiche Insekten wie hier den Schachbrettfalter und für Schwebfliegen: die Tauben-Skabiose neben filigranen Gräsern und Wilder Möhre.

eine signifikant höhere Vielfalt. Kommen wir in Kontakt damit, stimuliert es das Mikrobiom in Richtung einer ausgewogenen Immunantwort und kann chronisch-entzündliche Reaktionen wie Allergien abmildern.

### Tierische Begegnungen direkt vor der Haustür

Eine reiche Pflanzenauswahl zieht eine vielseitige Fauna an: Wilde Möhre *(Daucus carota)* und Echter Dost *(Origanum vulgare)* locken zum Beispiel Tagfalter wie den seltenen Schwalbenschwanz oder den Kaisermantel an, während verschiedene Wildbienenarten die Blüten von Blutweiderich oder Mohn umschwärmen und gerne Insektenhotels annehmen. Wildhecken mit einheimischen Beerensträuchern animieren Buchfinken und andere Singvögel zum Verweilen. Um die Attraktivität noch zu erhöhen, sollten wir Tränken anbieten und Unterkünfte in Form von Insektenhotels, Nistkästen, Steinstrukturen und Totholz, besser Second-Life-Holz (siehe ab Seite 128). Diese Beobachtungen steigern das Naturerleben und intensivieren das psychische Wohlbefinden direkt vor der Haustür.

## WENN NATURRÄUME SCHWEIGEN

Der Verlust unserer heimischen Biotope zieht sich wie ein leiser Schatten durch unsere Landschaft: Wiesen werden zu Monokulturen, Wälder weichen Betonflächen. Das internationale Gremium IPBES (Intergovernmental Platform on Biodiversity and Ecosystem Services) berichtet, dass aktuell bis zu einer Million Arten weltweit vom Aussterben bedroht sind – ein beispielloser Rückgang, angetrieben von Landwirtschaft, Siedlungsdruck, Klimawandel, invasiven Arten und Umweltverschmutzung.

### Seelische Leerstellen spüren

Die australische Umweltphilosophie spricht von **Solastalgie**: einem tiefen Wunsch nach dem Vertrauten, der sich in Trauer, Angst und Ohnmacht wandelt, wenn sich unser Umfeld unwiederbringlich wandelt. Wer tagtäglich sieht, wie Lebensräume sterben, spürt, wie die eigene Handlungsfähigkeit schwindet. Vielleicht berührt auch dich das Artensterben zutiefst. Nicht enden wollende Negativmeldungen über stetig schwindende Insektenzahlen und Lebensräume, immer mehr ausgeräumte, durchkultivierte Landschaft, sterile Gärten und strikt gepflegte öffentliche Räume erzeugen dieses Gefühl der Leere und der Ohnmacht.

### Aktiv gegen das Artensterben – ein Garten voller Möglichkeiten

Ein wilder Naturgarten wird zum Gegenbild: Anstatt glatter Rasenflächen und steriler Hecken entstehen bunte Blühwiesen, duftende Stauden- und heimische Gehölzinseln. Schon kleine Eingriffe haben große Wirkung: Blüten, Düfte, Gesumme, Gezirpe, Gezwitscher und Geflatter vom Frühling bis zum Spätherbst, Räuber und Gejagte finden sich über vernetzte Lebensadern ein.

#### *Neue Kraft schöpfen*

Anstatt ohnmächtig zuzusehen, werden wir zu Gestaltern: Jeder ausgesäte Samen und jeder Totholzhaufen ist ein greifbares Zeichen für Veränderung. Dieses aktive Tun stärkt die Selbstwirksamkeit, das Selbstwertgefühl und baut mentale Barrieren ab. Wer genau beobachtet, erlebt, wie Leben zurückkehrt – und fühlt sich wieder zu Hause.

#### *Kleine Gärten, große Wirkung*

Ein wilder Naturgarten ist mehr als ein privates Refugium: Er wird zum Baustein eines lebendigen Netzwerks, das Mensch und Natur verbindet. Wer innerhalb des eigenen Gartenzauns naturnah gestaltet, verwandelt Ohnmacht in aktive Hoffnung – und liefert so seinen Beitrag zu einer bunteren, lebendigeren Welt.

## SELBSTWIRKSAMKEIT OHNE GRENZEN

Und es funktioniert! Kaum schaffen wir entsprechende Voraussetzungen, naturnahe Strukturen, pflanzen heimische Wildpflanzen, lassen ein Stück weit Wildnis in unserem Garten zu, schon stellen sie sich ein: die Kröte im Gartenteich, der Zitronenfalter am Faulbaum und an der Kartäusernelke, die Blauschwarze Holzbiene und die Hornisse am Totholz, der Stieglitz am Samen der Wilden Karde, der Mittlere Weinschwärmer in der Dämmerung an den Blüten der Nachtkerze.

Eine sich entwickelnde Wildblumenwiese als unerschöpfliches Reservoir an Dynamik. Hier entstehen faszinierende Zusammenhänge aus wenigen Samen.

Attraktive Streifenwanze an dichter Packung von Blütenständen der Wilden Möhre.

## Selbstwirksamkeit – Vertrauen in sich säen

Selbstwirksamkeit beschreibt nach Albert Bandura das spezifische Vertrauen in die eigene Fähigkeit, geplante Handlungen erfolgreich umzusetzen und damit konkrete Ziele zu erreichen. Anders als Motivation bezieht sie sich nicht auf ein allgemeines Wohlgefühl, sondern auf eine Kompetenzerwartung in bestimmten Zusammenhängen. Unter anderem nähren zwei Quellen Vertrauen:

1. direkte Erfolge
2. beobachtendes Lernen

Highlights mit Aha-Effekt! Deine Selbstwirksamkeit steigt. Bestätigung auf der ganzen Linie. Es sind die gleichen Glücksgefühle wie auf einer Safari.

### Erfahrungen ernten

Ein wilder Garten bietet ideale Gelegenheiten für deine persönlichen Erfolgserlebnisse: Wenn heimische Arten wie der Kreuzenzian *(Gentiana cruciata)* oder Wiesensalbei *(Salvia pratense)* keimen, wächst nicht nur die Pflanzenvielfalt, sondern auch dein eigenes Zutrauen. Forschende zeigen, dass wiederholte Gartenarbeit das Selbstwirksamkeitsgefühl signifikant stärkt, und belegen den positiven Einfluss gärtnerischer Aktivitäten auf mentale Gesundheit und Zufriedenheit – erst recht, wenn dabei die Biodiversität gestärkt wird.

### Vom Lernen im Grünen

Lebenslanges Lernen ist hier angesagt. Immer wieder eröffnen sich neue Perspektiven, vertieftes Wissen. Du lernst dazu, optimierst, ständig entdeckst du Neues, Faszinierendes, Seltenes in deinem wilden Garten.
Wer das emsige Treiben von Larven der Florfliege oder des Siebenpunktmarienkäfers beim Blattlausverzehr, die Pelzbiene beim Bestäuben, Wollbienen bei der Paarung oder die nervösen, winzigen Goldwespen beobachtet, gewinnt unbewusst spannende Einblicke in effiziente Ökosystem-Mechanismen. Der versteht dann, wie die Netzwerke und Symbiosen funktionieren. Solche Vorbilder im Garten fördern die Überzeugung, komplexe Naturprozesse positiv beeinflussen zu können.

Selbst der wunderschön blau blühende Wiesensalbei steht bereits auf der Vorwarnliste.

Nimm dir Zeit für die Details: Der Marienkäfer macht Jagd auf die im filigranen Laub des Feld-Beifußes perfekt getarnten Blattläuse.

Wenn du das Laub zusammenrechst und unter den Sträuchern deponierst, zieht bestimmt ein Igel ein.

### Schlüssel zum blühenden Ich

Ein wilder, naturnaher Garten ist weit mehr als Ökosystempflege: Er ist Spielwiese, Labor und Inspirationsquelle für Selbstwirksamkeit. Wer Erfolge plant, Vorbilder nutzt, auf ermutigende Worte setzt und Signale aufmerksam wahrnimmt, legt gleichzeitig den Samen für ein dauerhaftes Vertrauen in die eigene Wirksamkeit und erlebt aufblühende Lebensfreude. Wissenschaftliche Befunde bestätigen, dass der nachhaltige Kompetenzgewinn zu gesteigertem psychischem Wohlbefinden führt und Schritt für Schritt ins Blütenmeer.

## ETWAS ZURÜCKGEBEN, SINN STIFTEN(D) UND ETWAS ZURÜCKBEKOMMEN

Wir zeigen häufig altruistisches Verhalten gegenüber nicht-menschlichen Lebewesen und Ökosystemen, insbesondere wenn wir ein Verantwortungsgefühl oder eine Verbindung zur Natur verspüren. Studien aus der Umweltpsychologie zeigen, dass das Engagement für Biodiversität im eigenen Garten mit intrinsischer Motivation und moralischen Werten verknüpft ist. Es geht oft um eine gefühlte ethische Verpflichtung, »etwas zurückzugeben«. Altruismus ist nicht nur mit dem »Warm Glow« verknüpft – also dem warmen Gefühl im Bauch –, sondern wirkt sogar sinnstiftend für das eigene Leben. Einen Garten für die Wildnis zu schaffen, dazu braucht es Empathie, Demut, Respekt und Ehrfurcht vor der Natur, zurück bekommst du Selbstwirksamkeit, Sinn, Überraschungs- und Glücksmomente, manchmal sogar erhabene Momente und ganz viel Kraft. So zeigte eine groß angelegte Analyse britischer Daten, dass gerade jene Gartenpflege-Maßnahmen, die die sichtbare Biodiversität fördern, dazu führen, dass Menschen mehr Achtsamkeit für ihre Umgebung entwickeln – und dies wiederum ihre Naturverbundenheit stärkt.
Dieser **Pro-Natur-Altruismus** schärft unmittelbar die Wahrnehmung der Umwelt. Die daraus wachsende Naturverbundenheit ist kein rein theoretisches Konstrukt, sondern geht mit echtem Wohlbefinden einher: Personen mit stärker ausgeprägter Verbindung zur natürlichen Umwelt berichten über mehr positive Emotionen und höhere Lebenszufriedenheit. Das Geben selbst wirkt wie ein **Wohlfühl-Booster**: Studien belegen, dass altruistisches Verhalten – selbst die kleine Geste, etwas für andere Lebewesen zu tun – unmittelbar das Glücksempfinden steigert und zwar in dem Maße, wie es kaum eine andere Aktivität vermag.

Aktiv werden, Gutes tun und dennoch weniger Arbeit haben? Das geht: Belass Totholz im Garten.

# WENIGER ARBEIT, MEHR NATUR – ODER ETWA UNORDNUNG?

**Von einem wilden Garten profitieren nicht nur die Natur, unser Wohlbefinden und unsere Psyche, sondern auch der Geldbeutel. Und selbst der Aufwand an Gartenarbeit reduziert sich massiv um eine Zehnerpotenz. Dennoch könnte der wilde Naturgarten auf manche unordentlich wirken.**

Es ist ein vertrautes Bild: Der Duft von frisch gemähtem Gras liegt in der Luft, das Motorengeräusch des Rasenmähers anstatt das Zirpen der Grillen ist zu hören. Der Garten als Ort der Erholung? Eher als Dauerbaustelle, als sehr effektive und ständige Arbeitsbeschaffungsmaßnahme. Schneiden, jäten, mähen, düngen, gießen, wieder mähen, Schnittgut entsorgen: Die Liste der Aufgaben im klassischen Ziergarten ist lang. Und oft genug endet das Wochenende mit Muskelkater und dem Gefühl, mehr im Garten gearbeitet als gelebt zu haben.

Wohlvertraute, aber lästige Geräusche, die in einem Wildnisgarten kaum entstehen – Rasenmäher im Einsatz.

Dabei wächst die Sehnsucht nach mehr Natur – nicht nur im globalen Maßstab, sondern direkt vor der eigenen Haustür. Immer mehr Menschen entdecken den wilden Naturgarten als Alternative: einen Garten, der sich an der heimischen Flora und Fauna orientiert, der sich vor allem selbst reguliert und überraschend pflegeleicht ist. Doch kann ein »wilder« Garten tatsächlich weniger Arbeit bedeuten? Und was genau macht den Unterschied?

## GÄRTEN DER KONTROLLE: DER KLASSISCHE PFLEGEAUFWAND

Die Tradition des gestalteten Gartens beruht auf Ordnung, Symmetrie und Kontrolle. Ob französischer Barockgarten oder moderner Reihenhausrasen – der Mensch greift ein, formt, reguliert, unterdrückt das Ungewollte. Im heutigen Hausgarten zeigt sich das in regelmäßigen Mäharbeiten, Formschnitten, Unkrautbekämpfung, Pflanzenschutz und intensiver Bewässerung. Der Rasen ist oft das Herzstück: sattgrün, gleichmäßig, frei von Löwenzahn, Klee und anderen störenden Beikräutern.

Hier wächst es, wie es will, »unordentlich« wirkt die Wildblumenwiese dennoch nicht. In ihrem zweiten Standjahr wird sie immer noch von Einjährigen wie Klatschmohn und Kornblume und Margerite dominiert.

Diese Pflege hat ihren Preis – insbesondere zeitlich. Eine Rasenfläche von 300 m² benötigt im Durchschnitt bis zu 100 Arbeitsstunden pro Jahr. Hinzu kommen Schnittarbeiten an Sträuchern und Hecken, das jährliche Pflanzen und Ersetzen empfindlicher Zierpflanzen sowie die regelmäßige Anwendung von Düngemitteln und Pestiziden.
Moderne Hilfsmittel wie Mähroboter oder automatische Bewässerung versprechen zwar Erleichterung, bringen jedoch neue Anforderungen mit sich: Anschaffungskosten, Wartung, Stromverbrauch, Reparaturen. Zudem zeigen Studien, dass Mähroboter nachtaktive Tiere wie Igel gefährden – viele Geräte verursachen mitunter schwerste Verletzungen, an denen die Igel qualvoll sterben.

## Einfach wachsen lassen?

Im Gegensatz dazu orientiert sich der wilde Naturgarten an natürlichen Prozessen. Statt empfindlicher Exoten setzt du standortgerechte, heimische Pflanzen auch im Blumenkübel ein, die sich mit den Bedingungen des Gartens arrangieren – mit seinem Boden, Klima, Licht und Schatten. Einmal etabliert, säen sich viele dieser Arten selbst aus und versorgen sich selbst, ganz ohne Dünger, Pflanzenschutz oder künstliche Bewässerung.

### *Das Pflegeprinzip ist einfach: so viel wie nötig, so wenig wie möglich*

Eine Wildwiese wird nur ein- bis zweimal im Jahr, manche Bereiche sogar nur alle zwei Jahre gemäht, meist erst im Spätsommer, wenn Insekten ihre Lebenszyklen vollendet und Pflanzen ihre Samen ausgestreut haben. Verblühte Stauden bleiben über den Winter stehen, sie dienen als Unterschlupf und Nahrungsquelle für Insekten oder Vögel – und sparen ganz nebenbei Zeit.
Gärtner und Gärtnerin werden dabei zu Beobachtenden, nicht mehr zu Dirigierenden. Statt zu kämpfen, wird zugelassen. Wer diesen Perspektivwechsel wagt, wird belohnt: mit Schmetterlingen, Wildbienen, Vogelgesang, Sandbienen im lichten Boden oder Libellen über dem kleinen Teich.

### *Die Zahlen dahinter: Wie viel Zeit spart ein Naturgarten wirklich?*

Ein direkter Vergleich zeigt das Einsparpotenzial deutlich: Während ein klassischer Ziergarten mit etwa 150 bis 300 Arbeitsstunden pro Jahr zu Buche schlägt, kommt ein gut etablierter Naturgarten mit 20 bis 30 Stunden aus. Diese Zeit umfasst vor allem das Mähen der Wildwiese, das Entfernen invasiver Arten oder gezielte Nachpflanzungen.

In Nordamerika ergaben Vergleichsstudien zwischen konventionellen Hausgärten und naturnah gestalteten Flächen eine Reduktion der Pflegezeit um bis zu 90 %. Auch europäische Städte und Kommunen, die Pflegeflächen ökologisch umstellen, berichten von sinkendem Arbeitsaufwand und geringeren Kosten – bei gleichzeitig steigender Artenvielfalt.

### *Zwischen Rindenmulch und Rendite – was ein Garten wirklich kostet*

Neben der Zeit stellt sich früher oder später auch die Frage nach den Kosten. Und auch hier lohnt sich der genauere Blick: Ein klassischer Ziergarten kostet in der Neuanlage durchschnittlich 30 bis 60 Euro pro Quadratmeter. Dieser Betrag umfasst exotische Zierpflanzen, Rollrasen, Bewässerungssysteme, Zierkies, Betonsteine und oftmals Maschinen für Pflegearbeiten.
Ein Naturgarten hingegen bleibt meist deutlich darunter: mit 15 bis 35 Euro pro Quadratmeter. Die Kosten reduzieren sich, weil viele Materialien wegfallen – keine Rasenkanten, keine Gabionen, keine teuren Züchtungen. Stattdessen: Saatgut heimischer Wildpflanzen, lokal gewonnene Natursteine, unbehandeltes Totholz. Vieles lässt sich sogar selbst sammeln oder von regionalen Anbietern beziehen.
Langfristig wird der Unterschied noch deutlicher. Untersuchungen des Bundesamtes für Naturschutz (BfN) zeigen, dass extensiv gepflegte Grünflächen im Schnitt nur einen Bruchteil der Kosten verursachen, die bei intensiver Pflege mit regelmäßigem Mähen, Düngen und Bewässern entstehen. Auch das Institut für ökologische Wirtschaftsforschung (IOeW) weist darauf hin, dass naturnahe Flächen ökonomisch nachhaltiger sind, da weniger Material- und Energieeinsatz nötig ist. Ähnlich ziehen praxisorientierte Studien der Bayerischen Akademie für Naturschutz und Landschaftspflege (ANL) den Schluss, dass der Arbeits- und Kostenaufwand bei ökologisch gestalteten Flächen spürbar sinkt. Den Vorteil können Privatgärten direkt übernehmen.
Dazu kommt der geringere Wasserverbrauch, weil viele heimische Arten tief wurzeln und so Trockenphasen besser überstehen. Auch Düngemittel und chemischer Pflanzenschutz entfallen. Und: Einige Kommunen fördern naturnahe Gestaltung direkt, etwa durch Zuschüsse für Dachbegrünungen oder Gebührennachlässe bei Regenwasserversickerung.

**Unterm Strich gilt**

**Wer auf Vielfalt statt auf sterilen Hochglanz setzt, spart bares Geld – und bekommt Erlebnis, Schönheit und ökologische Wirkung.**

### Der Weg dorthin: Geduld statt Perfektion

Natürlich entsteht ein funktionierender Naturgarten nicht über Nacht. Eine Neuanlage braucht umfassende Planung, die Umstellung vom konventionellen zum wilden Naturgarten braucht Zeit, Geduld und Wissen über die Bedingungen vor Ort. Wichtig ist die richtige Pflanzenauswahl – angepasst an Boden, Lichtverhältnisse, Wasserangebot. Beobachtung ersetzt Kontrolle: Welche Arten kommen von selbst? Welche verschwinden? Wo braucht es Lenkung, wo nur Vertrauen?
Viele Vorteile, die uns überzeugen können. Aber einen entscheidenden und gesellschaftlich tief verwurzelten Punkt gilt es noch zu klären:

## IST MEIN WILDER GARTEN ETWA UNORDENTLICH?

Unordnung ist überall – ob im heimischen Wohnzimmer oder im unberührten Urwald. Während wir Menschen oft das Aufräumen sehnlichst herbeiwünschen, führt die Natur beeindruckend vor, dass für uns scheinbares Chaos Grundlage für Vielfalt und Anpassungsfähigkeit ist.
Forschungen belegen, dass Unordnung im direkten Wohn- oder Arbeitsumfeld unser Stressniveau anhebt und die Konzentrationsfähigkeit mindert.

Menschen in unaufgeräumten Räumen werden unruhiger und ihre Informationsverarbeitung leidet. Visuelle Unordnung schwächt zudem das Gefühl von Kontrolle und kann das Selbstwertgefühl beeinträchtigen – unerledigte Aufgaben überfordern uns ständig und fördern kognitive Erschöpfung. Aber in der Natur sieht das völlig anders aus.

### Unordnung in der Natur: Motor der Biodiversität

Wenn Stürme Fichten entwurzeln oder wenn nach Bränden nur noch Strünke stehen bleiben, entsteht auf den ersten Blick Wildwuchs und Chaos. Doch genau diese Strukturen sind Lebensräume für zahlreiche Arten: Totholz bietet Spechten wie dem Buntspecht Nahrung und Brutplätze, abgelagertes Reisig fördert Pilz- und Insektenvielfalt. Naturwissenschaftlichen Untersuchungen zufolge bleiben 90 % des ursprünglichen Artenreichtums erhalten, wenn man etwa 75 % eines gestörten Waldgebietes belässt, während aufgeräumte Flächen signifikant weniger Arten beherbergen.

#### *Chaos als integraler Bestandteil natürlicher Systeme*

Komplexe Systeme, ob biologische Populationen oder Wetterphänomene, folgen nicht linearen Dynamiken, sondern einer eigenen »Ordnung«, die im Mikrokosmos chaotisch erscheinen, auf Makroebene jedoch stabilisierend wirken. Selbst unter konstanten Umweltbedingungen können Populationen unvorhersehbare Schwankungen durch interne Rückkopplungen entwickeln. Diese Dynamik verhindert, dass sich einzelne Arten auf Kosten der anderen stark vermehren, und fördert Koexistenz – essenziell für die Resilienz ganzer Ökosysteme.

#### *Unordnung als kreativer Impuls in der Evolution*

Ein weiterer Pluspunkt: Evolution wäre ohne das Wirken des Zufalls undenkbar, denn spontane Mutationen in der DNA – von Punktmutationen bis zu Chromosomen-Rekombinationen – schaffen genetische Vielfalt. Natürliche Selektion formt aus dieser »genetischen Unordnung« stabile Anpassungen an wechselnde Umweltbedingungen und ermöglicht so die Entstehung neuer Arten.

### Alles gut und schön, aber: Was denkt bloß der Nachbar über mich?

Ein Nachbar, der akkurate Hecken und makellose Rasenflächen liebt, könnte deinen wilden, naturnahen und artenreichen Garten mit einer Mischung aus Skepsis und heimlichem Staunen betrachten. Das könnten typische Nachbarsblicke bedeuten: **Ökologische Wertschätzung und kognitive Dissonanz – tanzende Formen und ungewohnte Muster.** Wenn er an dein Grundstück kommt, trifft ihn zuerst das Bild einer ungebändigten Pflanzenvielfalt: Gräser, die im Wind wippen, und Blumen, die bunt durcheinander blühen. Klare Formgebung wird als Zeichen von Pflege gewertet, während »unordentlich« oft mit »vernachlässigt« gleichge-

Was wie Chaos wirkt, ist Prinzip. Jede Pflanze hat hier ihren idealen Platz gefunden.

setzt wird. Dein Garten widerspricht diesem Schema, denn seine visuelle Vielfalt sorgt für Unsicherheit, da vertraute »Blickachsen« fehlen und stattdessen natürliche Wildheit den Ton angibt.

**Kognitive Schemata und Gartennormen – Gedankenspiele im grünen Rahmen.** Unser Gehirn greift auf gängige Vorstellungen und Sehgewohnheiten zurück, was ein Garten sein soll: symmetrische Beete, akkurat geschnittene Rasenkanten und perfekt geschorene Hecken. Dein Garten aber integriert Streuobst, naturnahe Wiesen und heimische Gräser. Der Nachbar könnte denken: »Das ist doch außer Kontrolle geraten!« und dich für unkonventionell oder sogar nachlässig und faul halten, obwohl er heimlich die lebendige Atmosphäre bewundert.

**Sauberkeitsvorstellungen und Hygieneerwartungen – Laubgeflüster und Bodenpoesie.** Aus Sicht eines traditionellen Gärtners sind Laub und abgestorbene Äste unerwünschter »Abfall«, der entfernt gehört. In deinem Garten jedoch etablieren Totholzhaufen und Laubschicht wertvolle Lebensräume für Pilze, Insekten und Kleintiere. Im Kopf des Nachbarn klingt es vielleicht wie: »Hier liegt Unrat herum!«, obwohl diese natürliche Mulchschicht für gesunde Böden und artenreiche Mikrohabitate essenziell ist.

**Wahrnehmung von Struktur vs. Dynamik – zwischen festen Linien und lebendigem Wechselspiel.** Wo er akkurate Buchsbaumkugeln und angelegte Wege schätzt, zeigt dein Garten saisonale Rhythmen und spontane Sukzession. Studien belegen, dass dynamische Naturformen Betrachter ohne ökologisches Vorwissen oft irritieren und als unaufgeräumt gelten. Dein Nachbar könnte daher anmerken: »Man weiß nie, was hier als Nächstes sprießt!« – und sich zugleich fragen, ob dieses Spiel der Jahreszeiten nicht auch seinen Reiz hätte.

**Ökologische Wertschätzung und kognitive Dissonanz – Staunen zwischen Summen und Zweifel.** Entdeckt er plötzlich eine Wildbiene wie die Rote Mauerbiene *(Osmia bicornis)* oder einen prächtigen Schmetterling wie den Kaisermantel *(Argynnis paphia)*, die in seinem Garten noch nie aufgetaucht waren, gerät er ins Grübeln. Biologische Vielfalt weckt Bewunderung, führt aber auch zu kognitiver Dissonanz: Er weiß, wie gesund solche Arten für das Ökosystem sind, kann aber seine

Laubbläser gehören nicht in den Naturgarten. Sie vernichten Insekten in großem Stil.

Welcher Gedanke hier wohl dem akkuraten Nachbarn kommen könnte: zu faul, Laub und Äste zum Wertstoffhof zu bringen?

ästhetischen Vorurteile, gesellschaftlichen Normen und Konventionen nicht ganz ablegen.
Ob in unserem Kopf oder im wilden Staudenbeet: »Unordnung« ist kein bloßes Hindernis, sondern treibt Stressregulation, Biodiversität, Systemstabilität und evolutionäre Innovation gleichermaßen an. Ein ausgewogenes Verhältnis zwischen Struktur und Chaos schafft erst das dynamische Gefüge, das unser Leben und unsere Umwelt so faszinierend macht.

## Ein Blick in die Gedanken der Nachbarschaft

- »Warum lässt sie hier Wildkraut wachsen?«
- »Das wirkt schlampig, so einen Garten würde ich nicht wollen. Denn was würden meine Nachbarn und Freunde dann über mich denken.«
- »Aber dieses Summen ist unheimlich beruhigend.«
- »Ist das nicht eine Brutstätte für Schädlinge und Unkraut?«
- »Vielleicht könnte ein kleiner Teil auch bei mir so aussehen ...«
  Diese inneren Monologe spiegeln ein Kräftespiel zwischen festgefahrenen Normen und neu erwachter Wertschätzung für naturnahe Ästhetik.

### Wilder Garten mit Absicht: Wenn Nachbarn fragen und Ordnungsämter schauen

Aber nicht jeder Nachbar oder jede Nachbarin erkennt im »unaufgeräumten« Garten das ökologische Potenzial. Hier kann gezielte Gestaltung helfen: Sichtachsen, Sitzplätze, Wege, Schilder mit Aufschriften wie »Für Wildbienen & Co.«, vielleicht sogar ein kleiner »wilder Lehrpfad« mit Beschilderung, der nicht nur Insekten, sondern auch Menschen Orientierung gibt. Schließlich müssen sich auch unsere Sehgewohnheiten erst wieder ändern.

Lade deinen Nachbarn ein zu entdecken, wie magisch Wildpflanzen wie die Distel auf Widderchen und Co. wirken.

Der »ordentliche« Nachbarsgarten. Hier muss man die Lebewesen mit der Lupe suchen.

#### *Was sagt das Gericht?*

»Die Gartengestaltung gilt als Privatsache. Somit steht auch das Recht auf der Seite des Naturgartens. Sowohl Vermieter als auch Nachbar(n) können die Anlage und Nutzung des Grundstücks als Wildgarten nicht verbieten oder verhindern. Somit ist er als gleichwertige alternative Gartenform anerkannt. Auch gilt im Nachbarrecht, dass hinüberfliegende Samen, Falter oder Laubfall ortsübliche und hinzunehmende Begleiterscheinungen eines Wild- oder Naturgartens sind.« So Fachanwalt für Miet- und Wohneigentumsrecht Martin Klimesch.

# ERLEBEN, ENTDECKEN UND SOGAR FORSCHEN IM GARTEN

**Ein wilder Naturgarten ist weit mehr als ein buntes Sammelsurium von heimischen Pflanzen und wilden Ecken: Er ist ein lebendiges Labor, ein Freiluftklassenzimmer und eine Spielwiese für alle Sinne.**

In einem naturnahen Garten eröffnet sich eine Fülle an Beobachtungs-, Entdeckungs- und Forschungsmöglichkeiten – nicht nur für Fachleute, sondern gerade auch für engagierte Gärtnerinnen und Gärtner.
Das konzentrierte Beobachten und Dokumentieren des Beobachteten ist wie Meditation im Grünen: Es senkt den Alltagsstress, denn deine Gedanken fokussieren sich auf Blüten und Summtöne statt auf eintreffende E-Mails.

Einfach nur anmutig: Mai-Langhornbiene auf Ochsenauge nebst Glücksgefühlen bei dir.

## GLÜCKSGEFÜHLE DURCH ENTDECKUNG

Jeder erstmals wahrgenommene Duft von wilden Nelkenarten, jedes neu auftauchende Wildpflänzchen – womöglich noch ein seltenes –, jeder Blick auf die über und über blühende Schlehe, jedes Vogelgezwitscher eines besonderen Vogels oder sein Auftauchen an der Futterstelle oder jede erstmals notierte Hummelart wecken ein Gefühl von Erfolg. Diese kleine wissenschaftliche Mission stärkt das Vertrauen in die eigenen Fähigkeiten.

### Erleben – mit allen Sinnen

Im wilden Garten erwacht der Geruchssinn: der süß-herbe Duft von Brennnesselblättern, der würzige Hauch von Gundermann *(Glechoma hederacea)* oder der erdige Duft feuchter Laubstreu. Das Abtasten filziger Blätter von Königskerzen und feuchter Moospolster erzeugt ein wohliges Gefühl. Die filigrane Buntheit der Wildblumenwiese leuchtet in der Sommerluft. Vogelstimmen wie die der Mönchsgrasmücke *(Sylvia atricapilla)* oder das Trommeln des Buntspechts laden zum Lauschen ein und können per Citizen-Science-Apps wie iNaturalist aufgezeichnet und identifiziert werden.

### Entdecken – Vielfalt vor der Haustür

Die Dynamik des frühen Frühlings zeigt sich in den ersten Blüten der Schlüsselblume *(Primula veris)*, gefolgt von Wildbienen und Schmetterlingen wie

Nur wenige Millimeter große Goldwespen faszinieren in allen möglichen schillernden Farben von Gelb bis hin zu Violett. Sie leben parasitär bei einigen Wildbienenarten und sind manchmal am Insektenhotel zu beobachten.

dem Tagpfauenauge *(Aglais io)*. Ein Astanschnitt kann zum Mikrokosmos für Käferarten werden, während alte Baumstubben überraschend seltene Pilzarten beherbergen. Mit einer einfachen Lupe oder dem Smartphone lassen sich so Strukturen erkunden, die sonst im Verborgenen bleiben.

## FORSCHEN – BÜRGERWISSENSCHAFT IM ALLTAG

Ein wilder Naturgarten ist prädestiniert für Citizen Science (Bürgerwissenschaften), aber auch für Artenlisten-Führen und Erkenntnisse in Projekten wie *Ornitho.de*. **Citizen Science** lädt uns ein, unseren wilden, naturnahen Garten zu einer kleinen Forschungsstation zu machen.

Hier werden nicht nur bunte Blüten und summende Insekten gezählt, sondern faszinierende Daten gesammelt, die Wissenschaftlerinnen und Wissenschaftlern helfen, Umweltveränderungen besser zu verstehen. Mit ein paar Beobachtungsrunden im Beet und immer neuen Pflanzen- und Insekten-Apps lässt sich herausfinden, welche Pflanzen keimen oder welche Schmetterlinge und Wildbienen sich hier tummeln. Wenn du deine Daten mit lokalen Naturschutzgruppen (z. B. NABU oder BUND) teilst, entsteht ein starkes, zelluläres Netzwerk. Mit Citizen Science wird ein naturnaher Garten nie langweilig. Er trägt wertvolle Informationen zur Artenvielfalt und zum Klimawandel bei und wir erleben gleichzeitig, wie Wissenschaft uns ruhig und glücklich macht und uns gleichzeitig vernetzt. Ein Sprung in die Forschung war noch nie so nah – und so grün! Aber auch ohne Forschungsanspruch bietet ein wilder Garten die Chance auf lebenslanges Lernen. Ständig entdeckt man Neues, recherchiert dazu und lernt, wie man ihn optimieren kann.

### Vom Blattgrün zur Klimastudie

Blühphasen beobachten, beispielsweise von Schneeglöckchen *(Galanthus nivalis)*, Sal-Weiden *(Salix caprea)* oder Holunder *(Sambucus nigra)* dokumentiert nicht nur das Auf und Ab der Saison und macht dich sensibel für den Fluss der Jahreszeiten, sondern liefert wertvolle Hinweise auf den Lauf des Klimawandels. Gerade die Erfassung von Phänologie-Daten mit dem Zeitpunkt der ersten Blüte oder des Laubaustriebs verrät Forschenden, ob Frühlingstage früher beginnen oder spät im Herbst noch Leben pulsiert.

Insektenzählungen wie die *Wildbienen-Monitoring-Initiative* sammeln Vorkommensdaten, die Rückschlüsse auf Artenvielfalt und Habitatqualität ermöglichen. Jeder Gießvorgang, jede Beobachtung wird zur Lehrstunde. Beim Gärtnern lernt man über Ökologie ganz praktisch: Welche Pflanze braucht wie viel Wasser? Welche Vögel fressen

Auch beim Monitoring sind Regeln einzuhalten. Wild lebende Tiere dürfen nicht ohne vernünftigen Grund gefangen werden.

Wildbienenhotels in der Natur ermöglichen einen Vergleich zur Artenausstattung deines Gartens.

Beeren, wann fliegen die Zugvögel ab und wann kommen sie zurück? Fledermaus-Detektoren zeichnen die Ultraschall-Rufe der Fledermäuse auf und erlauben eine Abschätzung der Artendichte (z. B. von der Zwergfledermaus, *Pipistrellus pipistrellus*). Sogar Bodenproben können auf Mikroorganismen analysiert werden, um Bodenfruchtbarkeit und Kohlenstoffbindung zu untersuchen.

### Beteiligung, Bildung und Austausch durch Citizen Science

Citizen Science lebt vom Mitmachen: Neben eigener Beobachtungstätigkeit bieten Workshops, Gartenführungen oder digitale Plattformen wie das NABU-Citizen-Science-Portal die Möglichkeit, den Austausch zwischen interessierten Bürgerinnen und Bürgern sowie Fachleuten zu fördern. Was als spontanes Beobachtungsprojekt startet, kann sich im Laufe der Zeit zu einer belastbaren Datengrundlage für universitäre Forschung entwickeln.
Für Teilnehmende eröffnet sich dabei ein tieferer Einblick in wissenschaftliche Methoden. So lässt sich etwa erfassen, wie häufig eine bestimmte Wildbienenart im eigenen Garten auftaucht oder wann ein Apfelbaum in die Blüte geht. Digitale Werkzeuge unterstützen diese Prozesse: Anwendungen wie *Flora Incognita* oder spezielle Insekten-Apps ermöglichen eine Bestimmung per Foto. Dadurch wird unser naturwissenschaftliches Verständnis gefördert, ebenso wie unser Bewusstsein für ökologische Zusammenhänge zwischen Klima, Boden und Tierwelt.
Ein Vorteil solcher Projekte liegt in der standardisierten Dokumentation: Jede Beobachtung wird mit Orts- und Zeitangaben versehen und kann so in **Citizen-Science-Datenbanken** genutzt werden. Parallel dazu wächst das Wissen um naturnahe Lebensräume und Bedürfnisse einheimischer Arten. Vertiefende Angebote wie die NABU|naturgucker-Akademie ermöglichen Interessierten, ihre Kenntnisse über bestimmte Artengruppen, Lebensräume oder sogar rechtliche Grundlagen zu erweitern.

## DEN GARTEN IM FOKUS

Die Bedeutung dieser Bürgerforschung wurde auch durch größere Projekte belegt. Das deutschlandweite Garten-Diversitätsprojekt *GartenDiv* nutzt die Flora-Incognita-App, damit Hobbygärtner ihre Pflanzenvielfalt melden. Das Projekt der Uni Leipzig hebt hervor, dass gerade Gärten oft unterschätzte Refugien sind und ein groß angelegtes Monitoring für den Naturschutz wichtige Daten liefert.

### Einladung zum Tun

Der BUND/BfN-Projektbericht »VielFalterGarten« bestätigt dieses Potenzial: Bürgerinnen und Bürger

## Tarnung von Tieren im Laubwerk

Viele Tierarten nutzen nicht nur die Vegetation als Rückzugsort, sondern sind zusätzlich durch ihre Färbung hervorragend getarnt. Beispiele finden sich bei der Braunfärbung zahlreicher Säugetiere und Vögel ebenso wie bei Insekten, Spinnen und Tausendfüßern *(Myriapoda)*. Auch die Grünfärbung vieler Heuschrecken *(Caelifera)* oder Raupen erfüllt denselben Zweck.

Eine bewährte Methode zur Erfassung solcher versteckten Kleinlebewesen ist die sogenannte **Klopfschirm-Methode**. Dabei wird ein heller, nach oben geöffneter Regenschirm, ein Leintuch oder ein Insektennetz unter Sträucher, krautige Pflanzen oder morsches Holz gehalten. Durch vorsichtiges Klopfen oder Schütteln der darüberliegenden Vegetation fallen die Tiere auf die helle Fangfläche. Ein leichtes Antippen sorgt dafür, dass sie in die Mitte rutschen. Mithilfe einer Lupe/Becherlupe können die Tiere anschließend genauer betrachtet werden.

Der Erfolg dieser Methode hängt stark von der Pflanzenvielfalt ab: Unter artenreichen Gewächsen wie Schneeball, Wildrosen oder Ross-Minze (*Mentha longifolia*) lassen sich meist deutlich mehr Arten nachweisen als unter monotonen Pflanzungen nicht-heimischer Arten wie Kirschlorbeer (*Prunus laurocerasus*) oder Forsythien *(Forsythia)*.

Citizen-Science-Aktivitäten wie diese verbinden praktische Naturbeobachtung mit methodischem Vorgehen und tragen so dazu bei, Artenvielfalt sichtbar zu machen und wissenschaftlich nutzbar zu erfassen.

in Leipzig gestalteten in ihrem Umfeld Nektarpflanzungen und meldeten systematisch Schmetterlingsbeobachtungen. Ziel war es nicht nur, Bestände zu dokumentieren, sondern die Gärten als Brücken zwischen Natur und Stadt erlebbar zu machen. GartenDiv verfolgt dabei auch ein Bildungsziel: Über die Datenerfassung hinaus will es »das ökologische Potenzial von Gärten sichtbar machen« und Menschen motivieren, mehr Biodiversität im eigenen Garten zu fördern.

Auf diesen Zug springen viele lokale Initiativen auf: Von der Stunde der Gartenvögel bis zum Insektenzählen auf Balkonen – stets geht es darum, ohne viel Aufwand Daten zu sammeln und Zusammenhänge zu begreifen. Weitere wertvolle Plattformen, Events und Seminare bieten *iNaturalist.org*, *vbio.de*, *BioBlitz* oder *naturgarten.org*.

### Gemeinschaft trotz Gartenzaun

Über Online-Plattformen entsteht ein Austausch mit Gleichgesinnten, zum Teil sogar weltweit. Feedback und Bestätigung durch Forschende lassen dich spüren: Deine Daten sind ein wichtiger Baustein im großen Puzzle der Biodiversität. Jede Gärtnerin, jeder Gärtner von uns kann auf diese Weise »Feldforschung« betreiben – letztlich gewinnen wir alle: mehr Arten vor der Haustür und ein tieferes Verständnis der Natur.

Mit der Klopfschirmmethode kannst du versteckte Insekten aufspüren, ohne sie dabei zu verletzen.

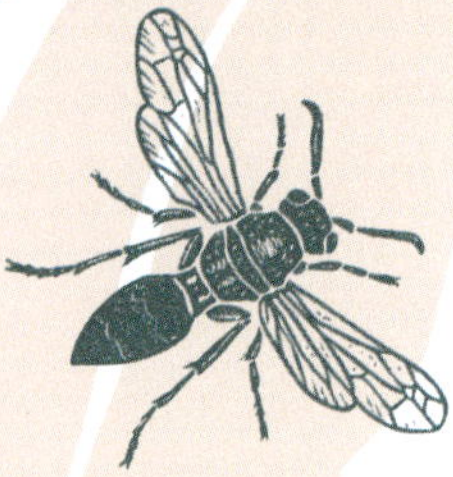

# GEFÄHRDETE VIELFALT UND WAS WIR DAGEGEN TUN KÖNNEN

**Ein wilder Vielfaltsgarten nützt nicht nur uns, sondern in besonderem Maße unseren Mitgeschöpfen: Tiere, Pflanzen und Pilze profitieren mächtig davon. Und das ist mehr als notwendig!**

Die Vielfalt des Lebens auf der Erde – die Biodiversität – befindet sich in einer Krise beispiellosen Ausmaßes. Zahlreiche Studien belegen, dass seit den 1970er-Jahren Populationen wildlebender Tiere im Durchschnitt wie Insekten um über 70 % zurückgegangen sind. Insbesondere Säugetiere, Vögel, Fische und Amphibien litten ebenfalls unter massiven Bestandsverlusten von über 40 % im gleichen Zeitraum. Die Ursachen sind vielfältig, reichen von Lebensraumzerstörung, Lebensraumzerschneidung, Überdüngung und Schadstoffeinträgen über Übernutzung und invasive Arten bis hin zum Klimawandel, der Ökosysteme weltweit unter Druck setzt.

Selbst der Igel hat es mittlerweile auf die Rote Liste geschafft. Sterile Gärten ohne Insekten tragen hierzu besonders bei.

## BIODIVERSITÄT IM FREIEN FALL: EINE BESTANDSAUFNAHME

Wissenschaftlerinnen und Wissenschaftler warnen zudem, dass wir uns in einer sechsten Massenaussterbewelle befinden könnten – ein Szenario, bei dem die gegenwärtigen Aussterberaten bis zu 10.000-mal höher liegen als die natürliche Aussterberate. Hochgerechnet bedeutet dies, dass pro Jahr zwischen 200 und 17.500 Arten für immer von der Erde verschwinden. Die Tropenregionen, Hotspots der Biodiversität, sind dabei besonders betroffen. Dort entziehen Entwaldung, Agrarisierung und Bergbau den dort lebenden Arten zunehmend die Lebensgrundlage.

Doch der Verlust an Biodiversität greift nicht nur die Artenvielfalt an – er bedroht direkt unsere menschliche Existenz. Biodiversität ist essenziell für die Stabilität von Nahrungssystemen, Wasserfilterung, Klimaregulierung und viele weitere Ökosystemdienstleistungen. Ein umfassender UN-Bericht betont, dass der Rückgang der biologischen Viel-

Besonders die Zerstörung der Wälder weltweit schreitet rasant voran. Nicht nur in den Regenwäldern, sondern auch in Europa und Nordamerika schwinden die borealen Wälder.

falt in allen Weltregionen unmittelbare Risiken für Ernährungssicherheit, Wasserqualität, Gesundheit und Klimastabilität darstellt. Und auch die Wirtschaft basiert auf Biodiversität. So resultiert weit mehr als die Hälfte des weltweiten Bruttoinlandproduktes aus Ökosystemdienstleistungen.
Eine Studie der Royal Society betont zudem, dass die bisherige Bilanz erschreckend mager ist und dass die Aussterberaten weiter steigen – wenn die Weltgemeinschaft nicht radikal gegensteuert, könnten bis Mitte dieses Jahrhunderts viele Ökosysteme kollabieren.

## GLOBALE POLITIK: DAS RAHMENWERK

Angesichts dieser alarmierenden Lage hat die Staatengemeinschaft im Dezember 2022 auf der COP15 in Montreal das sogenannte **Kunming-Montreal Global Biodiversity Framework (GBF)** verabschiedet. Dieses Übereinkommen formuliert 23 konkrete Zielvorgaben, die bis 2030 erreicht werden sollen, darunter:

1. **Schutz von 30 % der Land- und Meeresflächen** durch effektive Schutzgebiete oder nachhaltige Nutzungssysteme
2. **Wiederherstellung von 30 % der degradierten Ökosysteme** auf mindestens 1 Milliarde Hektar weltweit
3. **Entfernung umweltschädlicher Subventionen**, vor allem in der Landwirtschaft und Fischerei
4. **Reduzierung der Umweltverschmutzung** um mindestens 50 %, inklusive eines nahezu vollständigen Verbots von Plastikmüll in den Ökosystemen
5. **Stärkung traditioneller und indigener Wissenssysteme** zur Erhaltung und nachhaltigen Nutzung der Biodiversität

Zentral für die Umsetzung sind nicht nur politische Verpflichtungen, sondern auch ein Monitoring- und Rechenschaftssystem, das Länderberichten, jährlichen Reviews und einem globalen Finanzmechanismus unterliegt. Der **Global Biodiversity Framework Fund (GBFF)**, verwaltet von der Global Environment Facility, soll bis 2030 rund 30 Milliarden US-Dollar für Projekte in Entwicklungsländern mobilisieren.

## EINE WELT IN BALANCE?

Die nächsten Jahre sind entscheidend. Bei der COP16 im Oktober 2024 in Kolumbien wurden bereits erste Umsetzungsberichte diskutiert. Offenbar bleiben viele Staaten hinter ihren Zusagen zurück – etwa bei der Flächenschutzzielerreichung oder beim Abbau schädlicher Subventionen. Andererseits zeigen Pilotprojekte in verschiedenen Ländern, dass ambitionierte Maßnahmen wie Renaturierung von Flussläufen oder sektorale Plastikverbote rasch Erfolge bringen können.

**Dringender Appell:** Es bedarf eines tiefgreifenden Systemwandels in Produktion, Konsum und Politik, nicht nur technischer Maßnahmen. Die Wissenschaft ist sich einig: Nur eine Kombination aus politischem Willen, wissenschaftlicher Innovation, finanzieller Mobilisierung und lokalem Engagement kann den Trend umkehren. Der Erhalt und die Wiederherstellung der Natur als unsere Lebens- und Wirtschaftsgrundlage ist eine gesamtgesellschaftliche Aufgabe, neben der Politik und der Wirtschaft muss auch die Gesellschaft Verantwortung übernehmen. Und trotz aller Dringlichkeit ist Hoffnung erlaubt: Wo Menschen, Politik und Wirtschaft wirklich zusammenarbeiten, lassen sich selbst stark degradierte Lebensräume wiederbeleben. Die Natur hat eine enorme Regenerationskraft – wenn wir ihr nur die Chance geben. Und wo geht das direkter und einfacher als vor der eigenen Haustür im Garten?

## ENTDECKUNGSREISE ZU VERBORGENEN PARTNERSCHAFTEN

In einem wilden Naturgarten entfaltet sich ein faszinierendes Netzwerk aus **Symbiosen** – komplexe Wechselwirkungen zwischen verschiedenartigen Tieren, verschiedenartigen Pflanzen und Tieren,

Die Renaturierung von Mooren verspricht Win-win: für die Biodiversität und das Klima.

Der stark gefährdete Fieberklee kann auf renaturierten Moorflächen wieder Fuß fassen. Seine gefransten Kronblätter wirken sehr dekorativ.

Pflanzen und Bakterien, die das ökologische Gleichgewicht fördern.
Diese Partnerschaften sind nicht nur essenziell für das Überleben und die Fortpflanzung sowohl von Pflanzen als auch von Tieren, sondern prägen die Struktur und Funktion ganzer Ökosysteme. Sie formen also ganze Ökosysteme und spielen eine entscheidende Rolle im globalen Stoffkreislauf. Bisher verstehen wir nur Ansätze dieser faszinierenden Interaktionen.

## Starke Symbiosen im wilden Naturgarten

**Mykorrhiza – die stille Allianz zwischen Pilzen und Pflanzen:** Mykorrhiza bezeichnet die Symbiose zwischen bestimmten Bodenpilzen und den Wurzeln von Pflanzen. Die Pilze erweitern das Wurzelsystem der Pflanzen, verbessern die Wasser- und Nährstoffaufnahme und bieten Schutz vor Krankheitserregern. Im Gegenzug erhalten die Pilze von der Pflanze durch Fotosynthese produzierte organische Kohlenhydrate. Diese Partnerschaft ist in natürlichen Ökosystemen weit verbreitet und spielt eine zentrale Rolle für die Pflanzengesundheit (siehe Seite 199).
**Knöllchenbakterien: Stickstofffixierung durch mikrobielle Helfer:** Hülsenfrüchtler (auch Leguminosen) wie Erbsen und Bohnen gehen eine Symbiose mit Knöllchenbakterien (z. B. *Rhizobium* spec.) ein. Diese Bakterien siedeln sich in Wurzelknöllchen an und fixieren atmosphärischen Stickstoff, der den Pflanzen als Nährstoff dient. Sterben die Leguminosen ab, wird der Stickstoff im Boden frei und dient anderen Pflanzen als Dünger. Im Austausch erhalten die Bakterien Kohlenhydrate von der Pflanze. Diese Beziehung verbessert die Bodenfruchtbarkeit.
**Bestäubung – ein Tanz zwischen Blüten und Bestäubern:** Viele Pflanzen sind auf Tiere wie Bienen, Schmetterlinge und Vögel zur Bestäubung angewiesen. Die Tiere erhalten Nektar und Pollen als Nahrung, während durch die Übertragung des Pollens von einer Blüte zur anderen die Befruchtung und Samenbildung und damit die Fortpflanzung

Holzbienen nutzen gern Nektar von Schmetterlingsblütlern, die in Symbiose mit Knöllchenbakterien Stickstoff herstellen.

Viele Wildbienen mögen Glockenblumen. Die Glockenblumen-Scherenbiene (nicht abgebildet) ist sogar auf sie spezialisiert.

der Pflanzen gesichert ist. Diese wechselseitige Beziehung ist essenziell für die Fortpflanzung vieler Pflanzenarten. In diesem Zusammenhang sind v. a. Wildbienen wichtig, weil sie oft spezialisiert sind auf bestimmte Blumen und nur den Pollen von dieser einen Art übertragen und somit deren Fortpflanzung sichern. Honigbienen sammeln an den unterschiedlichsten Pflanzen Nektar und Pollen und tragen dadurch nicht gut zur Fortpflanzung z. B. gefährdeter Arten bei.
**Schutz und Fortpflanzungshilfe für Tiere und Pflanzen:** Einer der wichtigsten Gründe für die Ent-

wicklung von Symbiosen zwischen Tieren und Pflanzen ist der Schutz vor Fressfeinden und die Gewährleistung von Sicherheit. Die Effektivität dieser Strategie hängt stark von der **Dichte und Struktur** der Vegetation ab. Studien haben gezeigt, dass Gebiete mit höherer Pflanzenvielfalt und -dichte eine höhere Überlebensrate für Beutetiere aufweisen. Auch **Dornen und Stacheln** von Pflanzen bieten Tieren Schutz. Vögel nisten beispielsweise gerne in dornigen Büschen, um ihre Eier und Jungen vor Fressfeinden wie Schlangen oder Mardern zu schützen. Im Gegenzug fressen Vögel die samenhaltigen Früchte von Gehölzen, scheiden den Samen an anderer Stelle aus, wo sie keimen, und ermöglichen damit den eigentlich stationären Pflanzen zu »wandern«.

**Ameisen und Blattläuse – Schutz und Nahrung im Austausch:** Blattläuse ernähren sich von kohlenhydratreichen Pflanzensäften. Eine Blattlaus saugt am Tag eine solche Menge Saft aus einer Pflanze, die ihrem eigenen Körpergewicht entspricht. Da die Blattläuse aber nur die in den Pflanzensäften enthaltenen Aminosäuren benötigen, bleibt bei der Verdauung der Säfte viel Zucker und Wasser übrig. Die Ausscheidungen der Läuse, der sogenannte Honigtau, lockt andere Tiere an, denen er als Nahrung dient. Besonders Ameisen haben eine Vorliebe für die Ausscheidungen der Blattläuse und sammeln ihn in ihrem Kropf, um ihn in ihr Nest zu transportieren. Im Gegenzug werden die Läuse von den Ameisen vor Fressfeinden wie Marienkäferlarven und Spinnen verteidigt.

**Myrmekochorie – Samenverbreitung durch Ameisen:** Bei der Myrmekochorie tragen Ameisen Samen mit nährstoffreichen Anhängseln (Elaiosomen) wie von Schneeglöckchen oder Veilchen in ihre Nester. Dort verzehren sie die Elaiosomen und entsorgen die Samen, die an einem nährstoffreichen Ort keimen können. Diese Form der Samenverbreitung fördert die Pflanzenausbreitung und die Biodiversität im Garten.

**Flechten – eine Symbiose aus Algen und Pilzen:** Flechten bestehen aus einer symbiotischen Verbindung zwischen Pilzen und fotosynthetisch aktiven Algen oder Cyanobakterien. Die Algen liefern durch Fotosynthese organische Verbindungen, während die Pilze Schutz und Mineralien bereitstellen. Flechten sind Pioniere auf kargen Flächen und tragen zur Bodenbildung bei.

## Parasitismus – einseitiger Nutzen mit Kosten

Im Gegensatz zu Symbiosen mit gegenseitigem Nutzen gibt es auch parasitäre Beziehungen, bei denen ein Organismus auf Kosten eines anderen lebt. Ein Beispiel ist der Labkraut-Würger *(Orobanche caryophyllacea)* – auch Nelken-Sommerwurz genannt –, der Wasser und Nährstoffe von seiner Wirtspflanze bezieht. Obwohl parasitäre Beziehungen oft negativ betrachtet werden, sind sie Teil des natürlichen Gleichgewichts und tragen zur Dynamik von Ökosystemen bei.

Eine echte Symbiose: Ameisen beschützen Blattläuse und erhalten als Gegenleistung köstlichen Honigtau.

# DAS MAGISCHE TRIO

**Mitten im wilden Garten spielt sich eine kleine, doch höchst raffinierte Dreiecksbeziehung ab. Sie dreht sich um den Großen Wiesenknopf, den zauberhaften Wiesenknopf-Ameisenbläuling und die fleißigen Knotenameisen.**

**Dieses Trio** ist ein faszinierendes Paradebeispiel für ein ausgeklügeltes System aus Symbiosen und Parasitismus.

## DER GROSSE WIESENKNOPF – DIE BÜHNE DER VERFÜHRUNG

Der Große Wiesenknopf *(Sanguisorba officinalis)*, ein robustes mehrjähriges Rosengewächs, gedeiht in feuchten Wiesen und Staudenpflanzungen und entfaltet von Juni bis September seine leuchtend dunkelroten, kugeligen Blütenköpfchen – ein wahrer Magnet für Schmetterlinge, Bienen und Ameisen. Er dient nicht nur als ergiebiger Nektarspender, sondern auch als Schlaf- und Balzplatz – eine Bühne für den Ameisenbläuling. Seine Blätter dienen etlichen Raupen als Futterpflanze wie beispielsweise dem Mädesüß-Perlmuttfalter.

## DER WIESENKNOPF-AMEISENBLÄULING – EIN SCHMETTERLING MIT DOPPELTEN IDENTITÄTEN

Es gibt zwei bemerkenswerte Arten:

Der Große Wiesenknopf liebt feuchte Wiesen. Mittlerweile steht er auf der Vorwarnliste, da solche Wiesen immer mehr verschwinden.

Zwei Ameisenbläulinge brauchen den Großen Wiesenknopf als Raupenfutterpflanze:

- Dunkler Wiesenknopf-Ameisenbläuling *(Phengaris nausithous)*, auch Schwarzblauer Moorbläuling genannt
- Heller Wiesenknopf-Ameisenbläuling *(Phengaris teleius)*

**Ihr Lebenszyklus in Kurzform:** Die Weibchen legen ihre Eier gezielt in noch ungeöffnete Blütenknospen des Großen Wiesenknopfs ab – ein raffinierter Einstieg. Nach etwa acht Tagen schlüpfen die Raupen, die sich anfangs an den Blütenköpfchen des Wiesenknopfs laben und mit Seide ein kleines »Zuhause« spinnen. Nach der dritten Häutung lassen sie sich auf den Boden fallen.

## DIE AMEISEN – GEHÜLLT IN DUFT UND TÄUSCHUNG

Nun kommen die Knotenameisen (Gattung *Myrmica*) ins Spiel, ohne die hier gar nichts läuft. Sie transportieren die Raupen in ihr Nest, pflegen sie – und werden dabei geschickt überlistet.

Im Nest sondern die Raupen ein süßes Sekret ab, das die Ameisen begierig fressen. Außerdem nehmen sie den Nestgeruch der Ameisen an, wodurch die Raupen geschützt sind. Gleichzeitig ernähren sie sich von der wertvollen Ameisenbrut – ein perfider, aber beeindruckender Fall von Sozialparasitismus. Nach der Überwinterung als Puppe schlüpft der Ameisenbläuling im Nest der Ameisen. Damit entfällt auch seine Tarnkappe, der Nestgeruch. Jetzt muss er schnellstmöglich das Nest verlassen, damit er nicht von den Ameisen als Beute erkannt und attackiert wird.

## FAZIT

Dieses Dreiecksverhältnis ist der Inbegriff ökologischer Eleganz: Eine Pflanze lockt und nährt, ein Schmetterling tarnt und parasitiert, Ameisen genießen Zucker und betreuen – und alle drei gemeinsam verschmelzen zu einem ausgeklügelten Lebenszyklus mit großer Fragilität.

Der Dunkle (Vorwarnliste, links) und der Helle Wiesenknopf-Ameisenbläuling (stark gefährdet, unten) sind auf den Großen Wiesenknopf spezialisiert.

Ohne die verbreitete Rote Knotenameise könnte sich keiner von beiden entwickeln.

# HOL DIR GEFÄHRDETE ARTEN IN DEN GARTEN

**Heimische bedrohte Pflanzen sind oft spezialisiert und bieten spezifische ökologische Funktionen: etwa als Nahrungsquelle für spezialisierte Insektenlarven, als Pollen-/Nektarquelle oder als Habitat. »Allerweltsarten«, häufige, weitverbreitete Arten, auch exotische Zierpflanzen, bieten diese Funktionen kaum.**

Heimische Rote-Liste-Arten können zur Nahrungskette beitragen, die Artenzusammensetzung stärken und biologische Netzwerke stabilisieren.

**Nach aktuellen Rote-Liste-Bewertungen** sind in Deutschland knapp 30 % der Gefäßpflanzen gefährdet: 5,6 % stehen in Kategorie 1 (vom Aussterben bedroht), 10 % in Kategorie 2 (stark gefährdet) und 12 % in Kategorie 3 (gefährdet), während für 0,6 % der Arten der Gefährdungsgrad unklar bleibt (G, Gefährdung unbekannten Ausmaßes). Weitere 7,4 % befinden sich auf der Vorwarnliste (V), 1,8 % sind bereits verschwunden (0) und 8,7 % gelten als extrem selten (R). Dies bedeutet, dass mehr als 1000 Arten der heimischen Flora in ihrem Bestand bedroht sind; nur 43,8 % der Farn- und Blütenpflanzen gelten als ungefährdet, für 10,1 % reichen die Daten für eine Bewertung nicht aus (nb). Hauptursache für den Rückgang ist die Intensivierung der Landwirtschaft mit exzessiver Düngung: Stickstoff- und Phosphatzufuhr begünstigen die schnellwüchsigen Neophyten und Kulturgräser, die in der Folge nährstoffarme Standorte dominieren und konkurrenzschwache Wildarten verdrängen. Der Nährstoffeintrag erfolgt nicht nur lokal, sondern driftet mit Aerosolen und Oberflächenwasser in angrenzende Lebensräume, was dort ähnliche Effekte auslöst.

Früher lästiges Ackerunkraut, heute fast völlig von den industrialisierten Feldern verschwunden: Gewöhnliche Korn-Rade.

## WAS JEDER EINZELNE TUN KANN

Zur Förderung der Biodiversität kannst du gezielt gefährdete Arten wie Sommer-Adonisröschen *(Adonis aestivalis)*, Acker-Ringelblume *(Calendula arvensis)* oder Korn-Rade *(Agrostemma githago)* in

Aus Samen selbst gezogener Kreuzenzian (stark gefährdet), hier mit der Gartenwollbiene im Anflug. Er dient dem ebenfalls gefährdeten Kreuzenzian-Ameisenbläuling als Raupenfutterpflanze.

deinem Garten pflanzen oder aussäen und sie damit wiederansiedeln. Gerade Ackerwildkräuter finden kaum noch Lebensraum, sind aber häufig unkompliziert und vor allem als Samen erhältlich. Jeder kleine Beitrag in deinem Garten zählt. Dort können sie sich etablieren und im günstigsten Fall

## Die Rote-Liste-Arten

Sie sind in verschiedene Kategorien eingeordnet:

| Rote-Liste-Kategorie | Bedeutung |
|---|---|
| 0 | ausgestorben oder verschollen |
| 1 | vom Aussterben bedroht |
| 2 | stark gefährdet |
| 3 | gefährdet |
| G | Gefährdung unbekannten Ausmaßes |
| R | extrem selten |
| V | Vorwarnliste |
| * | ungefährdet |
| D | Daten unzureichend |
| nb | nicht bewertet |

auch wieder in die nähere Umgebung ausbreiten. Die mittlerweile seltenen Arten sind die wichtigen. Sie verschwinden zunehmend und damit auch ihre Bestäuber oder an sie gebundene andere Insektenarten. Das Netzwerk wird löchrig.
Deshalb findest du hier die gartenrelevantesten Arten und diejenigen, die man mit einer gewissen Wahrscheinlichkeit und ein bisschen Glück auch kaufen kann, aufgelistet. Bei einigen ambitionierten Naturgärtnerinnen und -gärtnern ist bereits Sammelleidenschaft und Ehrgeiz geweckt. Die gesamte Liste mit sowohl den Rote-Liste-Arten als auch den deutschen Verantwortungsarten findest du unter: https://www.rote-liste-zentrum.de/de/Download-Pflanzen-1871.html.
Auf den Seiten 212 bis 213 ist eine Auswahl an Rote-Liste-Arten aufgeführt, deren Lebensraum du auch in deinem Garten verwirklichen kannst.

### VERANTWORTUNGSARTEN

**Was sind Verantwortungsarten?** Es sind Arten, für deren Erhalt Deutschland eine besondere Verantwortung trägt. Denn diese Arten kommen nur in

Deutschland vor, ihr Vorkommen hier stellt einen hohen Anteil der Weltpopulation dar oder die Arten sind weltweit gefährdet. Es gibt Überschneidungen mit der Roten Liste. Allerdings ist es nicht ganz einfach, sowohl detaillierte Informationen als auch Pflanzen oder Samen zu bekommen.
Welche Arten zu den deutschen Verantwortungsarten zählen, siehst du in der Tabelle auf Seite 82–83. Dort sind auch die Standorte genannt, die diese Arten in deinem Garten bräuchten, wenn du zu ihrem Schutz beitragen möchtest.

### Verantwortungsart in Wiesen: die Graue Skabiose

Ein schönes Beispiel für eine Verantwortungsart ist die Graue Skabiose *(Scabiosa canescens)*. Sie kommt nur in trocken-warmen Regionen Deutschlands vor, die nur in wenigen Bundesländern zu finden sind, etwa in Thüringen oder Sachsen-Anhalt. In Berlin wurde sie wieder erfolgreich eingebürgert. Ihre Blüten locken besonders Schwebfliegen, Bienen und Schmetterlinge an. Diese Insekten sorgen nicht nur für die Bestäubung, sondern auch für den Erhalt der genetischen Vielfalt. Denn Kreuzbestäubung, also das Übertragen von Pollen von einem Blütenstand auf einen anderen, bringt starke, widerstandsfähige Nachkommen hervor – im Gegensatz zur Selbstbestäubung, die oft zu schwächeren Pflanzen führt. Da bei der Grauen Skabiose viele Blüten in einem Blütenstand zusammenstehen, werden die Pollen auch innerhalb dieses Blütenstandes übertragen. So findet eine Selbstbestäubung statt. Die Skabiose hat deshalb einen Trick auf Lager: Ihre männlichen Blütenorgane reifen früher als die weiblichen – die Insekten erledigen den Rest. Was passiert, wenn Samen durch Selbstbe-

Die seltene Graue Skabiose (Duft-Skabiose) duftet stark und wächst auf Trockenrasen.

Der Gelbe Lein ist eine seltene und stark gefährdete Art, die magere Trockenrasen benötigt. Sie eignet sich hervorragend für den Steingarten.

stäubung gebildet werden, fanden Wissenschaftler heraus: In einem Experiment zum Vergleich von Selbst- und Kreuzbestäubung entdeckten sie, dass Pflanzen, die aus Selbstbestäubung hervorgingen, kleiner waren und weniger Blüten bildeten als die kreuzbestäubten Artgenossen, ein Zeichen von genetischer Verarmung.

## Verantwortungsart im trockenen, sonnigen Staudenbeet: Pfingst-Nelke

Im Nationalpark Kellerwald wurde eine außergewöhnliche Naturschutzmaßnahme durchgeführt, um die in der Roten Liste als gefährdet geführte Pfingst-Nelke *(Dianthus gratianopolitanus)* zu retten: In den Jahren 2011 bis 2014 fällten Naturschützer mehrere Hundert Kiefern in einem Waldgebiet und ließen sie per Helikopter aus dem Gelände abtransportieren. Ziel dieser spektakulären Aktion war es, der seltenen Pfingst-Nelke bessere Überlebensbedingungen zu schaffen.
Das Problem: Die Pfingst-Nelke ist mit 10–30 cm sehr klein und bildet bodennahe Polster. In diesen Polstern blieben die Nadeln der darüber wachsenden Kiefern hängen, verfilzten und bildeten mit der Zeit dicke Nadeldecken. Diese blockierten das Licht, verhinderten die Fotosynthese und führten letztlich dazu, dass die Pflanzen verkümmerten und abstarben – sie »erstickten« regelrecht.
Die Pfingst-Nelke gilt als Überbleibsel aus der Zeit vor der letzten Eiszeit und zählt zu den ältesten Pflanzen Mitteleuropas. Sie ist ein echter Überlebenskünstler, der meist in Gruppen an schwer zugänglichen Standorten wie steilen Hängen, auf Trockenrasen oder in felsigen, basenreichen Sandböden wächst. Solche Lebensräume sind oft extrem – geprägt von Hitze, Trockenheit und Frost – und weitgehend frei von menschlicher Nutzung. In diesen konstanten, naturbelassenen Bedingungen konnte sich die Art über Jahrtausende halten.
Heute kommt die Pfingst-Nelke fast ausschließlich in Mitteleuropa vor, mit einem besonderen Schwerpunkt in Deutschland. Sie ist typisch für besonders wertvolle Lebensräume mit einer weitgehend unbeeinflussten Tier- und Pflanzenwelt. Daraus ergibt sich eine besondere Verantwortung: Der Erhalt der Pfingst-Nelke bedeutet auch den Schutz einzigartiger, historisch gewachsener Ökosysteme.
Im Garten lässt sich die Pfingst-Nelke gut kultivieren. Sie liebt einen kalkhaltigen, frischen bis trockenen und durchlässigen Boden mit reichlich Sonne. Stehende Nässe befördert sie ebenso zuverlässig ins Jenseits wie eine Schattenlage. Durch ihre Vorliebe für trockene und sonnige Standorte ist die Pfingst-Nelke beispielsweise für den Stein- oder Kiesgarten geeignet.

Die Pfingst-Nelke duftet nach Vanille und gehört in jeden Naturgarten, egal ob in den Steingarten oder auf das Dach.

Der Weiche Pippau, ein Insektenmagnet, ist auf artenreiche, mäßig nährstoffreiche Naturrasen angewiesen.

## Deutschlands Verantwortungsarten

| NAME | BLÜTEZEIT, -FARBE, WUCHSHÖHE | STANDORT | VORKOMMEN IN DEUTSCHLAND |
|---|---|---|---|
| **Bayerisches Löffelkraut** *(Cochlearia bavarica)* | V–VI<br>weiß<br>25–45 cm | Kalkquellmoore, Quellhänge, moosbewachsenes Tuffgestein | endemisch im bayerischen Voralpenland |
| **Berg-Wohlverleih** *(Arnica montana)* | V–VII<br>gelb<br>20–60 cm | Silikatmagerrasen, Moorwiesen, saure Heiden, lichte Wälder, kalkmeidend | Alpen |
| **Bleiche Weide** *(Salix starkeana)* | III–IV<br>gelblich<br>bis 1 m | Moore, Sumpfgebiete | Bayern, Baden-Württemberg |
| **Bopparder Schleifenblume** (*Iberis linifolia* subsp. *boppardensis*) | VI–VII<br>blassrosa<br>30–60 cm | Schieferschutt, steinige Weinbergbrachen | endemisch in Rheinland-Pfalz im Bopparder Hamm |
| **Busch-Nelke** (*Dianthus seguieri* subsp. *glaber*, Syn. *Dianthus sylvaticus*) | VI–IX<br>rotviolett bis purpurfarben, oft punktiert<br>25–60 cm | saure Magerrasen, Bergwiesen, Waldsäume, auch auf Sand | Südbayern, Baden-Württemberg, Sachsen, Sachsen-Anhalt, Brandenburg, Thüringen |
| **Flammen-Adonisröschen** *(Adonis flammea)* | V–VIII<br>blutrot<br>20–50 cm | Getreidefelder, Ödland, auf Kalk | Kalkgebiete der Mittelgebirge |
| **Fränkisches Habichtskraut** *(Hieracium franconicum)* | IV–VII<br>gelb<br>25–40 cm | auf Kalk, trockene Felsspalten, Mauern | Fränkische Schweiz, Nordseite der Schwäbischen Alb |
| **Gelber Lein** *(Linum flavum)* | VI–VII<br>gelb<br>20–55 cm | Kalkmagerrasen, Halbtrockenrasen, Wald- und Gebüschränder | Schwäbische Alb, Illertal |

| NAME | BLÜTEZEIT, -FARBE, WUCHSHÖHE | STANDORT | VORKOMMEN IN DEUTSCHLAND |
|---|---|---|---|
| **Graue Skabiose** *(Scabiosa canescens)* | VII–XI<br>hellblau<br>20–50 cm | Trockenrasen, Halbtrockenrasen, lichte Kiefernwälder | Thüringen, Sachsen-Anhalt, Berlin |
| **Nacktstängel-Schwertlilie** *(Iris aphylla)* | V–VI<br>blauviolett<br>30–50 cm | Felsfluren, Trockenrasen, trockene Gebüschränder | Thüringen, nördliches Harzvorland, Sachsen-Anhalt |
| **Pfingst-Nelke** *(Dianthus gratianopolitanus)* | V–VII<br>rosa bis hellrot<br>10–25cm | Felsbänder, felsige Trockenrasen, Halbtrockenrasen, Steppenheiden, auf Kalk | Schwäbische und Fränkische Alb |
| **Purpur-Grasnelke** (*Armeria maritima* subsp. *purpurea*) | V–VI<br>rosa bis purpurfarben<br>15–40 cm | Ränder von Quelltrichtern, moorige Kalkquellkreiden | endemisch im Benninger Ried bei Memmingen |
| **Rheinischer Steinbrech** (*Saxifraga rosacea* subsp. *sponhemica*) | V–VII<br>weiß<br>5–20 cm | kalkarmes Felsgestein | Rheinland-Pfalz, Hessen |
| **Weicher Pippau** *(Crepis mollis)* | VI–VIII<br>gelb<br>30–60 cm | Berg- und Mähwiesen, Weiden, Silikatmagerrasen, meidet Kalk | Rhön, Harz, Erzgebirge, Alpenvorland mit Bayerischem Wald |
| **Wohlriechender Lauch** *(Allium suaveolens)* | VIII–IX<br>hellrosa bis blasslila<br>20–50 cm | kalkreiche Feuchtwiesen, Sumpfwiesen, Flachmoore | süddeutsches Alpenvorland, vor allem Bayern |
| **Zierliches Wollgras** *(Eriophorum gracile)* | V–VI<br>10–50 cm | nährstoffarme Moore, Moorwälder, Schwingrasen, Schlenken | Schwerpunkt Bayern; bis auf Sachsen und Mecklenburg-Vorpommern zerstreut in allen Bundesländern |

# INS TUN KOMMEN

»Eine Unze Praxis ist mehr wert als Tonnen Theorie.« So ähnlich lautet ein Zitat von Mahatma Gandhi. Schließlich zählt nur die Tat für die Natur und nicht das bloße Reden darüber. Jetzt geht es darum, in die Umsetzung zu kommen.

# »WILDNIS« SCHAFFEN – WIE GEHT DAS?

**Alles einfach wachsen lassen? So leicht ist es dann heutzutage leider nicht mit der Wildnis, fehlen uns doch die großen Pflanzenfresser, die die »natürliche Ordnung« schaffen, wiederherstellen und aufrechterhalten könnten! Wildnis schaffen hat tatsächlich für uns etwas mit »schaffen« zu tun.**

Die direkte Beobachtung der natürlichen Prozesse im Wildnisgarten gibt uns einen lebendigen Einblick in die Zusammenhänge von Ökosystemen. Die saisonalen Veränderungen der Vegetation sowie die sichtbaren Interaktionen zwischen Flora und Fauna verleihen den theoretischen Konzepten der Ökologie eine greifbare Dimension.

Gute Kommunikation ist das A und O im wilden Naturgarten – nicht nur zur Erklärung, sondern auch zur Inspiration.

Die moderne Gartenarchitektur entdeckt den naturnahen Garten als Modellprojekt. Studien aus Fachzeitschriften zum Thema Stadtgrün oder Nachhaltigkeit zeigen, dass solche Gärten nicht nur als Trittsteine für biologische Vielfalt funktionieren, sondern auch visuell überzeugen und uns guttun. Sie verbinden Gestaltungslust mit Verantwortung und schaffen Räume, die inspirieren, uns gesund machen und die gleichzeitig ökologisch wertvoll sind. Kurzum: Wilde Naturgärten funktionieren auf allen Ebenen.

**Doch was heißt Wildnis im Garten konkret?** Erinnern wir uns an unsere mitteleuropäische Landschaft während des Eems (siehe Seite 17). Natürlich können wir nicht den Waldelefanten, das Nashorn oder eine Horde wilder Pferde durch unsere Gärten ziehen lassen. Aber die Mosaikstrukturen, die diese Tiere hinterließen, müssen wir in unserem Garten wieder herstellen und das selbst übernehmen.

## DIE GRUNDLAGEN

Hier findest du ein paar Grundlagen, die du beachten solltest, damit dein wilder Naturgarten nicht nur die Menschen deiner Umgebung herausfordert, sondern auch dich und vor allem nützlich für dich und die Lebewesen deiner Umgebung wird.

Um solch eine Blütenpracht und Vielfalt in der Blumenwiese mit Kartäusernelke und Wiesensalbei zu zaubern, bedarf es eines mageren und eher trockenen Bodens.

## Der Boden

Fangen wir mit der Basis an – dem Boden. Mit ihm steht und fällt der Erfolg deines Wildgartens. Die allermeisten Wildstauden brauchen eher **mageres Substrat**. Reaktiver, pflanzenverfügbarer Stickstoff war vor der Industrialisierung absolute Mangelware, sodass sich Pflanzen evolutionär in Millionen von Jahren an solche Bedingungen angepasst haben. Bei zu vielen Nährstoffen können empfindliche Wurzeln von Wildpflanzen verbrennen oder es wächst eine zu große Konkurrenz nährstoffliebender Pflanzen wie Löwenzahn heran, die die konkurrenzschwächeren Wildpflanzen einfach ersticken. Gärtnerische Züchtungen mit prachtvollen Dauerblüten oder Exoten benötigen genau das Gegenteil, nämlich viel Stickstoff. Natürlich ist dies ein Paradigmenwechsel im Gärtnern. Viele Gartenjahrhunderte waren geprägt von fetten Böden. Je mehr Nährstoffe, desto besser. Auf Ertrag ausgelegte Gemüsekulturen, große gefüllte Blüten, die bestenfalls die volle Gartensaison blühen und mit knalligen Farben unsere Aufmerksamkeit auf sich ziehen, benötigen deutlich mehr Energie als filigrane Strukturen mit kürzeren Blühzeiten. Nachdem diese vergangenen Zeiten also auf nährstoffreiche Böden gesetzt haben, stehen jetzt nährstoffarme Böden im Vordergrund und mit ihnen heimische Wildpflanzen, die die Aufmerksamkeit unserer heimischen Tierwelt auf sich ziehen.

### *Die Bodenqualität bestimmen*

Um die Bodenqualität bei dir im Garten zu bestimmen, kannst du etwas Erde in die Hand nehmen und den sogenannten »Wurst- oder Krümeltest« machen.

- Lässt sich die Erde wie Mürbteig zu einer Wurst formen und glänzt sie mitunter sogar »fettig«, handelt es sich um einen schweren Tonboden mit vielen Nährstoffen.
- Lässt sich die Erde nur schlecht formen, klebt jedoch an den Fingern, liegt ein mittelschwerer Schluffboden vor, der eher für den Gemüsegarten geeignet ist.
- Lässt sich der Boden gar nicht formen, hast du einen leichten Sandboden, der hervorragend für viele Wildpflanzen geeignet ist.

In den meisten Fällen wird es sich jedoch um einen humosen Boden handeln. Er lässt sich zwar zum Klumpen formen, zeigt aber viel organisches Material und weist eine dunkle Farbe auf – ideal für die meisten Gemüsepflanzen oder gärtnerischen Starkzehrer (Pflanzen mit hohem Nährstoffbedarf). Glücklich kannst du dich schätzen, falls dein Gartenboden bereits eher mager ist, denn einen solchen Boden im Garten herzustellen, müssen selbst Fachbetriebe wie Gartenbaubetriebe, Bauunternehmen und Grünanlagenplaner oder Hausherren erst »lernen«. Wie es geht, erfährst du auf Seite 144, 163 und 174. Dabei solltest du nur Material berücksichtigen, das in der Region vorkommt.

## Kein Dünger – keine Pestizide

In einem »wilden« Naturgarten haben Dünger und Pestizide nichts verloren. Beides würde massiv das Ökosystem beeinflussen und in die Nahrungsketten eingreifen.

### Struktur-Reich

**Ein wilder Naturgarten lebt vom Strukturreichtum.** Hier gibt es keine Obergrenze – je mehr desto besser. Selbst auf kleinstem Raum kannst du eine strukturelle Vielfalt schaffen mit entsprechend unterschiedlichen Lebensräumen wie einen Zaun (siehe Seite 108), eine Hecke (siehe Seite 114), eine Wildblumenwiese (siehe Seite 150), naturnahe Wege (siehe Seite 100) oder Second-Life-Holz (siehe Seite 128). Jede Tierart hat unterschiedliche Bedürfnisse in punkto Nahrung, Nahrung für die Kinder, Trink- und Badeplätze, Nist-, Schlaf-, Ruhe- und Überwinterungsstellen, nächtliche Dunkelheit und Schutz vor Fressfeinden, die durch eine strukturelle Vielfalt gedeckt werden können.

### Samen und Pflanzen

Bei den Pflanzen stellt sich natürlich als erstes die Frage: Welche Artenausstattung wäre natürlicherweise in deiner Region vorhanden? Denn nur **heimische Pflanzen** fördern heimische Tiere.
In welchem Naturraum befindet sich dein Garten? Eine gute Einordnung dazu liefern die Ursprungsgebiete für Samen von Blütenpflanzen. Das wichtigste Qualitätskriterium für gebietsheimische Wildblumen und Wildgräser ist ihr nachvollziehbarer regionaler Ursprung, das heißt, die Samen sollten von Pflanzen aus deinem Ursprungsgebiet oder zumindest aus einem an deine Region angrenzenden Ursprungsgebiet stammen. Die VWW-Zertifizierungen durch den Verband deutscher Wildsamen- und Wildpflanzenproduzenten e. V. liefern die beste Garantie. RegioZert-zertifiziertes Saatgut mit Wildpflanzensamen wäre die zweite, aber dennoch gute Wahl (hier befinden sich meist weniger Arten in den Mischungen). Richtig gutes Saatgut für Wiesen richtet sich nicht nur nach der Region, der Artenzusammensetzung, sondern auch nach den Dominanzverhältnissen, das bedeutet, dass in den unterschiedlichen Regionen einzelne Wildpflanzen unterschiedlich häufig vorkommen. So erhältst du das beste Abziehbild der aktuell natürlichen Flora deiner Region.
Seriöse Anbieter geben bei Mischungen einheimischer Wildblumen immer die Arten und deren jeweilige Mengenverhältnisse an. Leider liefern nur wenige Samenhersteller wie beispielsweise Rieger-

Beim Kauf von Wildblumensamen achte neben heimischen Arten unbedingt auf regionalen Ursprung!

## Regionenkarte mit Ursprungsgebieten und Produktionsräumen

Quelle: Rieger-Hofmann GmbH

Hofmann oder Wild. Saat. Gut. diese Informationen (Adressen siehe Seite 218).
Deshalb solltest du bei Saatgut, Stauden und Gehölzen grundsätzlich auf Regionalität setzen und auf das VWW-Zertifikat achten. Das ist mitunter deutlich schwieriger, als sich beim nächsten Discounter oder Gartencenter damit einzudecken. Denn selbst wenn du die Wildform einer Staude oder Samenmischung ergatterst, heißt das noch lange nicht, dass deren genetische Ausstattung der deiner Region entspricht. Staudenzüchter arbeiten häufig mit Klonen, d. h. sie vermehren Stauden, Gehölze ungeschlechtlich über Stecklinge, Wurzelschnittlinge, die die gleiche genetische Ausstattung wie die Mutterpflanze haben. Dies führt über längere Zeit zu einer genetischen Verarmung, die Pflanzen können sich dadurch nicht mehr so gut an sich ändernde Umweltbedingungen anpassen.

### Schon gewusst?

Achte bei der Auswahl deiner Pflanzen nicht nur auf Nektar- und Pollenreichtum, sondern auch auf Raupenfutterpflanzen. Viele Schmetterlingsraupen sind auf ganz bestimmte Pflanzenarten spezialisiert. Beispielsweise ernähren sich die Raupen des Kleinen Fuchses von Brennnesselblättern, das ist der Klassiker, oder die Raupen des Taubenschwänzchens von Labkräutern. Also: Nicht nur Blüten für Bestäuber, sondern auch Grünzeug für Blattfresser!

### Säen vor Pflanzen

**Die Königsdisziplin bei Staudenpflanzungen:** Ziehe Stauden aus **Regiosaatgut** selbst an. Herausfordernd wird es bei einer kompletten Neuanlage des Gartens, aber nach und nach kann man sich durchaus einzelne Arten vornehmen. Die Methode »Samentausch mit Gleichgesinnten« ist hierfür eine gute Möglichkeit.

**Pflanzen aussuchen und bestellen:** Recherchiere die Bedürfnisse und Pflanzdichten deiner Wunschstauden beispielsweise unter NaturaDB (siehe Seite 218). Mache dir unbedingt einen Pflanzplan! Beim Gehölz- und Staudenkauf immer den wissenschaftlichen Namen angeben.

### Richtig einpflanzen nach dem Kauf

Pflanze nach Eintreffen der Pflanzen umgehend oder wässere sie täglich durchdringend, denn viele Stauden wurzeln in der Gärtnerei bereits in das Fließ ein, auf dem sie stehen. Werden sie hochgehoben, reißen die feinen Wurzeln ab. Die Pflanzen vertrocknen im Nu. Vor dem Pflanzen solltest du die Stauden in wassergefüllte Gefäße stellen, damit sich der Wurzelballen vollsaugen kann. Das Anwachsen funktioniert so viel besser.
Für jede Pflanze gräbst du ein Loch, das ungefähr doppelt so breit und tief wie der Wurzelballen ist, und lockerst die Seitenwände. Reiße den Wurzelballen auf, um neues Wachstum anzuregen.
Setze die Pflanzen so ein, dass die Wurzelkrone leicht unterhalb der umgebenden Erdschicht liegt, überdecke sie dünn mit Substrat und gieße unmittelbar nach dem Einsetzen, bevor du das Substrat anklopfst. Einen kleinen Gießring ausbilden, damit das Gießwasser gezielt versickern kann.
In der ersten Zeit regelmäßig gießen, dabei besser eine größere Wassergabe und dafür nicht so häufig, damit sich die Wurzeln in die Tiefe orientieren und die Pflanze Trockenperioden länger überstehen kann.

Deutsche Namen variieren von Region zu Region und oft haben unterschiedliche Pflanzen den gleichen deutschen Namen – dies kann zu Fehlkäufen führen. Frage bei deiner Gärtnerei grundsätzlich nach den Wildformen. Häufig sind diese bei den

Standard-Gärtnereien und Baumschulen nicht lieferbar, stattdessen erhält man die Zuchtformen, die man an dem Zuchtzusatz im Namen erkennt. So lautet der botanische Name der Berg-Aster in der Wildform *Aster amellus*. Züchterisch veränderte Sorten heißen dann beispielsweise *Aster amellus* 'Dr. Otto Petschek', *Aster amellus* 'Glücksfund' oder *Aster amellus* 'Sternkugel'. Kreuzungen mit anderen Arten sind durch ein × gekennzeichnet wie beispielsweise bei *Aster × frikartii* 'Jungfrau'. Selten bieten sie die gleichen ökologischen Vorteile wie die entsprechenden Wildformen. Hier kann man dann auf Wildstaudengärtnereien zurückgreifen (siehe Seite 218), die die Ware je nach Menge im Paket oder per Spedition versenden.

**Samen statt Pflanzen vom Gärtner** zu verwenden schafft genetische Vielfalt, was im Gegensatz zur Stecklingsvermehrung als generative oder geschlechtliche Vermehrung bezeichnet wird. Jedes Samenkorn besitzt eine einzigartige Genausstattung, eine besondere Kombination beider Elternteile, und damit die Chance, sich an veränderte Umweltbedingungen anpassen zu können.

**Eine kleine Faustregel:** Je kleiner und leichter die Samen sind, desto wahrscheinlicher handelt es sich bei ihnen um **Lichtkeimer**. Sie sollten nach dem Ansäen daher besser nicht mit Erde bedeckt werden. **Dunkelkeimer** sind meist größer und schwerer, bei ihnen hemmt zu viel Licht die Keimung und daher möchten sie gerne mit Erde bedeckt werden.

### Gehölze

Gehölze, die sich in einem bestimmten Naturraum in vielen Generationsfolgen vermehrt haben, konnten sich optimal auf die regionalen Bedingungen des Klimas und der Umwelt einstellen. Sie können sich besser an wandelnde Umweltbedingungen anpassen als Pflanzen derselben Art aus anderen Gebieten. Die gleiche Gehölzart hat sich in den verschiedenen Naturräumen spezialisiert und kann sich deshalb genetisch unterscheiden. Bei Gehölzen gestaltet sich echte Regionalität auch nicht gerade einfach. In Gartencentern oder in Gärtnereien suchst du meist vergeblich nach ihnen. Hingegen sollte eine Baumschule, die Gehölze für die außerstädtische Landschaft aufzieht, deinen Kriterien entsprechen (siehe Seite 218). In der freien Landschaft dürfen nämlich seit 2020 nur noch ausschließlich autochthone, d. h. gebietseigene Gehölze angepflanzt werden.

## TANZE AUS DER REIHE – UND ZWAR MIT FREUDE

### Beikräuter fördern

Unkraut ist eine menschliche Definition (ähnlich der der Unordnung) und bedeutet, dass das Kraut genau dort wächst, wo man es nicht haben will. Und dies dann meist auch noch in großen Mengen. Von Natur aus gibt es kein »Unkraut«. Deshalb handelt dieses Buch, wo es möglich ist, von Beikräutern.

Brennnesseln, der Klassiker im Naturgarten. Sie sollten in der Sonne stehen, damit Schmetterlinge hier Eier ablegen.

Vorkommensgebiete gebietseigener
Gehölze in Deutschland

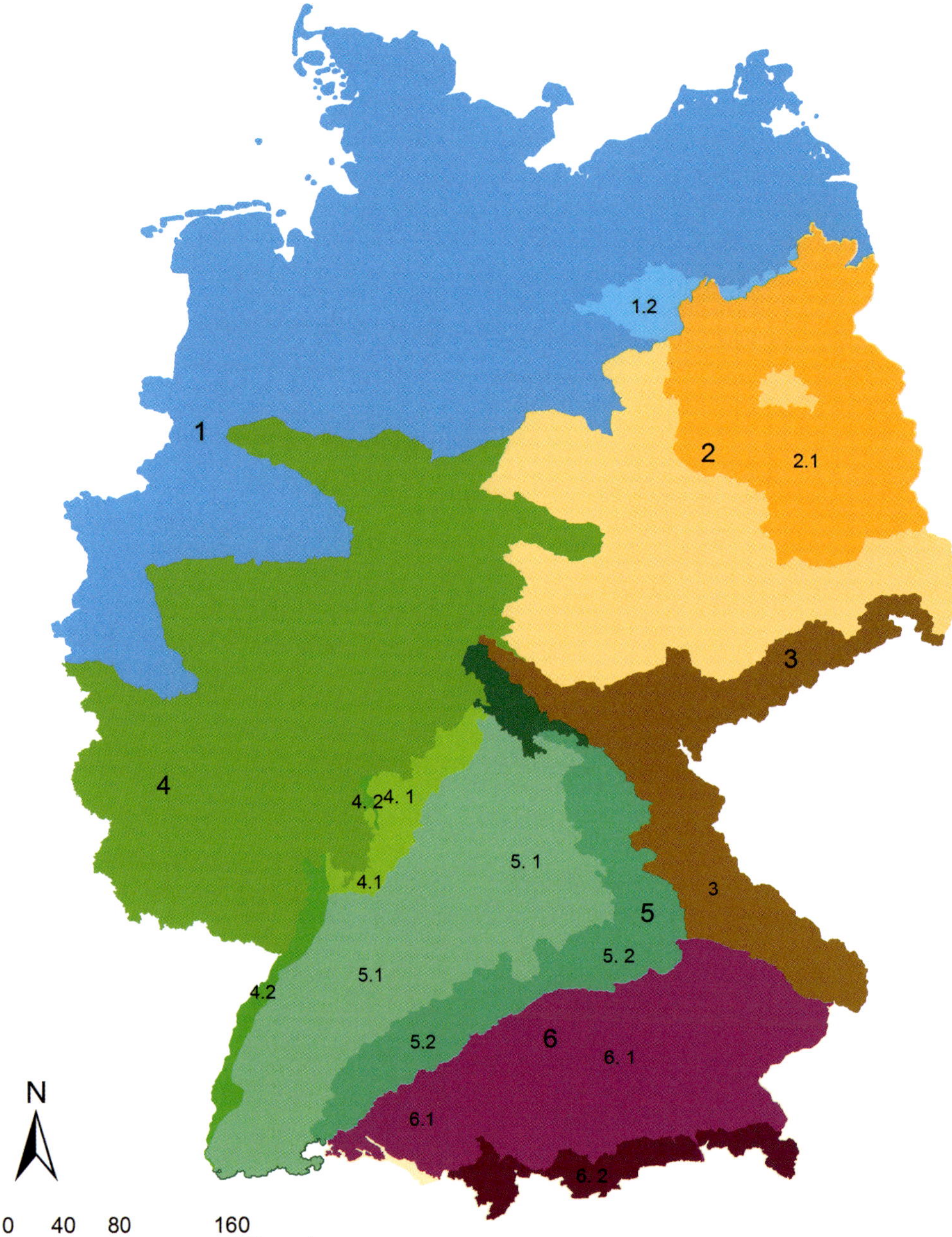


1. Norddeutsches Tiefland
2. Mittel- und Ostdeutsches Tief- und Hügelland
3. Süddeutsches Hügel- und Bergland
4. Westdeutsches Bergland und Oberrheingraben
5. Schwarzwald, Württembergisch-Fränkisches Hügelland und Schwäbisch-Fränkische Alb
6. Alpen und Alpenvorland

»Unkräuter« sind oft sogenannte Ruderalarten, also Arten, die Rohböden schnell besiedeln und viele Samen bilden. Zu diesen sogenannten Samenwildkräutern gehört beispielsweise Mohn. Wurzelunkräuter hingegen breiten sich unterirdisch aus wie Giersch, Quecke und Ackerwinde. Sie fühlen sich auf magerem Boden nur selten wohl. Und gegen einige wenige Löwenzahnstauden ist in Naturgärten sicherlich nichts einzuwenden. Nimmt der Löwenzahn überhand, kannst du seine Blätter (ohne die Stiele und die Mittelachse), Blüten und sogar die Wurzeln munter unter deinen Salat mischen – sehr gesund und schmackhaft.

**Ackerwinde** *(Convolvulus arvensis)*: Zugegeben – gerade im nährstoffreichen Staudenbeet kann die Ackerwinde mit ihren bis zu zwei Meter tiefreichenden Wurzeln zur Last werden. Je geschlossener der Boden bedeckt ist oder je magerer das Substrat, umso schwerer hat sie es dann. Gerade Zäune am Rand des Gartens bieten jedoch eine Chance für die vielgeschmähte Ackerwinde. Schließlich ist sie eine wichtige Insektenpflanze: Der wunderschöne Windenschwärmer ist auf sie spezialisiert, ebenso das nicht minder hübsche Ackerwinden-Motteneulchen oder die Ackerwinden-Trauereule, alles Nachtfalterarten. Viel Nektar und Pollen bietet sie beispielsweise für die stark gefährdete Große Spiralhornbiene oder die gefährdete Kleine Spiralhornbiene, aber ebenso für viele Schwebfliegen- und einige Käferarten.

**Gundermann** *(Glechoma hederacea)*: Wie der Gundermann als Unkraut definiert werden kann, ist allerdings ein Rätsel. Schließlich ist es ein immergrünes Kraut, ein Bodendecker, ein Ritzenkriecher und schmückt sich mit hübschen lila Blüten von April an für drei Monate. Zwar wächst er im halbschattigen und feuchten Rasen und stört manch Golfrasenverliebten. Zur Blütezeit wird er jedoch von 40 Wildbienenarten intensiv besammelt, so auch von der vom Aussterben bedrohten Schwarzen Mörtelbiene, die wie ihr Name schon vermuten lässt, ihr Nest mörtelt. Aus sandigem, lehmigem Substrat baut sie ein Nest bis zu Faustgröße mit mehreren Brutzellen, gerne an Felsen oder Mauern, das sie zum Schluss sogar noch verputzt. Aber auch Schmetterlinge und Schwebfliegen schätzen den Gundermann. Und selbst wir können eine schmackhafte Suppe aus ihm kochen.

**Ackermelde** *(Chenopodium album)*: Die Ackermelde, auch Weißer Gänsefuß genannt, punktet eher bei den Raupen verschiedenster Nachtfalter, einige sind spezialisiert auf sie. Gibt es zu viel davon in deinem Garten, kannst du die Melde ebenfalls unter den Salat mischen und einfach aufessen.

**Mittlerer Wegerich** *(Plantago media)*: Noch beliebter bei Raupen ist der Mittlere Wegerich, der von 71 Raupenarten genutzt wird. Fünf davon sind spezialisiert, z. B. der stark gefährdete Rote Scheckenfalter oder der ebenfalls stark gefährdete Zweibrütige Scheckenfalter. Zusätzlich wartet der Mittlere Wegerich mit einem hohen Pollenwert auf.

Die Ackerwinde – von Gärtnern gefürchtet, von Insekten geliebt. Räume ihr nach Möglichkeit ein kleines Plätzchen ein.

**Stängelumfassende Taubnessel** *(Lamium amplexicaule)*: Auch dieses Beikraut, einjährig und von März bis Mai rosa blühend, steht bei Schmetterlingen bzw. deren Raupen, von denen zwei auf die Art spezialisiert sind, hoch im Kurs.

**Vogelknöterich** *(Polygonum aviculare)*: Obwohl selbstbestäubend, nutzen immerhin 21 Raupenarten seine Blätter, und wie der Name schon vermuten lässt, werden die Samen gerne von Vögeln gepickt. Er bildet bis 80 cm lange Pfahlwurzeln aus und ist daher sehr robust.

**Hopfenklee** *(Medicago lupulina)*: Der Hopfenklee punktet bei Wildbienen. 21 Arten sind auf ihn spezialisiert und immerhin 14 Raupenarten nutzen ihn als Futterpflanze. Mit seiner Blütezeit von März bis April dient er als Frühblüher vielen Arten als wichtiger Nektarlieferant.

**Acker-Kratzdistel** *(Cirsium arvense)*: Absolut unbeliebt bei vielen Gärtnerinnen und Gärtnern, ist die Acker-Kratzdistel ein Insekten-Tausendsassa: 87 Wildbienenarten, 10 davon spezialisiert, 62 Arten Schmetterlinge, 20 Raupenarten, 43 Schwebfliegenarten und noch viele mehr. Sie liefert pro Blüte bis zu 2,6 Gramm Nektar, produziert bis zu 40.000 Samen, die bei vielen Vögeln wie Stieglitzen heiß begehrt sind. Ein Exemplar davon solltest du dir unbedingt in deinem Garten gönnen.

**Vogelmiere** *(Stellaria media)*: Die Vogelmiere bietet 12 Wildbienen- und 21 Raupenarten Nahrung. Falls sie überhandnimmt, kannst du diese Vitamin-C-Bombe (mehr Vitamin C als Zitronen und Orangen) ganz einfach aufessen – im Salat oder im Smoothie.

**Gelber Steinklee** *(Melilotus officinalis)*: Von Juni bis September liefert er Höchstmengen an Nektar und Pollen, allein 19 Wildbienenarten sind auf ihn spezialisiert. Damit avanciert er zu einer Super-Insektenpflanze.

Gestalte unkonventionell ein Distelbeet. Insekten und Vögel werden es dir danken.

Der gelbe Steinklee liebt trockenen, mageren, kalkreichen Boden in voller Sonne. Er dient Schmetterlingen und Schwebfliegen als Futterpflanze.

**Großer Bocksbart** *(Tragopogon dubius)*: 76 Wildbienenarten sammeln Nektar oder Pollen an seinen Blüten, davon sind 16 auf ihn spezialisiert. Viele Schwebfliegenarten nutzen den leicht zugänglichen Nektar in seinen Blüten.
**Stachel-Lattich** *(Lactuca serriola)*: Die körbchenförmigen gelben Blütenstände des Stachel-Lattichs, auch Kompass-Lattich genannt wegen der Nord-Süd-Ausrichtung seiner Blätter, werden von 76 Wildbienenarten, davon 16 spezialisiert, von Juli bis September genutzt. 25 Schwebfliegen- und 15 Raupenarten schätzen ihn ebenfalls.
**Bunter Hohlzahn** *(Galeopsis speziosa)*: Als Super-Insektenpflanze besticht er durch seine lange Blütezeit von Juni bis Oktober und lockt 39 verschiedene Wildbienenarten an. Auch er kann bei explosionsartiger Ausbreitung als Salat, Gemüse oder Spinatersatz verspeist werden.

Der Große Bocksbart besitzt eine Besonderheit: Er schließt seine Blüten bereits wieder um 11 Uhr.

Besonders wertvoll als Super-Insektenpflanze, blüht der unkomplizierte Bunte Hohlzahn bis weit in den Oktober hinein.

## WENN UNGEBETENE GÄSTE ZU HAUSHERREN WERDEN: INVASIVE ARTEN

Nicht jedes Kräutlein sollte dir willkommen sein. Denn immer stärker machen sich sogenannte invasive Neophyten breit, also eingeschleppte und sich aggressiv ausbreitende Pflanzen.
Invasive Arten zählen neben den Landnutzungsänderungen, der Übernutzung natürlicher Ressourcen, dem Klimawandel und dem Eintrag von giftigen Substanzen zu den Top 5 der Gründe für den Verlust der Biodiversität.
Ein naturnaher Garten lebt von Vielfalt, lokalen Beziehungen und einem gewissen Gleichgewicht – und genau das stört eine invasive Art. Kurz zusammengefasst: Invasive Pflanzen sind die Partycrasher der Pflanzenwelt. Sie treten sehr selbstbewusst auf, bedienen sich hemmungslos am Buffet (Licht, Nährstoffe, Wasser), verdrängen die Gastgeber, verändern sogar die Hausordnung (Boden, Bestäuber-Netzwerke, Feuer- oder Überschwemmungsdynamik) und haben keine natürlichen Regulatoren.

### Wichtige Mechanismen

**Konkurrenzstärke:** Invasive Arten verdrängen einheimische Arten durch schnellere Wuchsraten, dichte Bestände oder chemische Hemmung (Allelopathie).
**Habitat- und Funktionsänderung:** Manche Invasoren verändern sogar die Bodenchemie wie beispielsweise die Robinie (sie lebt vergesellschaftet mit Knöllchenbakterien, die Stickstoff, den Wasser-

haushalt oder die Brennbarkeit der Vegetation verändern.

**Genaustausch und Hybridisierung:** Invasoren können sich mit nah verwandten einheimischen Arten kreuzen und Hybride entstehen lassen, die unserer Tierwelt nichts nützen.

**Schadverbreitung:** Sie können Schädlinge oder Krankheiten mitbringen oder deren Ausbreitung begünstigen. Als Beispiel sei der mit Eschenpflanzen aus Ostasien importierte Pilz Falsches Weißes Stängelbecherchen *(Hymenoscyphus fraxineus)* genannt, der für das Eschentriebsterben in ganz Europa verantwortlich ist.

**Biodiversitätsverlust:** Dauerhafte Ausbreitung kann lokale Artenzahl und -vielfalt deutlich reduzieren. Tiere meiden sie in den meisten Fällen, da sie für sie unbekannte »Giftstoffe« enthalten, an die unsere heimische Tierwelt nicht angepasst ist.

**Folgekosten:** Ökologische Schäden, wenn sie denn überhaupt zu beheben sind, gehen oft mit einem hohen Pflegeaufwand und hohen Managementkosten einher.

## Beispiele für invasive Pflanzen (häufig in Europa)

- Amerikanische Kultur-Heidelbeere *(Vaccinium angustifolium × corymbosum)*
- Drüsige Kugeldistel *(Echinops sphaerocephalus)*
- Drüsiges Springkraut *(Impatiens glandulifera)*
- Einjähriges Berufkraut *(Erigeron annuus)*
- Eschen-Ahorn *(Acer negundo)*
- Essigbaum (*Rhus hirta*, Syn. *Rhus typhina*)
- Gewöhnliche Schneebeere *(Symphoricarpos albus)*
- Gewöhnlicher Flieder *(Syringa vulgaris)*
- Götterbaum *(Ailanthus altissima)*
- Henrys Geißblatt *(Lonicera henryi)*
- Japanischer Staudenknöterich (*Reynoutria japonica*, Syn. *Fallopia japonica*)
- Kanadische Goldrute *(Solidago canadensis)*
- Kartoffel-Rose *(Rosa rugosa)*
- Kirschlorbeer *(Prunus laurocerasus)*
- Neubelgische Aster *(Aster novi-belgii)*
- Robinie/Scheinakazie *(Robinia pseudoacacia)*
- Sommerflieder/Schmetterlingsflieder *(Buddleja davidii)*
- Späte Goldrute *(Solidago gigantea)*
- Späte Traubenkirsche *(Prunus serotina)*
- Stauden-Lupine *(Lupinus polyphyllus)*
- Topinambur *(Helianthus tuberosus)*

### Was macht invasive Arten so gefährlich

Diese fremden Arten sind beliebt, weil sie schnell blühen, robust sind oder spektakulär aussehen – genau deshalb sind sie für naturnahe Gärten gefährlich: Sie dominieren schnell und lassen wenig Raum für heimische Spezialisten.

Für einige davon ist die Einfuhr, Verbreitung und Freisetzung laut Art. 4 VO (EU) 1143/2014 und deren Durchführungsverordnungen (2016–2022) im deutschsprachigen Raum verboten, können sich aber natürlich bereits in unseren Gärten befinden. Besonders strikt geht die Schweiz vor, in der z. B. bereits Kirschlorbeer, Schmetterlingsstrauch oder Henrys Geißblatt im Handel nicht mehr erhältlich sind. Pflanze deshalb besser keine der links aufgeführten Arten. Setze stattdessen auf regional angepasste, heimische Arten, die lokalen Bestäubern nützen, und fördere im besten Fall Rote-Liste-Arten (siehe Seite 78 und 212), deutsche Verantwortungsarten (siehe Seite 82–83) oder einfach heimische Stauden und Gehölze.

Der vielzitierte Sprung über den Gartenzaun gelingt nicht allen Pflanzenarten aus eigener Kraft. Meist helfen wir kräftig mit. Gartenabfälle werden in öffentlichen Flächen oder sogar im Wald entsorgt, viele der heute invasiven Neophyten wurden angepflanzt, weil sie gute Honigbienennahrung sind, schnelle Holzernten bringen oder gerne vom Wild gefressen werden. Sogar heute noch soll es Imker geben, die Riesenbärenklau-Samenbomben in die freie Landschaft werfen – unverantwortlich.

### Wildbienen und Schmetterlinge

Im deutschsprachigen Raum summen über 700 verschiedene **Wildbienenarten** – zu ihnen gehören auch die Hummeln – durch die Landschaft. Sie sind wahre Meisterinnen der Bestäubung und tragen entscheidend zur Artenvielfalt, aber auch zur Ernte vieler Obst- und Gemüsesorten bei. Anders als Honigbienen leben sie meist allein und haben oft hochspezialisierte Beziehungen zu bestimmten Blüten, beispielsweise die Natternkopf-Mauerbiene zum Natternkopf. Über 70 % nisten im Boden, einige im Totholz (ersatzweise in Insektenhotels) oder manche Arten nisten sogar in leeren Schneckenhäusern oder sandigen Bodenritzen. Auch die **Schmetterlinge** sind mit mehr als 3700 Arten in der Region vertreten – darunter viele Tagfalter, aber auch weit mehr Nachtfalter, die oft durch die Lichtverschmutzung mittlerweile massiv gestört werden. Sie bestäuben Pflanzen, dienen als Nahrung für Vögel und Fledermäuse und gelten als wertvolle Bioindikatoren für die Gesundheit von Ökosystemen. Besonders faszinierend ist ihr Verwandlungskunststück: vom Ei zur Raupe, zur Puppe, zum flatternden Falter. Gerade die Raupen benötigen je nach Art ganz bestimmte Futterpflanzen wie beispielsweise der Zitronenfalter den Faulbaum. Leider sind viele Arten durch Lebensraumverlust bedroht – dabei wären Gärten voller Wildblumen und ungemähter Wiesen echte Paradiese für sie.

## PFLEGE DES NATURGARTENS

Mehr als erfreulich: Die Pflege fällt bei einem wilden Naturgarten deutlich geringer aus.

- Bearbeite so wenig wie möglich den Boden, viele Insekten nisten hier.
- Die Samenstände der Stauden stehen lassen und das sogar über Winter. Im Frühjahr kannst du sie ganz einfach abknicken. Viele Vögel wie Stieglitze und Sperlinge lieben die Wildsamen.
- Die Wildblumenwiese 1- bis 2-mal pro Jahr nur abschnittsweise mähen (Staffelmahd), damit das Nahrungsangebot für die Insekten nicht auf einmal komplett wegbricht. Das Schnittgut ungefähr drei Tage trocknen lassen und danach abräumen. Dann sollten Samen ausgefallen sein und die im Heu gebundenen Nährstoffe können entfernt werden. Sobald der bereits abgemähte Teil wieder anfängt zu blühen, kann der zweite Teil gemäht werden. Lass einen Teil über Winter stehen. Hier überwintern viele Insekten an Stängel geheftet oder am Boden unter den Pflanzen. Mähe entweder mit der Sense oder mit einem Balkenmäher. Mit dem normalen Rasenmäher werden häufig Insekten geschreddert. Es sterben Larven, Raupen und erwachsene Tiere. Nach dem Mähen sind etwa 80 % der Heuschrecken tot. Die Kunst ist es, so viel zu mähen, dass die Flächen abgemagert werden oder mager bleiben, aber so wenig wie möglich zu mähen, da jedes Mal Insekten darunter leiden.
- Falls Gräser zu stark dominieren, mähe während ihrer Blüte. Das schwächt die Pflanzen, da sie bereits viel Energie in die Entwicklung ihrer Blüten gesteckt haben.
- Beikräutern (siehe Seite 91) Raum geben, oftmals liefern sie wertvolle Nektar- und Pollennahrung, wenn andere Pflanzen noch nicht blühen oder bereits verblüht sind, und schließen damit Versorgungslücken.
- Hecken und Sträucher solltest du natürlich und ohne regelmäßigen Formschnitt wachsen lassen, da sie meist an den Zweigenden blühen und fruchten. Lieber partiell alle paar Jahre auf Stock setzen, also die Zweige knapp über dem Boden abschneiden. Dies fördert zudem die Verjüngung der Sträucher.
- Laub kannst du zusammenrechen, wenn du es nicht liegen lassen möchtest, und unter den

Gehölzen ausbringen. In den Haufen überwintern viele Insekten, auch Igel und Amphibien. Laubbläser sind tabu, auch sie schreddern Insekten und andere Kleintiere.

### Gelassenheit bringt mehr Entspannung

Mal alle fünf gerade sein lassen und den eigenen Toleranzbereich ausweiten. Die Natur regelt vieles selbst und du kannst zuschauen und staunen.

- Lass Beikräuter blühen, solange sie nicht allzu sehr stören oder überhandnehmen – auch im Gemüsebeet oder im Gewächshaus. Falls du ein Aussamen verhindern möchtest, kannst du sie nach der Blüte entfernen.
- Freue dich, wenn bei dir viele Blätter durchlöchert sind oder Fraßspuren aufweisen. Ein Beweis, dass sich viele Schmetterlingsraupen bei dir entwickeln können und Blattschneiderbienen geeignetes Nistmaterial finden. Auch Gespinste am Baum sorgen reichlich für Insektennachwuchs.
- Wespen- und Hornissennester stellen häufig keine Gefahr dar. Wespen und Hornissen sind weitaus weniger aggressiv als Honigbienen. Falls Wespen im Spätsommer lästig werden, locke sie mit Obst an eine vom Sitzplatz entferntere Stelle.
- Nimm Blattlausinvasionen gelassen hin und vermeide Chemie. Bald stellen sich Marienkäfer-, Florfliegenlarven und Ohrwürmer ein, die Blattläuse zum Fressen gern haben.
- Mut zur Lücke: Nicht jeder Quadratzentimeter des Naturgartens sollte bepflanzt und bewachsen sein. Lückiger Bewuchs auf magerem Substrat verschafft vielen Insektenarten wie Wildbienen oder Grabwespen einen Rohboden, in dem sie ihre unterirdischen Nester anlegen können. Falls noch Rasen vorhanden sein sollte, gilt auch hier: mehr Lücken – mehr Leben.

## PFLANZENWANDERUNGEN DURCH DEN GARTEN

Damit ist nicht gemeint, dass du wandern sollst, sondern lass deine Pflanzen wie Mohn, Knoblauchrauke oder Natternkopf wandern. Gerade 1- und 2-jährige Pflanzen säen sich stark aus. Schließlich ist das ihre Überlebensstrategie. Dort, wo sie aufgehen und sich etablieren, finden sie ideale Bedingungen. Lass sie doch einfach ab und zu mal gewähren. Es ist ein Garant dafür, dass sich kräftige und blühfreudige Pflanzen entwickeln. Schließlich haben sie sich ihren Platz selbst ausgesucht.

Klatschmohn sät sich gerne selbst aus. Entferne ihn nur, wenn er stört. Auch Heuschrecken nutzen ihn.

**Fazit:** Du hast weniger Arbeit und Kosten durch Nachpflanzen und es können überraschende, natürlich wirkende Pflanzenbilder entstehen. Dazu solltest du die Samenstände sich ausbilden lassen und schon säen sich die Pflanzen selbst aus. Vor einigen Jahren wurde diese Methode als »Black Box Gardening« bekannt. Hier können sich Pflanzengemeinschaften etablieren, die symbiotisch aufeinander wirken. Pflanzen weben sich ineinander.

Geflecktes Lungenkraut, Veilchen und Stinkende Nieswurz haben sich im Halbschatten ineinander verwoben.

### Das g'schlamperte Eck als Versteck

Früher, bevor Wertstoffhöfe und Häcksler gang und gäbe waren, in jedem Garten zu finden – heute vom Aussterben bedroht: das g'schlamperte Eck im Garten. Hier wurden aus dem Beet herausgelesene Steine, abgeschnittene Äste und Ähnliches deponiert. Gleichzeitig sicherte es Lebensraum für Tigerschnegel, Igel & Co. in urbanisierten Flächen.

## DIE NACHT FÜR DIE DUNKELHEIT RESERVIEREN

Bedenke: Nur weil wir nachts schlafen, tun das nicht alle Lebewesen. Ganz im Gegenteil: Sage und schreibe über 60 Prozent der Tiere sind nachtaktiv! Eulen, Fledermäuse, Igel, Sieben- und Gartenschläfer werden erst in der Dämmerung aktiv. Auch zahlreiche Nachtfalter – in Deutschland über 3000 Arten – flattern umher. Sie übernehmen wichtige Bestäuberfunktionen und sind gleichzeitig Nahrungsquelle für viele andere Tiere.
Deshalb: Bitte keine Illumination des Gartens über Nacht. Eine Zeitschaltuhr hilft dir, dies einzuhalten. Nötige Lampen zur Wegbeleuchtung sollten nach oben abgeschirmt sein und auf Bewegungsmelder reagieren.

Mehr als die Hälfte aller Falterarten ist nachtaktiv, sie werden durch nächtliche Beleuchtung geschädigt.

## DARÜBER REDEN

Sprich mit Freunden und Bekannten, aber auch mit Nachbarn über die Vorteile. Berichte von besonderen Erlebnissen, wenn du erstmalig bestimmte Tiere wie einen Molch, Schwalbenschwanz oder eine Goldwespe beobachten konntest. Stelle ein Schild auf mit Aufschriften wie »Naturgarten«, »Das ist eine Lebensinsel für einheimische Pflanzen und Tiere« oder »Wildblumen – ein Blütenmeer für Schmetterlinge, Bienen, Käfer & Co.«. Zeige im besten Fall deine Oase, schließlich sind wir visuelle Wesen und Begreifen hat letztlich immer etwas mit »Anfassen« zu tun.

# WEGE – MIT PFADEN LEBENSRÄUME SCHAFFEN

**In ungestörter Wildnis sind es oft Tiere, die durch ihre wiederholten Wanderungen Pfade und Netzwerke durch die Landschaft schaffen. Diese Trampelpfade sind mehr als bloße Spuren – sie sind Rückgrat und Blutbahn für das Ökosystem.**

Je nach Tierart unterscheiden sich die Wege in der Wildnis in Breite, Tiefe und Beschaffenheit. Das Wisent *(Bison bonasus)* hinterlässt breite, feste Pfade – quasi die Schnellstraßen des Waldes. Der Rotfuchs *(Vulpes vulpes)* hingegen webt feine Linien durchs Unterholz. Wiederholtes Betreten verdichtet den Boden, Vegetation wird niedergetreten – so entstehen offene Licht-Schatten-Mosaike, die lichtliebenden Pflanzenarten neuen Raum bieten. Diese locken wiederum Insekten an und stärken das gesamte Nahrungsnetz.

Die Wege folgen keinen geraden Linien. Sie schmiegen sich organisch an die Form des Geländes und an die Vegetation – so, wie es auch in deinem Garten aussehen sollte.

In der Wildnis schaffen Tiere Pfade. Orientieren wir uns an diesen Strukturen, holen wir Naturnähe in unseren Garten.

## WARUM TIERISCHE WEGE FÜR DIE BIODIVERSITÄT SO WICHTIG SIND

Ihre Pfade verbinden Lebensräume, sorgen für genetischen Austausch und sichere Wanderkorridore – gerade in unserer fragmentierten Kulturlandschaft. Kleine Säuger und Amphibien nutzen diese bereits existierenden Trassen größerer Tiere, um Energie zu sparen. Auch Pflanzen profitieren: Samen haften an Fell oder Federn und finden entlang der Pfade neue Standorte.

Unsere, auch für Tiere sehr komfortablen Fahrstraßen werden dabei oft zur Falle: Viele Amphibien, die zwischen Laichgewässern und Winterquartieren pendeln, werden auf der Straße überfahren – oft, weil sie diese als eigentlich sehr bequemen Wanderweg nutzen: Eben, ohne Vegetation oder Steine, über die anstrengend gestiegen oder geklettert werden muss, und vielleicht noch etwas erwärmt vom Tag.

Ein Mulchweg, der organisch durch einen Teil des Gartens angelegt ist, lädt ein zum Lustwandeln, zum Genießen und zum Entdecken – im Idealfall sogar barfuß. So erlebst du deinen Garten mit allen Sinnen.

## NATURNAHE WEGE IM GARTEN – WILDNIS IM KLEINEN

Wenn du im Garten Wege wie in der Natur anlegst, spiegelt sich die Dynamik wilder Trampelpfade wider. Es entsteht ein Mikrokosmos mit hoher Artenvielfalt. Rindenmulch, Holzschnitzel oder Kies machen nicht nur den Boden wasserdurchlässig und steigern so die Wasseraufnahmefähigkeit des Bodens, sondern schaffen Mikrohabitate für Tiere. Ein Igel kann so nachts ungestört von seinem Versteck zum Kompost laufen, Molche erreichen den Teich, ohne auszutrocknen. Achte darauf, dass sich deine Wege sanft durchs Gelände schlängeln – das sieht nicht nur schöner aus, sondern wirkt viel natürlicher.
Es gibt mehrere Möglichkeiten, Wege im wilden Naturgarten anzulegen.

### Tierische Bewohner auf dem Mulchweg – wenn Käfer, Molch & Co. einziehen

Auf gemulchten Wegen finden sich zahlreiche spezialisierte Arten. Gliederfüßer wie die Gemeine Strauchschrecke und Laufkäfer wie der Goldglänzende Laufkäfer nutzen das dunkle Mulchmaterial als Sonnenbank, Jagdrevier oder zur Eiablage. Selbst Hirschkäferlarven hat man in solchen ungewöhnlichen Habitaten bereits gefunden. Baldachinspinnen errichten ihre Netze entlang des Weges. Amphibien wie Grasfrosch und Teichmolch suchen auf mulchbedeckten Pfaden Schutz vor Austrocknung. Auch heimische Schnecken wie die mittlerweile selten gewordene Rote Wegschnecke und die Weinbergschnecke nutzen die feuchten Bedingungen für Nahrungssuche und Fortpflanzung. Reptilien wie die Waldeidechse nutzen angrenzende sonnige Stellen zum Aufwärmen, während kleine Säuger wie die Rötelmaus und die Waldspitz-

### Das brauchst du für einen Mulchweg

- **Mulchtypen:** Rindenmulch (Rindenschrot, 10–40 mm), Holzschnitzel oder Laubkompost (biogene Reststoffe)
- **Unterbau:** Kies-Sand-Schicht (5 cm) zur Drainage
- **Mulchauftrag:** Schichtstärke 5–8 cm Jährlich solltest du das Material auffüllen und auflockern, um Fäulnis zu vermeiden.

maus diese Wegstrukturen gerne annehmen. Im Boden nistende Wildbienen wie die Furchenbiene *Lasioglossum calceatum* finden in lückig gemulchten Bereichen mit hohem mineralischem Anteil geeignete Nistplätze.
Bei der Zersetzung des Rindenmulchs entsteht Mulm. Genau hier startet die Humusbildung: Würmer, Käfer, Springschwänze, Pilze und ein bunter Reigen an Mikroorganismen knabbern, schieben und verwandeln das organische Material zu wertvollen Nährstoffen und stabilen Huminstoffen. Damit förderst du ein dicht vernetztes Bodenleben.

### Pflaster mit Leben: Wenn Moose und Bienen zwischen Steinen wohnen

Selbst scheinbar »künstlichere« Strukturen wie gepflasterte Wege mit breiten Fugen können wertvolle Lebensräume darstellen, wenn du sie anstatt mit Zement mit Sand oder feinem Splitt verfugst. In diesen Fugen siedeln sich Moose, Flechten und Pionierpflanzen wie Thymiane an. Im lockeren Substrat zwischen den Steinen legen Insekten wie die Gebänderte Furchenbiene *(Halictus tumulorum)* ihr Nest an oder bauen Ameisenlöwen einen Trichter, aus dem heraus sie Beute fangen.
Auch Spinnen wie die Springspinnen oder Weberknechte kannst du in diesen Spalten entdecken, die dort Beute machen. An warmen, sonnenexponierten Pflasterwegen halten sich gerne auch Reptilien wie die Zauneidechse auf. Solche Strukturen bieten ebenfalls Versteckplätze für in Bodennähe lebende Käferarten.

## Das brauchst du für einen gepflasterten Weg

**Materialoptionen:** Bruchsteinpflaster (Granit, Gneis, Sandstein) oder Polygonalplatten (unregelmäßige Formate)
**Schichtenaufbau:**
- Frostschutzschicht Splitt (12/32 mm): 15–20 cm mit Rüttelplatte verdichten
- Bettungsschicht Mauersand (bis 4 mm): 3–5 cm
- Pflastersteine aufsetzen

**Verfugung:**
- Fugen trocken mit Sand (bis 2 mm) auffüllen
- Optional: Kies (bis 15 mm), für Fugenbegrünung (*Sedum acre*, *Sagina subulata*)
- Fugenbegrünung, z.B. Thymian, gezielt einsäen

### Wege mit einfachen Trittsteinen

Besonders natürlich wirken Trittsteine, die im bewachsenen Boden liegen. Ihre Anlage erfordert den geringsten Eingriff. Da sich die Steine in der Sonne leicht aufheizen, werden sie gerne von Insekten oder Reptilien zum Aufwärmen genutzt.
**Das brauchst du dafür:**
**Material:** Natursteinplatten (z. B. Sandstein, Granit; Stärke ≥ 3 cm)
**Verlegeabstand:** Achsabstand 60–75 cm gemäß DIN 18040 (menschlicher Schrittabstand)
**Unterbau:** Fundamentlöcher je 10 cm tief, mit Kies (bis 32 mm) füllen, verdichten und Platten 1–2 cm über Terrainniveau setzen

### Sand- und Kieswege – wo die Blauflügelige Ödlandschrecke zur Party erscheint

Sand- und Kieswege in naturnahen Gärten erzeugen durch ihre lockere Substratschicht xerotherme, also trockene und warme Mikrohabitate, in denen sich wärmeliebende Pflanzen wie Mauerpfeffer *(Sedum acre)* und Sandthymian *(Thymus serpyllum)* wohlfühlen. Sandlaufkäfer, andere Laufkäfer und Sandbienen finden sich hier ein und mit viel Glück sogar die Blauflügelige Ödlandschrecke *(Oedipoda caerulescens)*, die in sitzender Position perfekt getarnt ist, beim Auffliegen jedoch ihre wunderschönen blauen Flügel präsentiert. Wasser kann auf diesen Wegen sehr gut versickern und verhindert Bodenerosion. Naturbelassene, mineralische Substrate wie Waschkies oder gebrochener Kalkstein-Schotter schaffen Nischen für Moose *(Bryophyta)* und Flechten *(Lichenes)* und sorgen für Vielfalt.

## Bauanleitung eines Sand- oder Kieswegs

**MATERIALWAHL**

**DECKSCHICHT:** *Waschkies 2–8 mm oder gebrochener Kalkstein-Schotter; Schichtdicke 3–5 cm*

**BINDESCHICHT:** *Quarzsand (bis 2 mm); Schichtdicke 3–5 cm*

**FROSTSCHUTZSCHICHT:** *Schottergemisch C12/20 (zertifiziert nach DIN EN 13242); Schichtdicke 15–20 cm*

### VERARBEITUNG

1. Hebe die Fläche des zukünftigen Weges 25–30 tief aus.
2. Bringe die Frostschutzschicht in zwei Lagen auf und verdichte die jeweiligen Lagen mit einer Rüttelplatte (70–100 kg).
3. Die Bindeschicht auftragen und ebenfalls verdichten.
4. Die Oberfläche der frisch aufgebrachten Deckschicht mit einem Rechen glatt ziehen.

## PERIODISCH GEMÄHTE TRAMPELPFADE – WENN DIE SENSE VIELFALT SCHAFFT

Trampelpfade oder Wiesenwege, die nicht häufig begangen und nur gelegentlich gemäht werden, besitzen durch die nur ab und an stattfindenden Störungen eine besonders hohe Artenvielfalt und sind in einer Wiese am einfachsten herzustellen. Niedrig wachsende oder bodendeckende Arten wie das Gänse-Fingerkraut *(Potentilla anserina)*, das Kriechende Fingerkraut *(Potentilla reptans)*, die Walderdbeere, der Kriechende Günsel (*Ajuga reptans*) oder der Gundermann *(Glechoma hederacea)* haben hier eine Chance, sich zu etablieren. Wenn du während der Blütezeit nicht mähst, schaffst du ein zusätzliches Buffet für Hummeln, Pelzbienen, Wollschweber, Schwebfliegen, Käfer und Ameisen. Sogar Zitronenfalter, Rapsweißling und Aurorafalter nutzen diese Winzlinge.

Auch solche Wiesenwege laden zum Barfußgehen ein, sind pflegeleicht, dafür aber artenreich.

# SÄUME – WILLKOMMEN AUF DER INSEKTENAUTOBAHN

**Natürliche Blühsäume, wie man sie entlang von Feld- und Waldrändern, Uferzonen und in Feuchtgebieten Mitteleuropas findet, sind eine der artenreichsten Lebensräume und weit mehr als schmückende Übergangsbereiche zwischen Offenland und geschlossener Vegetation.**

In Blühsäumen treffen schrittweise Veränderungen von Licht, Bodenfeuchte und Nährstoffen aufeinander und schaffen so ein Mosaik vielfältiger Mikrohabitate. Diese Zonierung erlaubt es unterschiedlichsten Pflanzenarten, gleichzeitig Fuß zu fassen – von langlebigen mehrjährigen Pflanzen bis hin zu den einjährigen Arten. Ein solcher Saum bietet damit nicht nur eine reichhaltige Pollen und Nektarquelle für Bestäuber, sondern fungiert auch als Korridor, also als Durchgangsroute zwischen ansonsten isolierten Lebensräumen, und als Refugium für zahlreiche Insekten, Vögel und Kleinsäuger und stabilisiert damit Ökosysteme.

Innerhalb eines schmalen Bereichs ändern sich die Bedingungen bis hin zu trocken und steinig am Weg.

## STANDORTBEDINGUNGEN NATÜRLICHER BLÜHSÄUME

An natürlichen Feld- und Waldrändern sowie an Uferzonen variieren die Standortbedingungen oft innerhalb weniger Meter. Im Halbschatten benachbarter Gehölzstrukturen zeigt sich ein kühleres, feuchteres Mikroklima, während feldseitig volle Sonneneinstrahlung und höhere Temperaturen herrschen. Die Böden sind meist feucht bis trocken, mäßig nährstoffreich und gut durchlässig. In Uferbereichen treten zudem humusreiche oder wechselfeuchte Schichten auf. Solche Übergänge schaffen Nischen für Arten mit spezifischen Ansprüchen: Echter Baldrian *(Valeriana officinalis)* bevorzugt dabei feuchtere Partien, während die Sand-Strohblume *(Helichrysum arenarium)* auf trockenen, nährstoffarmen Stellen gedeiht. Durch diesen Wechsel von Licht, Feuchte und Bodeneigenschaften entsteht die typische Artenmischung aus Stauden, Gräsern und einjährigen Lückenbesetzern – also Pflanzen, die schnell offene Bodenstellen nach Störungen (etwa durch Schnitt oder Trockenheit) besiedeln.

Die Höhenstaffelung schafft Vielfalt. Am Zaun Gehölze wie hier der Schneeball, gefolgt von Herzgespann, Wilder Möhre, Mannstreu, Bergminze und Thymian. Es wimmelt hier nur so von Insekten.

## ÖKOLOGISCHE FUNKTIONEN – MEHR POWER ALS JEDE SUPERHELDEN-TRUPPE

Die vielfältigen Funktionen natürlicher Blühsäume lassen sie zu wahren Ökosystemdienstleistern werden. Unter diesem Begriff versteht man alle Leistungen, die natürliche Systeme für den Menschen erbringen – von Bestäubung über Schädlingskontrolle bis hin zu Wasserreinigung und Bodenstabilisierung. Blühsäume steigern zum einen die lokale Pflanzenvielfalt, vereinigen unterschiedlichste Lebensbedingungen und stellen zum anderen entscheidende Nahrungsquellen für Bestäuber bereit: Pollen und Nektarreserven von Korbblütlern wie Schwarzer Flockenblume *(Centaurea nigra)* oder Klatschmohn *(Papaver rhoeas)* sind im Hochsommer unerlässlich für Bienen, Schmetterlinge, Schwebfliegen und Käfer. Darüber hinaus unterstützen sie als Korridore den Genfluss zwischen isolierten Habitaten, was die Widerstandsfähigkeit von Populationen erhöht. In agrarisch geprägten Landschaften fördern sie nützliche Insekten und tragen somit auch zur biologischen Schädlingskontrolle bei.

## TRANSFER IN DEN NATURNAHEN GARTEN – WIE MAN FELDRAND-FEELING IM GARTEN ZAUBERT

Solche naturnahen Saumstrukturen im eigenen Garten bieten sich im Anschluss an eine Hecke oder direkt entlang eines Zauns an. Beginne mit einer sorgfältigen Standortanalyse. Bodenproben liefern Informationen zu pH-Wert, Korngrößenverteilung und Humusanteil, während Einschätzungen der Sonnenbestrahlung und Bodenfeuchte das Bild abrunden. Berücksichtige zusätzlich die Nähe zu Gehölzen, Rasenflächen und versiegelten Flächen, damit kannst du das künftige Mikroklima des Saumbereichs recht gut abschätzen.

Falls genug Platz vorhanden ist, empfiehlt sich eine Saumbreite von ein bis drei Metern – breit genug, um einen klaren Gradienten in Pflanzenhöhe und -struktur zu ermöglichen. Sanft geschwungene Ränder imitieren natürliche Übergänge. Innerhalb dieses Rahmens lassen sich drei Zonen anlegen:

- **Kernbereich entlang des Zauns/der Hecke** mit hohen Stauden wie Wilder Möhre *(Daucus carota)* und Wegwarte *(Cichorium intybus)* – Letztere trägt den Begriff »Weg« bereits im Namen.

- **Übergangszone** mit niedrigeren Kräutern wie Wiesensalbei *(Salvia pratensis)* und Einjährigen wie Klatschmohn *(Papaver rhoeas)*
- **Pufferzone zum Rasen, zum Weg oder zur Wiese** aus bodennahen Kräutern wie dem Hornklee *(Lotus corniculatus)*, Gundermann *(Glechoma hederacea)* oder Gräsern und nach Bedarf mit einer Mähkante, die als pflegeleichter Abschluss zum Weg oder einem anderen Element dienen kann

## Den Saum bepflanzen

Zur Anlage kannst du zwischen direkter Ansaat und einer Initialpflanzung von Stauden wählen oder beide Formen mischen.

**Die Kombination hat sich bewährt:** Vorgezogene Pflanzen haben den Vorteil, dass sie sich rasch etablieren und konkurrenzstarke Unkräuter verdrängen. Das gilt besonders, wenn du kein von allen Beikräutern befreites Saatbett garantieren kannst. Dann kann es passieren, dass diese unerwünschten Arten überhandnehmen. Weiterer Pluspunkt: Falls du zu den Ungeduldigen zählst und Zweijährige wie Königskerzen (*Verbascum* spec.) oder Natternkopf *(Echium vulgare)* pflanzt, wirst du direkt im ersten Jahr mit vielen Blütenaspekten belohnt. Zuerst wird gepflanzt und dann säst du in die Lücken die Samen. Saatmischungen aus regional zertifiziertem Wildsaatgut werden idealerweise im Herbst ausgesät. Die Nächte liefern dann schon mehr Tau als im Frühling oder Sommer, was einer Keimung zugutekommt.

**Tipp:** Vermische das Saatgut im Verhältnis 1:1 mit feinem Sand, um eine gleichmäßige Verteilung zu erzielen, und arbeite die Samen nur wenige Millimeter tief in den Boden ein.

Selbst im Winter bietet der Saum fantastische Optiken, gerade bei Raureif. Stieglitze freuen sich über Samenstände.

## Kleine Umsetzungsanleitung – do it yourself für blühende Saumauftritte

Die praktische Umsetzung lässt sich in sechs Schritte gliedern:

1. **Fläche vorbereiten**: Entferne die obersten 10 cm der Vegetationsschicht (ggf. mit einem Rasenschäler), um unerwünschte Konkurrenz zu minimieren.
2. **Boden abmagern**: Lockere den Boden leicht auf. Ist er fett und nährstoffreich, dann arbeite Sand oder Kies etwas unter. Ist er allzu sandig, reichere ihn mit bis zu 5 kg reifem Kompost pro Quadratmeter an, ohne jedoch zu viel Stickstoff einzubringen.
3. **Anpflanzen:** Gehe wie üblich vor und gib eine Handvoll unkrautfreien Kompost ins Pflanzloch, falls der Boden sehr sandig/mager sein sollte. Das schiebt das Wachstum direkt an.
4. **Aussaat**: Bringe das Saatgut-Sand-Gemisch per Hand oder Sämaschine gleichmäßig aus und arbeite es maximal 5 mm tief ein. Damit das Saatgut direkten Bodenanschluss erhält und besser keimen kann, solltest du es nach dem Aussäen anwalzen oder – bei einer kleineren Fläche – antreten.

## Wichtige Pflanzenarten im blühenden Saum

| NAME | STANDORT | BLÜTE, WUCHSHÖHE | INSEKTENBEZIEHUNGEN |
|---|---|---|---|
| **Echte Kamille** *(Matricaria chamomilla)* | sonnig, frisch, humos | V–VII, weiß, 50 cm | alle Insektenarten, spezialisiert Filzbindige Seidenbiene; Kamillen-Mönch |
| **Echte Nelkenwurz** *(Geum urbanum)* | sonnig, halbschattig, frisch, humos | V–IX, gelb, 60 cm | Wildbienen und Schmetterlingsraupen, wie die Bärtige Sandbiene oder Triangel-Erdeule |
| **Ferkelkraut** *(Senecio jacobaea)* | sonnig, halbschattig, anspruchslos | VI–X, gelb, 70 cm | Hotspot für Wildbienen (83 Arten) und Schwebfliegen, stark gefährdete Flockenblumen-Langhornbiene |
| **Gelber Fingerhut** *(Digitalis lutea)* | sonnig, halbschattig, frisch, basisch | VI–VIII, gelb, 80 cm | Wildbienen, Hummelpflanze, Raupenfutterpflanze für gefährdeten Wachtelweizen-Scheckenfalter |
| **Gewöhnliche Goldrute** *(Solidago virgaurea)* | sonnig, halbschattig, nährstoffarm | VII–X, gelb, 80 cm | 73 Wildbienenarten, 26 Raupenarten wie der vom Aussterben bedrohte Goldruten-Mönch |
| **Gewöhnlicher Odermennig** *(Agrimonia eupatoria)* | sonnig, halbschattig, trocken | VI–VIII, gelb, 100 cm | 38 Wildbienenarten, Raupenfutterpflanze des Gewöhnlichen Würfeldickkopfs |
| **Klatschmohn** *(Papaver rhoeas)* | sonnig, anspruchslos | V–VII, rot, 80 cm | Wildbienenarten, wie die gefährdete Vierbindige Furchenbiene, Schwebfliegen, Käfer |
| **Rainfarn** *(Tanacetum vulgare)* | sonnig, frisch, humos | VII–IX, gelb, 120 cm | Super-Insektenpflanze, allein 81 Wildbienenarten, wie Rainfarn-Herbstsandbiene; Raupen wie die des stark gefährdeten Rainfarn-Mönchs |
| **Sand-Strohblume** *(Helichrysum arenarium)* | sonnig, trocken, basisch | VII–X, gelb, 40 cm | 71 Wildbienenarten, wie die gefährdete Filzbindige Seidenbiene, 25 Schwebfliegenarten, Wanzen, Käfer |
| **Schwarze Flockenblume** *(Centaurea nigra)* | sonnig, anspruchslos | VI–X, pink, 60 cm | 86 Wildbienenarten wie die Zweihöckrige Mauerbiene, Bedornte Schneckenhausbiene, 34 Schmetterlingsarten |
| **Schwarze Königskerze** *(Verbascum nigrum)* | sonnig, anspruchslos | VI–VIII, gelb, 150 cm | attraktiv für die Garten-Wollbiene, aber auch für den spezialisierten Königskerzen-Mönch |
| **Steinsame** *(Lithospermum officinale)* | sonnig, halbschattig, basisch | IV–VI, pink, 40 cm | Wildbienenarten wie die Beinwell-Sandbiene oder die Weiße Bindenpelzbiene |
| **Wegwarte** *(Cichorium intybus)* | sonnig, humos | VII–X, blau, 120 cm | liefert sehr viel Pollen und Nektar für 87 Wildbienen- und 17 Schwebfliegenarten |
| **Wilde Möhre** *(Daucus carota)* | sonnig, trocken | VII–IX, rosa, 50 cm | wahrer Schmetterlingsmagnet wie für Widderchen, aber auch hochattraktiv für Wildbienen und Schwebfliegen |
| **Wilder Dost** *(Origanum vulgare)* | sonnig, trocken, Kalk | VI–VIII, gelb, 150 cm | attraktiv für die Garten-Wollbiene, aber auch für den spezialisierten Königskerzen-Mönch |

5. **Anwässern**: Halte den Boden bis zum Erscheinen der Keimlinge regelmäßig feucht, ohne Staunässe zu provozieren.
6. **Pflege**: Schneide erst im Frühjahr alle Pflanzen auf etwa 10 cm zurück. Dieser Rückschnitt schafft Licht für neue Keimlinge und fördert dynamische Mikrohabitate. Entferne Neophyten und stark konkurrenzfähige Unkräuter oder Gräser und säe im Herbst gezielt nach, um Lücken zu schließen.

# ZÄUNE – GRENZLINIE UND LEBENSLINIE

**Zäune gehören zu den ältesten Werkzeugen menschlicher Gestaltung. Seit Jahrtausenden nutzen wir sie, um Raum zu ordnen – sei es zum Schutz vor Gefressenwerden, zur Strukturierung von Landschaften oder als Zeichen von Zugehörigkeit.**

Auch heute noch strukturieren Zäune die Gärten – nur mit neuen Ansprüchen: Es geht nicht mehr allein ums Abgrenzen, sondern ums Integrieren – von Natur, von Lebensräumen, von Pflanzen und Tieren.

Eine dichte Hecke: perfekter Sichtschutz und herrlicher Lebensraum in einem, hier mit Holunder und Hechtrose.

Wann haben Menschen eigentlich angefangen, ihre Umgebung einzuzäunen? Der entscheidende Moment kam mit der Neolithischen Revolution – also dem Übergang vom Nomadendasein zur Sesshaftigkeit vor rund 10.000 Jahren.

## DER ERSTE ZAUN: EIN MEILENSTEIN DER SESSHAFTIGKEIT

Damals änderte sich alles. Plötzlich mussten Felder, Vorräte und Vieh gesichert werden. Die ersten Zäune bestanden aus Materialien, die wir auch heute noch im Garten finden können: Holz, Flechtwerk, Steine. Keine Zäune – keine Sesshaftigkeit.
In den frühen Hochkulturen – Mesopotamien, Ägypten – kamen Lehmwälle und Palisaden dazu, als Schutz vor Überflutung und tierischen Eindringlingen. Mit der Zeit wurden Gartenanlagen in den Siedlungen wichtiger. Umzäunte Gärten waren nicht nur Nutzflächen, sondern oft spirituelle oder repräsentative Orte innerhalb von Tempelanlagen. Während Mauern und Palisaden in südlichen Regionen dominierten, setzten Menschen in Mittel- und Nordeuropa auf lebendige Hecken – eine frühe Form der Multifunktionalität, die nicht nur abgrenzte, vor Wildtieren aber auch vor Wind schützte, sondern auch Nahrung und Lebensraum bot. Haselnüsse, Brombeeren, Mehlbeeren – all das ließ sich ernten, verwerten und half, die Winter zu überstehen, während Vögel in den Zweigen brüteten

Lattenzaun mit »eingebautem« Igeldurchlass, um einen »Hedgehog Highway« zu schaffen. Gleichzeitig können in den verwitterten Holzstrukturen Insekten nisten und Wespen und Hornissen sich Nestmaterial beschaffen.

und für das Schädlingsmanagement sorgten. Zäune entwickelten sich so zu Symbolen von Kontrolle, aber auch von kluger Nutzung.

### Alte Techniken, neue Ideen: vom Palisadenwall zum Biotopzaun

Mit jeder Epoche veränderte sich dann das Zaunhandwerk. Die Antike nutzte Steinmauern (»vallum«) und geflochtene Zäune aus Holunder *(Sambucus nigra)* oder Hasel *(Corylus avellana)*. Im Mittelalter kamen Lattenzäune und lebende Hecken als »Hüttenbegrenzung« in Mode. Und mit der Urbanisierung stiegen auch die Anforderungen an den Schutz: Stadt- und Klostergärten waren oft von hohen Mauern umgeben.

In der Renaissance wandelte sich der Zaun zum Gestaltungselement. Ob geschmiedet oder verziert – Hauptsache repräsentativ. Mit der Industrialisierung hielten dann Gitter- und Drahtzäune Einzug in die Gärten. Serienfertigung machte sie erschwinglich, kunstvolle Details verwandelten sie in Statussymbole.

Heute spiegeln Zäune unser Bedürfnis nach Rückzug und Privatsphäre wider, genauso aber auch unser ökologisches Bewusstsein. In naturnahen Gärten sind sie längst keine Barrieren mehr, sondern Teile eines Biotopverbunds. Das Konzept »wildlife-friendly fencing« bringt es auf den Punkt: Zäune sollen nicht nur trennen, sondern auch verbinden – indem sie durchlässig gestaltet sind, wandernden Arten wie Igeln, Amphibien und anderen Arten Zugang gewähren und gleichzeitig Lebensräume bieten. Hedgehog-Highways oder auch Igel-Highways stellen im urbanen Bereich das Pendant.

## ZAUNGESTALTUNG MIT WEITBLICK – WENIGER GRENZE, DAFÜR MEHR LEBENSRAUM

Anstelle von undurchlässigen Zäunen aus Kunststoff oder Metall kannst du lebendige Alternativen setzen – etwa heimische Hecken oder Totholzstrukturen. Und mit sogenannten »Hedgehog Highways« (kleinen Durchlässen) ermöglichst du Igeln *(Erinaceus europaeus)* und anderen kleinen Gartenbewohnern den freien Wechsel zwischen den Grundstücken. Es sind oft nur wenige Handgriffe – aber sie öffnen Welten. Igel benötigen ein mindestens ein Quadratkilometer großes Revier. Jede Nacht legen sie bei der Nahrungssuche zwischen drei und fünf Kilometer zurück.

Ob Staketenzaun aus Haselnuss oder Kastanie, Hecke aus Weißdorn oder Trockenmauer aus Kalkstein: Zäune können Biodiversitäts-Botschafter sein. Und du entscheidest, ob sie bloß trennen oder verbinden.

## MIKROHABITAT MÄUSELÖCHER

Mäuse bringen mit ihren Grabungen frischen Wind in die Erde und gestalten Lebensräume, die längst nicht nur den Nagern selbst zugutekommen. Deshalb: Schütte keine Mäuselöcher zu.

### Herrliche Bodenluft und Mini-Hotels

Mäuselöcher wirken wie kleine Ventilatoren unter der Oberfläche. Die Tunnel sorgen für frische Luft und bessere Zirkulation des Wassers, was das Wurzelwachstum deiner Pflanzen unterstützt. Gleichzeitig entstehen günstige Bedingungen wie Nährstoffinseln und Rückzugsorte für viele Bodenbewohner. Verlassene Mäusebaue bieten Unterschlupf für Käfer, Spinnen, Springschwänze, gelegentlich für Kröten auf Wanderschaft und sind für Hummeln sogar besonders wichtig. Einige Arten wie die Dunkle Erdhummel *(Bombus terrestris)* beziehen am liebsten Mäusebauten, um dort ihr Nest anzulegen – manchmal bereits gemütlich ausgepolstert.

Blühende Schlehen liefern im Frühjahr duftende und duftige Blütenwolken in überbordender Fülle.

## VIER ÖKOLOGISCHE ZAUNKANDIDATEN

Im Folgenden stelle ich vier Varianten vor, die in einen ökologischen Garten passen.

### Lebende Hecken – die grünen Mehrfamilienhäuser

Wenn du mehr Leben in deinen Garten bringen willst, sind lebende Hecken eine wunderbare Wahl. Sie bieten rund ums Jahr allen Tieren Nahrung in Form von Blüten, Beeren und Blättern, den Vögeln Nist- und Brutplätze und Schutz auch im Winter. Mit der richtigen Auswahl heimischer Arten entsteht ein strukturreicher Lebensraum für Insekten, Vögel und Kleinsäuger. Zudem dienen sie als grüne Verbindung zwischen Lebensräumen. Wenn du Platz hast: unbedingt pflanzen!
Welche einheimischen Straucharten sich für eine Hecke eignen und wie du eine Hecke pflanzt, erfährst du ab Seite 114.

### Totholzzäune – Hotel »Rustikale Äste«

Wer sagt, dass Ordnung alles ist? Mit einem rustikalen Totholzzaun schaffst du im Handumdrehen ein Mini-Reservat für Käfer und ihre Larven, Spinnen, weitere Bodenbewohner, Pilze, Spitzmäuse, Igel, Amphibien, Reptilien – und für Vögel wie Rotkehlchen, Heckenbraunelle oder Zaunkönig. Schon nach kurzer Zeit wird dieser Zaun zum Hotspot, denn er dient als Nahrungsquelle, Kinderstube

## Bauanleitung für einen Totholzzaun

**MATERIAL & TECHNIK**

1. **HOLZ:** Nutze astreiche Schnittreste von heimischen Gehölzen wie Stieleiche *(Quercus robur)*, Rotbuche *(Fagus sylvatica)* oder Hasel *(Corylus avellana)*.

2. **PFOSTEN:** Runde Hölzer mit 10–12 cm Durchmesser, im Abstand von 1–2 m in den Boden geschlagen. Eine zweite Pfostenreihe je nach gewünschter Dicke des Zaunes installieren.

3. **Aufbau:**

- Staple die groben Äste waagerecht zwischen die Pfosten.
- Die Zwischenräume füllst du dann mit feinerem Astwerk.
- Oben kannst du Laubmaterial (»Grünmasse«) als Abschluss aufbringen – das hilft beim Aufbau des Bodens.

und Rückzugsort für viele Bewohner – eine lebendige Struktur, die Jahr für Jahr ökologischen Mehrwert liefert.

### Draht- und Lattenzäune – wenn Igel und Kröten Cowboy spielen

Offene Zäune sind nicht nur schön schlicht, sondern auch richtig tierfreundlich. Sie bilden keine Barrieren, durchbrechen keine Lebensräume, sondern sie verbinden sie, denn sie erlauben es Igeln, Amphibien & Co., sich frei zwischen Lebensräumen bewegen zu können. Damit machst du deinen Garten zum Teil eines größeren Netzwerks. Eine kleine Maßnahme mit großer Wirkung, die auch für dich deinen Garten optisch erweitert.

Im Idealfall könnten sich solch tolle Tiere wie der Alpenbockkäfer im Totholzzaun entwickeln. Er braucht Buchenholz.

**Du siehst:** Mit der richtigen Wahl und Ausführung des Zauns schaffst du mehr als Grundstücksgrenzen. Du kannst aktiv Lebensräume verbinden und fördern und dabei deinen Garten in eine ökologische Oase verwandeln. Vermeide Kunststoffzäune, durchgehende Metallzäune oder Gabionen.

## Bauanleitung für einen Drahtzaun

**MATERIAL & TECHNIK**

1. Verwende verzinkten Stahldraht oder Drahtseil, niemals Stacheldraht, er könnte zur tödlichen Falle werden, beispielsweise für Fledermäuse oder Vögel.
2. Die Pfosten, die am besten aus Lärchenholz *(Larix decidua)* bestehen, verankerst du 60 cm tief im Boden.
3. Zwischen den Pfosten ziehst du 3–5 Drahtreihen im Abstand von 20–30 cm. Die unterste Reihe sollte mindestens einen Abstand von 15 cm vom Boden haben.

Lebendige Holzzäune können zum kleinen, eigenständigen Biotop werden.

## Bauanleitung für einen Lattenzaun

**MATERIAL & TECHNIK**

1. Verankere Pfosten, die am besten aus Hartholz bestehen, das nicht so schnell verrottet, tief im Boden im gewünschten Abstand.
2. Verbinde die Pfosten mit je zwei Querlatten mit den Stärken 40 × 80 mm, um eine stabile Rahmenkonstruktion zu erhalten.
3. An den Querlatten befestigst du Längslatten mit den Maßen 20 × 100 mm im Abstand von 5–10 cm.
4. Nach unten lasse eine Bodenfreiheit von 10–15 cm, damit Igel & Co. durchschlüpfen können, oder kürze jeweils zwei Latten zwischen den Pfosten um 10–15 cm.

# HECKEN – VERBORGENE VIELFALT IM GRÜNEN SAUM

**Naturnahe Hecken sind artenreiche Lebensadern in der Kulturlandschaft und verbinden Lebensräume. Damit sorgen sie für Genfluss und stabilisieren die Netzwerke zwischen unseren Gärten, bieten attraktiven Sichtschutz für uns und Lebensraum für unzählige Tiere.**

Es ist ein leiser Wind, der durch die Zweige fährt. Inmitten einer heterogenen Landschaft aus Wiesen, Feldern und Gehölzen zieht sich ein lebendiges Band – nicht laut, nicht imposant, aber voll pulsierenden Lebens. Es ist die Hecke, einst von Bauern als Grenzlinie, Windschutz oder Viehbarriere gepflanzt, heute ein bedrohtes Biotop voller ökologischer Feinheiten. Durch die Flurbereinigung in den 1970er- und 1980er-Jahren hat Deutschland Milliarden von Heckenstrukturen mittlerweile unwiederbringlich verloren. Besonders die naturnahe Hecke, bestehend aus heimischen Sträuchern und mitunter auch Bäumen, bildet ein strukturell vielfältiges Ökosystem. In ihrem dichten Geäst, auf ihren duftenden Blüten und zwischen ihren herbstlichen Fruchtständen lebt ein komplexes Netzwerk aus Tieren, Pflanzen und Mikroorganismen. Den Gegensatz dazu bilden die monotonen Schnitthecken aus Thuja *(Thuja occidentalis)* oder Kirschlorbeer *(Prunus laurocerasus)*, die viele Gärten umgeben und die trotz immergrüner Ästhetik keinen ökologischen Wert besitzen.

Hecken schaffen strukturreiche, pittoreske Landschaften, die unserem Auge ganz besonders guttun.

## STRUKTURVIELFALT SCHAFFT LEBENSRAUM

**Die naturnahe Hecke ist mehr als die Summe ihrer Pflanzen.** Ihre wahre Stärke liegt in der strukturellen Komplexität. Die verschiedenen Schichten aus krautigen Saumzonen, Strauchschichten und, gelegentlich, Überhälterzonen mit Bäumen formen ein lineares Miniatur-Ökosystem, das je nach Ausrichtung, Boden und Nutzung höchst variabel ist. An der sonnenzugewandten Seite wachsen als Unterpflanzung zum Beispiel Wilder Dost *(Origanum*

Eier des Zitronenfalters, hier am Faulbaum abgelegt. Die grasgrünen Raupen sind später perfekt getarnt auf den Blättern kaum zu erkennen. Die winzigen Faulbaum-Blüten, die laufend nachproduziert werden, sind heiß begehrt bei zahlreichen Wildbienen.

*vulgare)* und Gamander-Ehrenpreis *(Veronica chamaedrys)*, während an der schattigen Seite beispielsweise Buschwindröschen *(Anemone nemorosa)* oder Echtes Salomonssiegel *(Polygonatum odoratum)* gedeihen.
Diese Vielschichtigkeit schafft Lebensräume für Vögel, Insekten, Reptilien, Amphibien und Kleinsäuger. Der Neuntöter bevorzugt dornige Büsche wie Schlehe *(Prunus spinosa)* und Weißdorn *(Crataegus monogyna)*, um seine Beute – große Insekten, kleine Amphibien und Mäuse – aufzuspießen und von Aussichtspunkten aus zu jagen. Die Haselmaus wiederum nutzt dichte Geflechte aus Gemeiner Hasel *(Corylus avellana)*, Brombeere *(Rubus fruticosus)* und Pfaffenhütchen *(Euonymus europaeus)* zum Nestbau und als Nahrungsquelle. Grasmücken bauen ihre Nester hier. Selbst Insekten wie die Raupen des Zitronenfalters am Faulbaum *(Frangula alnus)* oder die Raupen des Heckenkirschen-Glasflüglers *(Synanthedon soffneri)* an der Roten Heckenkirsche *(Lonicera xylosteum)* sind von ihnen abhängig.

## Heimische Gehölze – Vielfalt mit Funktion, deutlich mehr als nur Deko

Heimische Sträucher sind das Herzstück deiner naturnahen Hecke – im Idealfall ergänzt mit Baumarten wie der Vogelbeere *(Sorbus aucuparia)*. Jede Pflanzenart bringt ihre eigene saisonale Dynamik mit – Blüten, Blätter, Früchte – und erfüllt dabei eine Funktion für Tierarten, aber auch Struktur und Mikrohabitat.

### *Einige wichtige Gehölzarten, die in deiner Naturhecke nicht fehlen sollten*

**Blaue Heckenkirsche** *(Lonicera caerulea)*: Diese seltene *Lonicera*-Art ist typisch für montane Heckenstandorte und bietet mit ihren frühen Blüten eine wichtige Nahrungsquelle für Hummeln und Schmalbienen. Ihre Früchte – im Gegensatz zu vielen anderen Heckenkirschen essbar – sind bei Vögeln wie dem Gartenrotschwanz beliebt. Auch der vom Aussterben bedrohte Blauschwarze Eisvogel, ein Tagfalter, nutzt *Lonicera*-Arten zur Eiablage.
**Eibe** *(Taxus baccata)*: Die Europäische Eibe ist ein Schattenbaum der Laub- und Mischwälder. In Heckenstrukturen liefert sie dichten, ganzjährig grünen Sicht- und Windschutz, gedeiht aber auch an sonnigen Standorten. Sie ist ein wertvoller Ersatz für nicht heimische Arten wie Thujen oder sogar invasive Arten wie den Kirschlorbeer. Ihre Samen werden von Vögeln wie Amseln, Misteldrosseln und Eichelhäher geschätzt und dadurch verbreitet. Obwohl alle Pflanzenteile bis auf den roten Samen-

mantel giftig sind, haben sich einige Insekten an die Eibe angepasst wie etwa die Eibenschildlaus und bestimmte Miniermotten (*Argyresthia spec.*), deren Larven im Holz oder unter der Rinde leben.

**Europäisches Pfaffenhütchen** *(Euonymus europaeus)*: Mit seinen leuchtend pinkroten Kapselfrüchten und den orangefarbenen Samen bietet das Pfaffenhütchen ein auffälliges Farbenspiel im Spätherbst. Für Vögel wie Amseln oder Rotkehlchen – man nennt die Samen auch »Rotkehlchenbrot« – sind die ölhaltigen Samen eine wertvolle Energiequelle. Die Heckenwickler-Art *Ypsolopha sequella* und die Pfaffenhütchen-Gespinstmotte *(Yponomeuta cagnagella)* haben sich auf diesen Strauch spezialisiert – ihre Raupen entwickeln sich ausschließlich an seinen Blättern und fressen in manchen Jahren den kompletten Strauch kahl. Wenn auch Vögel wenig Chancen haben, die Raupen aus den Gespinsten zu picken, werden sie von verschiedenen Arten der Raupenfliegen parasitiert. Aber keine Angst, dein Pfaffenhütchen nimmt keinen Schaden durch den Kahlfraß. Es ist daran gewöhnt und reagiert mit dem sogenannten Johannisaustrieb zu Johanni Ende Juni und entwickelt sich normal weiter. Als Nachtfalter sind die genannten Arten eine wichtige Nahrungsquelle für Fledermäuse. Kurz vor dem Verpuppen seilen sie sich ab und können regelrechte Raupenvorhänge bilden.

**Faulbaum** *(Frangula alnus)*: Der Faulbaum ist eine unscheinbare, oft unterschätzte Art, die meist an feuchteren Standorten, aber auch auf trockeneren Böden gedeiht. Seine Blätter sind lebensnotwendig für spezialisierte Tagfalterarten. Besonders erwähnenswert ist der Zitronenfalter, dessen Raupen sich fast ausschließlich von Faulbaum ernähren. Auch der Faulbaum-Blattkäfer lebt an diesem Strauch. Späte Fruchtreife bis in den Herbst sichert Vogelarten wie der Mönchsgrasmücke Nahrung. Die winzigen Blüten blühen kontinuierlich während der ganzen Saison und locken Wildbienen an.

Selbst die Traubenkirsche ist »heckenfähig« und verwöhnt mit unwiderstehlichem Duft.

Der Gemeine Schneeball, anspruchslos und schnittverträglich, zeigt im Mai seine Schirmrispen und überzeugt im Herbst mit roten Früchten auch die Vögel.

**Gemeiner Schneeball** *(Viburnum opulus)*: Der Gemeine Schneeball kommt eher an feuchteren Stellen vor. Seine schirmartigen, weißen Blütenstände stellen eine bedeutende Nektarquelle für Hautflügler wie Erdhummel oder verschiedene Käferarten dar. Seine roten Beeren werden erst nach Frosteinwirkung genießbar und dienen dann als späte Nahrung für Vögel wie den Eichelhäher. Auch Käferarten wie der Schneeball-Blattkäfer *(Pyrrhalta viburni)* nutzen den Strauch als Lebensraum.

**Gewöhnliche Zwergmispel** *(Cotoneaster integerrimus)*: Diese heimische, kalkliebende Art ist insbesondere für wärmebegünstigte Gebiete geeignet. Ihre dichten Verzweigungen bieten Kleinvögeln wie dem Zaunkönig oder der Heckenbraunelle Schutz, während die Beeren im Herbst von Amseln und Staren aufgenommen werden. Insekten wie der Cotoneaster-Blattkäfer (*Cryptocephalus* spec.) sind an diese Art gebunden.

**Hasel** *(Corylus avellana)*: Die Nüsse des Haselstrauchs sind klassischerweise wichtig für Eichhörnchen, Rötelmäuse und Haselmäuse. Seine früh im Jahr erscheinenden Kätzchen liefern Pollen für Honigbienen. Blattkäfer, Miniermotten und Blattwespenlarven ernähren sich von den Blättern und an den Trieben bilden sich Gallen durch die Blattlaus *Phylloxera coryli*. Unter der Rinde wachsen fruchtkörperbildende Pilze (z. B. *Stereum hirsutum*) und Flechten.

**Hundsrose** *(Rosa canina)*: Die Hagebutten der Hundsrose sind eine klassische Winternahrung für viele Singvögel. Darüber hinaus ist die Pflanze Wirt für über 60 Insektenarten, darunter verschiedene Blattwespen. Die Blüten bieten den Besuchern nur eiweißreichen Pollen. Die 3–4 m langen Äste der Hundsrose biegen sich anmutig und zaubern Wildnis in deinen Garten.

**Liguster** *(Ligustrum vulgare)*: Obwohl oft als formale Heckenpflanze eingesetzt, ist der Liguster eine heimische Art mit hohem Wert: Seine Beeren werden gerne von Amseln und anderen Drosseln oder Gimpeln gefressen, die intensiv duftenden Blüten von zahlreichen Faltern und Käfern besucht. Die imposante, bis 10 cm lange Raupe des Ligusterschwärmers *(Sphinx ligustri)* frisst oft an den Blättern des Strauchs.

Anmutig neigen sich die Äste der Hundsrose. Es gibt kaum einen Strauch, der die Wildnis schöner verkörpert.

Die kleinen Wildäpfel sind bei Amseln heiß begehrt im Winter. Der kleine Baum passt gut in eine Wildstrauchhecke.

**Sal-Weide** *(Salix caprea)*: Die Sal-Weide zählt zu den wichtigsten Frühblühern im mitteleuropäischen Gehölzspektrum und sollte deshalb in deiner Hecke nicht fehlen. Mehr dazu liest du auf Seite 127.

**Schlehe** *(Prunus spinosa)*: Als einer der ersten Frühblüher bietet die Schlehe Pollen und Nektar für Sandbienen und zahlreiche andere Wildbienenarten. Ihre dornigen Triebe bieten Schutz für Brutvögel, die Früchte Nahrung für Säuger und Vögel.

Gerade in der mittlerweile »ausgeräumten« Kulturlandschaft sind solche Heckenstrukturen von unschätzbarem Wert. Sie sind nicht nur Lebensraum für Vögel, sondern auch für Hasen und viele weitere Säugetiere.

Gerade an Schlehen fühlen sich Flechten besonders wohl. Schmetterlinge wie der Nierenfleck-Zipfelfalter, auch Birkenzipfelfalter genannt, brauchen vor allem die Schlehe, aber auch andere *Prunus*-Arten als Nahrungsquelle für die Raupen. Auch die Raupen des seltenen Gelben Ordensbandes *(Catocala fulminea)* leben vor allem an Schlehen.

**Schwarzer Holunder** *(Sambucus nigra)*: Die Früchte dieses Strauches werden von über 50 Vogelarten als Futterquelle genutzt. Die Blüten locken zahlreiche Schwebfliegen, Bienen und Käfer an.

**Weißdorn** *(Crataegus* spec.*)*: Der Eingriffelige Weißdorn *(Crataegus monogyna)* liefert Blüten für Wildbienen, Früchte für Drosseln und Nistplätze für Heckenbrüter wie die Dorngrasmücke. Sein dorniger Aufbau ist Schutzstruktur und Brutplatz zugleich. Der Zweigriffelige Weißdorn *(Crataegus laevigata)* zählt zu den deutschen Verantwortungsarten (siehe Seite 79). Er kann bis zu 500 Jahre alt werden und wächst zu einem Strauch oder kleinen Baum heran. Zu finden ist er im Wald oder an Waldrändern, in Gebüschen oder Hecken. Dort bevorzugt er leicht basische Böden. Mensch und Tier profitieren auf vielfältige Weise von der Pflanze. Die ökologische Bedeutung für die Tierwelt, besonders für Vögel und Insekten, ist enorm. In den flachen Blüten ist der Nektar auch für kurzrüsselige Insektenarten wie Fliegen, Schwebfliegen und Käfer gut erreichbar. Die Weißdorneule *(Allophyes oxyacanthae)*, ein Schmetterling, trägt den Strauch sogar im Namen. Auch gefährdete Arten sind vom Zweigriffeligen Weißdorn abhängig, etwa der Weißdornspinner *(Trichiura crataegi)*. Viele Singvögel fressen nicht nur die Früchte, sondern finden hier auch geschützte Nistplätze, da die spitzen Dornen an den Ästen ihre Feinde abhalten. Die Larven von Blattwespen und Miniermotten entwickeln sich in den Blättern.

## VERBINDENDE FUNKTION: HIER GLÜHT DER DRAHT

Dabei wirken naturnahe Hecken nicht isoliert – sie übernehmen eine verbindende Funktion innerhalb mittlerweile fragmentierter Kulturlandschaften. Als Trittsteinbiotope vernetzen sie isolierte Lebensräume und ermöglichen die Wanderung, den Austausch und letztlich den Genfluss zwischen Populationen. Für viele Tierarten mit begrenzter Mobilität – etwa Laufkäfer, Wildbienen oder Spinnen – bieten sie Schutz- und Raststrukturen auf dem Weg durch anthropogen veränderte Agrarlandschaften und urbanisierte Flächen.

Die Funktion naturnaher Hecken als Genfluss-Korridore ist nicht zu unterschätzen. Studien zeigen, dass beispielsweise bestimmte Florfliegenarten *(Chrysopidae)* sowie Hummeln (*Bombus* spec.) genetisch stabilere Populationen aufweisen, wenn Heckenstrukturen als Verbindung zwischen Habitaten vorhanden sind. Auch Pflanzen profitieren: Samenverbreitung durch Vögel entlang linearer Gehölzstrukturen trägt zur genetischen Durchmischung bei.

## INSEKTENÖKOLOGIE – ZWISCHEN BLÜTE UND HOLZ

Insekten profitieren besonders stark von der pflanzlichen Diversität naturnaher Hecken. Die Vielzahl an Blühzeiten sorgt für ein kontinuierliches Nektar- und Pollenangebot vom zeitigen Frühjahr bis in den Herbst. Frühblüher wie die Sal-Weide *(Salix caprea)* locken spezialisierte Wildbienenarten wie *Andrena vaga*, während sommerliche Blüten von Brombeeren *(Rubus fruticosus)* oder Liguster *(Ligustrum vulgare)* Generalisten und späte Bestäuber anziehen. Daneben stellen Rinde, Totholz und Falllaub bedeutende Lebensräume dar: Solitäre Wespen *(Eumeninae)* nisten in morschem Holz, während die Larven vieler Käferarten – etwa die des Bockkäfers *Cerambyx scopolii* – auf bestimmte Holzarten angewiesen sind.

Die enge Bindung von Insekten an bestimmte Gehölzarten zeigt sich auch in ihrer Entwicklung: Der imposante Ligusterschwärmer nutzt fast ausschließlich Liguster zur Eiablage. Der Faulbaum-Zipfelfalter ist auf den Faulbaum angewiesen. Die Traubenkirschen-Gespinstmotten *(Yponomeuta evonymellus)* sind so spezialisiert, dass ihre Raupen ausschließlich an der Traubenkirsche *(Prunus padus)* fressen, aber in der Kirschlorbeere *(Prunus laurocerasus)* gänzlich fehlen, obwohl sie auch eine *Prunus*-Art ist. Die Holunderblattlaus *(Aphis sambuci)* dient wiederum als Nahrungsgrundlage für die Larven des Zweipunkt-Marienkäfers *(Adalia bipunctata)*.

Die Pfaffenhütchen-Gespinstmotte am Werk. Mitunter sind die Sträucher vollständig mit dem Gespinst überzogen.

Die Früchte des Weißdorns leuchten in der Sonne. Sie sind für viele Vögel attraktiv.

### Tierische Vielfalt durch pflanzliche Diversität: Wer sät, der rockt

Die naturnahe Hecke zeigt, wie Pflanzenvielfalt Tierdiversität nach sich zieht. Die enge Koevolution vieler Arten wird in der Literatur häufig betont. Strukturreiche Hecken beherbergen eine bis zu fünfmal höhere Artenvielfalt an Gliederfüßern als monoton bepflanzte Heckenstreifen. Ein Garten mit einer Hecke aus Gewöhnlichem Schneeball, Hundsrose, Eingriffeligem Weißdorn und Faulbaum ist kein isolierter Raum, sondern Teil eines übergeordneten Netzwerkes. Jede Blüte, jede Frucht, jeder dornige Zweig lädt die Natur ein – und ist ein bewusster Schritt gegen die Monotonie.

### Problemkandidaten Thuja und Kirschlorbeer

Hecken aus Thuja oder Kirschlorbeer sind zwar robust, wuchsstark und bieten Sichtschutz – doch aus ökologischer Sicht sind sie Problemkandidaten. Ihre immergrünen, wachsartig beschichteten Blätter werden von den meisten einheimischen Insekten nicht erkannt oder verdaut. Der Kirschlorbeer enthält zudem giftige Cyanoglykoside, die viele Tiere meiden. Zwar wurden gelegentlich Bestäuber wie die Honigbiene an den Blüten beobachtet, doch ist der Nutzwert verglichen mit heimischen Gehölzen verschwindend gering.
Darüber hinaus bergen fremde Arten das Risiko, invasiv zu werden: Der Kirschlorbeer ist in vielen Regionen Mitteleuropas dabei, sich in naturnahe Wälder auszubreiten, wo er die Kraut- und Strauchschicht durch Beschattung verdrängt. Eine weitere ökologische Entwertung dieser Gebiete ist dann die Folge.

## EINE HECKE PFLANZEN

Kaufe **autochthone Arten** bei der Baumschule deines Vertrauens. Sie entsprechen der jeweiligen Genzusammensetzung innerhalb einer Art deiner Region. Achte beim Kauf auf Gehölze mit gebietseigener Genzusammensetzung (siehe Seite 91).
Pflanze Gehölze besser im Herbst als im Frühjahr. Dann haben die feinen Haarwurzeln genügend Zeit, sich gut zu entwickeln und können die Gehölze beim Austrieb gut versorgen. So sparst du dir viel Gießarbeit.
Achte außerdem darauf, dass du bei Grenzbepflanzungen die Vorgaben zum Zaun einhältst, die je nach Bundesland variieren.
Nicht nur Hecken sind nützlich, auch kleine Gehölzinseln oder eine Bepflanzung mit heimischen Gehölzen, um die Terrasse vor neugierigen Blicken zu schützen. Hauptsache heimisch!
Alle Gehölze machen auch in Gruppen oder als Solitäre gepflanzt eine gute Figur.

### Pflanzanleitung einer Hecke

**ARTENWAHL**

Wähle mindestens vier heimische Sträucher. Hier ein bewährtes Beispiel:

- Weißdorn *(Crataegus monogyna)* – 40 %
- Schlehe *(Prunus spinosa)* – 15 %
- Feldahorn *(Acer campestre)* – 15 %
- Hasel *(Corylus avellana)* – 10 %

Ergänzen kannst du sie durch Kornelkirsche *(Cornus mas)* oder Liguster *(Ligustrum vulgare)*.

**PFLANZUNG & PFLEGE**

1. **PFLANZUNG:** Setze die Pflanzen je nach Art mit einem Abstand von 1–2 m 40 cm tief. Für einen schnellen Sichtschutz setze 3–5 kleinere Pflanzen pro Meter im Zickzack. Das hat allerdings den Nachteil, dass du sie nach ca. 10 Jahren entnehmen musst. Am besten pflanzt du im Herbst (siehe links).

2. **PFLEGE:** Schneide die Hecke alle 3–4 Jahre abschnittsweise auf den Stock zurück. So beugst du einer Vergreisung vor und erhältst gleichzeitig Rückzugsorte für Kröten, Igel und Insekten, weil die Sträucher von unten nicht verkahlen.

## MIKROHABITAT LAUBHAUFEN

Das Laub, das im Herbst anfällt, kannst du zu einem Haufen in einer Gartenecke zusammenrechen. Das ist gut für die Artenvielfalt. Warum? Ganz einfach: Ein Laubhaufen ist wie ein Mini-Naturreservat für allerlei Leben – untermalt von sanftem Rascheln und wandelnder Optik. Warum schafft ein Laubhaufen Vielfalt? Laub, egal ob als Haufen aufgeschichtet oder als Decke zum Beispiel unter einer Hecke, wirkt wie ein Wintermantel für Flora und Fauna. Die Komplexität unter den Blättern ist erstaunlich. Laub isoliert und bietet ein gemütliches Winterquartier für Igel, Insekten und andere Tiere.

### Die Rolle der Kleinlebewesen und Pilze

Wissenschaftlich betrachtet ist die Laubschicht ein intensiv genutztes Habitat: Lebewesen, die sich von Detritus, also noch nicht zersetztem organischem Material ernähren (sog. Detritivoren), und andere Zersetzer wie Bakterien, Pilze, Milben, Asseln, Tausendfüßer, Ameisen und Springschwänze leben in solchen Schichten und tragen essenziell zum Nährstoffkreislauf bei.
Besonders charmant unter den Springschwänzen wirken die **Kugelspringer**, die recht häufig sind, aber wegen ihrer Winzigkeit von 0,5–1 mm kaum wahrgenommen werden. Wendet man Laub, können sie einem entgegenspringen. Erst der Blick durch eine Lupe oder ein Kameramakro offenbart die Optik der possierlichen Tierchen: Kugelrunder Bauch in unterschiedlichen Farben, Knopfaugen und eine verwegene Behaarung am Hinterteil machen sie äußerst sympathisch. Diese Organismen bilden die Basis für ein florierendes Bodenleben. Während sich das Laub langsam zersetzt, entsteht Humus – ein ökologischer Schatz. Die Nährstoffe bleiben im Garten – eine Art Slow-Food-Dünger.

### Auch größere Bewohner kommen auf ihre Kosten

Igel finden im Laubhaufen ein warmes Winterquartier, besonders wenn das Laub trocken unter Sträuchern liegt, und können nach Insekten und Würmern stöbern. Käfer wie Marienkäfer sowie Spinnen können hier frostfrei und gefahrlos überwintern. Amphibien wie Erdkröten und Reptilien wie Blindschleichen finden unter dem Blättermeer und in der Erde darunter ein ideales Überwinterungsquartier, weil Laub Wärme speichert und ihnen hilft, ihren Feuchtigkeitshaushalt zu regulieren. Vögel picken im Laub nach Insekten oder nutzen es als Nestmaterial. Kleine Säugetiere wie Spitzmäuse, Waldmäuse oder Mauswiesel profitieren als Besucher oder dauerhafte Gäste.

Laub ist viel zu schade zum Entsorgen. Es beherbergt und ernährt unzählige Tiere, die Teil des Netzwerks werden.

Auch der Igel kann im Winter nicht ohne. Mit Laub polstert er sein Quartier für die ungemütliche Jahreszeit aus.

# BÄUME – UNSCHÄTZBAR FÜR DIE BIODIVERSITÄT

**Bäume sind weit mehr als nur ästhetische Elemente – sie haben über Jahrtausende hinweg unsere Landschaften und Städte geprägt und gelten als Hotspots der Biodiversität. Durch ihre komplexe Struktur mit Blättern, Ästen, Stamm, Rinde, Wurzeln und herabfallendem Laub bieten sie besonders vielen Tierarten Lebensraum.**

Denkt man an mächtige Bäume, erscheint das Bild uralter Stämme und dichter Blätterdächer. Doch unter der Oberfläche verbirgt sich ein komplexes Netz ökologischer Interaktionen. Bäume liefern Nahrung und Sauerstoff, speichern Wasser, bieten Lebensraum und agieren als genetische Schaltstellen in dynamischen Ökosystemen. Studien belegen: Ihre Struktur schafft besonders artenreiche Lebensräume.

Von Bäumen sind nicht nur Blätter, Äste und Rinde bedeutend, auch die Wurzeln bilden wichtige Ökosysteme.

## WÄLDER ALS NETZWERKE DES LEBENS

In natürlichen Wäldern bilden Bäume – ob jung oder alt – das Rückgrat komplexer Lebensgemeinschaften. Alte Bäume sind mehr als nur Holz, sie stehen im Zentrum eines Nahrungskreislaufs. Sie bieten Nahrung und Unterschlupf: Risse und Höhlungen werden zu Lebensräumen für Insekten wie den Hirschkäfer, Spechte picken in Rindenritzen nach Insekten, Amseln fressen heruntergefallene Früchte, Pilze zersetzen das Holz und schaffen humusreiche Böden. Dieser Verfall fördert Mikroorganismen und Insekten, die sich auf organischen Abbau spezialisiert haben – jeder Baum wird so zum Mikrokosmos.
Das gilt besonders für die Eiche *(Quercus robur)*. Sie beherbergt über 1300 Insektenarten – Grundlage für komplexe Nahrungsnetzwerke, die bis zu Vögeln und kleinen Säugetieren reichen. Solche wechselseitigen Beziehungen machen Bäume zu unverzichtbaren Trägern biologischer Vielfalt und natürlichen Puffern gegen Umwelteinflüsse.

### Bäume als Ökosystem-Ingenieure

**Das Wurzelsystem ist entscheidend:** Das Wurzelsystem beeinflusst Bodenstruktur und Wasserhaushalt. Die Feinwurzeln gehen eine Symbiose mit Mykorrhiza-Pilzen (siehe Seite 199) ein – etwa bei der Buche *(Fagus sylvatica)* –, dadurch verbessern Bäu-

Bäume bestechen durch ihre dritte Dimension und spannen so einen Lebensraum auf wie keine anderen Pflanzen. Hoch oben, aber auch tief unten spielt sich oft Leben ab, das für unsere Augen verborgen bleibt.

me ihre Nährstoffaufnahme und ihr Wurzelwachstum und können so den Boden gut stabilisieren. So wirken sie als Knotenpunkte unterirdischer Lebensprozesse.

**Die Baumkrone fungiert als natürlicher Filter:** Sie schützt vor Schadstoffen, reguliert Temperaturen und schafft ein stabiles Mikroklima. Diese klimatische Pufferzone bietet verschiedensten Tieren wie Käfern, Ameisen, Ohrwürmern, Zikaden, Spinnen und Milben Schutz vor den launischen Schwankungen der Außentemperatur – ein wesentlicher Beitrag zum Erhalt der Biodiversität.

## BÄUME IN URBANEN GÄRTEN – EIN REFUGIUM DER BIODIVERSITÄT

Während die Funktionen von Bäumen in natürlichen Wäldern offensichtlich sind, gewinnen sie in urbanen und suburbanen Landschaften – speziell in unseren Gärten – zunehmend an Bedeutung.

In einer Welt, in der urbane Ballungsräume stetig wachsen, werden Gärten zu grünen Inseln, die als Rückzugsorte für zahlreiche Pflanzen- und Tierarten dienen. Gartenanlagen, die auf die Erhaltung der Biodiversität abzielen, bieten zahlreichen Arten wertvolle Lebensräume – und das selbst in dicht bebauten Regionen.

**Bäume in Gärten erbringen eine Vielzahl ökologischer Dienstleistungen.** Obstbäume wie der Apfel *(Malus domestica)* und die Birne *(Pyrus communis)* sind nicht nur optische Highlights, sondern auch essenzielle Nahrungsquellen für Bestäuber und Früchtefresser. In den Blüten dieser Bäume tummeln sich heimische Bestäuber wie diverse Wildbienen, deren Bestäubungsleistungen den Fortgang der Nahrungsnetze sichern. Die daraus resultierende Fruchtbildung lockt weitere Tiere – von Insekten wie Wespen über Vögel bis hin zu Kleinsäugern – an, die sich an den herabfallenden Früchten und Samen gütlich tun.

Ein weiterer bedeutender Aspekt von Bäumen in urbanen Gärten ist die Bereitstellung von Nist- und Rastplätzen. Alte Obstbäume und Laubbäume mit hohlen Stämmen bieten zahlreichen Vogelarten, wie beispielsweise dem Gartenrotschwanz, ideale Brutplätze. Ebenso nutzen Fledermäuse, etwa die Zwergfledermaus mit dem lustigen wissenschaftlichen Namen *Pipistrellus pipistrellus*, die strukturelle Komplexität der Baumkronen als Start- und Landeplätze für ihre nächtlichen Ausflüge sowie Höhlen in den Stämmen als Tagesschlafquartier.

Durch solch vielfältige Strukturen können urbane Ökosysteme fragmentierten Lebensräumen in dicht besiedelten Gebieten effektiv entgegenwirken.

### Die Bedeutung heimischer Baumarten für den urbanen Raum

Während in vielen Gärten heute exotische Arten als modische Elemente gelten, zeigt die ökologische Praxis, dass heimische Baumarten so viel mehr für die Biodiversität leisten als Exoten. Heimische Arten haben sich über Jahrtausende hinweg an lokale klimatische und geologische Bedingungen angepasst und entwickelten spezifische Interaktionen mit der einheimischen Tier- und Pflanzenwelt.
In Gärten, die mit heimischen Baumarten bepflanzt sind, spiegeln sich natürliche, über Jahrtausende gewachsene Prozesse wider. Einheimische Bäume wie die Eberesche *(Sorbus aucuparia)*, der Wildapfel *(Malus sylvestris)* oder die Traubenkirsche *(Prunus padus)* bieten einzigartige Lebensräume, die passgenau auf die Bedürfnisse lokaler Insekten, Vögel und Mikroorganismen zugeschnitten sind. Chemische Signaturen, die von diesen Bäumen abgegeben werden, ziehen bestäubende Insekten an und sorgen gleichzeitig mit ihren verflochtenen Wurzelsystemen für stabile, klimatisch geschützte Bedingungen im Garten. In einem solchen lebendigen Ökosystem fungieren die heimischen Bäume als Rückgrat der regionalen Biodiversität und der gesamten Landschaft. Ihre evolutionär gewachsenen Anpassungsstrategien und spezifischen Beziehungen zur lokalen Tier-, Pflanzen- und Pilzwelt punkten durch Resilienz, das heißt Widerstandsfähigkeit gegen widrige Umweltbedingungen.
Gärten, die sich an diesen natürlichen Vorbildern orientieren, sind nicht nur grüne Wohlfühloasen, sondern auch Bollwerke gegen Habitatfragmentierung, invasive Arten und die Folgen des Klimawandels. Durch die gezielte Förderung einheimischer Arten legen wir den Grundstein für resilientere und lebenswertere Lebensräume – ein wesentlicher Beitrag, um den Herausforderungen der Urbanisierung und des globalen Klimawandels zu begegnen.

## VON DER FORSCHUNG ZUR PRAKTISCHEN UMSETZUNG: NATURNAHE GÄRTEN ALS ZUKUNFTSMODELL

Die Erkenntnisse der ökologischen Forschung zeigen uns, dass das empfindliche Zusammenspiel zwischen Baum und Tier, zwischen Natur und Mensch, in einem Netzwerk verankert ist, in dem jeder Ast, jede Wurzel und jedes Blatt seinen unverzichtbaren Beitrag leistet. Empirische Studien belegen, dass der gezielte Einsatz von Bäumen heimischer Arten in natürlichen wie in urbanen Räumen zu einer signifikanten Steigerung der Artenvielfalt führt. Naturnahe Gärten, die sich an den Prinzipien ökologischer Nachhaltigkeit orientieren, sind somit nicht nur grüne Rückzugsorte, sondern auch Zukunftsmodelle für den Erhalt der Biodiversität und bilden ein Pendant zu immer dichter besiedelten Regionen.
Die Zukunft unserer Städte und Landschaften hängt davon ab, wie gut es uns gelingt, dieses Netzwerk zu erkennen, zu schützen und gezielt auszubauen. Naturnahe Gärten und grüne Infrastrukturen, die auf diesen Prinzipien basieren, sind nicht nur Indikatoren eines tief verwurzelten Umweltbewusstseins, sondern auch Wegweiser in eine nachhaltige und lebenswerte Zukunft.

## VON DER THEORIE ZUR PRAXIS: SO PLANST DU DIE BÄUME IN DEINEM NATURNAHEN GARTEN

Die praktische Umsetzung dieser Erkenntnisse erfordert eine integrative Planung von Grünflächen. Städteplaner, Landschaftsarchitekten und Gartenbesitzer haben die Chance, mit dem gezielten Einsatz heimischer Baumarten eine grüne, heimische Infrastruktur zu schaffen, die als Lebensader für die urbane Biodiversität fungiert. Es geht dabei nicht allein um die reine Pflanzung, sondern um die Schaffung eines zusammenhängenden Netzwerks, in dem sich Flora und Fauna gegenseitig unterstüt-

zen und an die lokalen Bedingungen anpassen. Diese Strategie zeigt, dass ökologisch fundierte Stadtplanung nicht nur möglich, sondern auch zukunftsweisend ist.
Da Gärten häufig relativ beengt sind, finden nur wenige Bäume Platz. Diese gilt es geschickt auszuwählen. Nadelgehölze außer Eiben, Wacholder oder die kleine Latschenkiefer im Steingarten gehören in den Wald, nicht in den Garten. Laubbäume bieten den Vorteil, im Winter unbelaubt zu sein und viel Licht durchzulassen, was bei einem Baum in deiner Hausnähe eine wichtige Rolle spielt. Spendet er dir im heißen Sommer Schatten, so lässt er das im Winter dringend benötigte Licht mühelos hindurch. Steht aus Platzgründen die Entscheidung an, einen Baum oder mehrere Gehölze zu pflanzen, solltest du zu den kleineren Varianten greifen und hier mehrere Arten verwenden und damit Vielfalt schaffen.

### Empfehlenswerte Baumarten

**Stieleiche** *(Quercus robur)*: Die Stieleiche unterstützt eine herausragende Insektenvielfalt (in europäischen Wäldern bis zu 284 Arten von Blattminierern, Gallbildnern und Raupen verschiedener Schmetterlinge), darunter der Eichenwickler und der Zickzackspinner. Ihre Blüten bieten Pollen für Wildbienen (z. B. *Andrena ferox*). Die im Herbst fallenden Eicheln dienen als wichtige Fett- und Eiweißquelle für Eichhörnchen und zahlreiche Vogelarten wie Eichelhäher. Mit ihren Wurzeln geht sie eine symbiotische Partnerschaft mit Mykorrhiza-Pilzen ein; hohle Äste werden von Spechten und Fledermäusen als Quartier genutzt. Passt allerdings nur in große Gärten.
**Hängebirke** *(Betula pendula)*: Die Sand-/Hängebirke beherbergt eine der artenreichsten Insektengemeinschaften unter unseren Laubbäumen (über 300 Arten von Schmetterlingen und Pflanzenläusen), darunter Raupen von Mondvogel und Birkenspinner. Ihre Samen sind Winterfutter für Grünfink und Birkenzeisig, hohle Stammsegmente werden von Eichhörnchen als Vorratskammer oder von Baumhummeln als Nistplatz genutzt. Birkenkätzchen liefern früh im Jahr Pollen für Steinhummeln.
**Feldahorn** *(Acer campestre)*: Als Wirtspflanze für Blattgallmilben und Miniermotten sowie Raupen verschiedener Spanner (z. B. Alpenlaubspanner) unterstützt der Feldahorn eine vielfältige Kleintierfauna. Im Frühjahr sind seine Blüten eine wichtige Nektarquelle für Wildbienen, im Herbst dienen seine Samen (Spaltfrüchte) Vögeln wie dem Kernbeißer. Unter der Rinde leben holzbewohnende Pilze.
**Winterlinde** *(Tilia cordata)*: Die Winterlinde ist eine herausragende Trachtpflanze für Honigbienen, aber auch für Wildbienen, die ihren Nektar und Pollen nutzen. Außerdem dienen ihre Blätter als Futter für die Raupen des Linden-Spanners und weiterer Schmetterlingsraupen. Insekten-Honigtau (von Blattläusen) lockt Ameisen und Marienkäfer an. Höhlen in alten Lindenstämmen werden von Hornissen und Eulen als Brutstätte angenommen.
**Vogelbeere** *(Sorbus aucuparia)*: Die Vogelbeere liefert Pollen und Nektar für Bienen und Schwebfliegen, ihre roten Beeren sind im Spätherbst wichtige Fettquelle für über 60 Vogelarten (u. a. Mistel-

Es muss nicht immer Ginkgo sein. Auch die Hainbuche zaubert eine leuchtend gelbe Herbstfärbung.

drossel, Rotdrossel, Wacholderdrossel, Seidenschwänze). Ihre Blätter dienen als Raupenfutter für Eulenfalter und Miniermotten. Unterirdische Mykorrhiza-Netzwerke verbessern die Bodenstruktur.
**Vogelkirsche** *(Prunus avium)*: Da sie früh blüht, bietet sie zu einer Zeit, in der Nahrungsmangel herrscht, reichlich Nektar für Wildbienen, Honigbienen und Schwebfliegen. Ihre Früchte werden von Amseln, Drosseln und Igeln verzehrt; Eichhörnchen knacken sie als Fettreserven. Laub und Rinde sind Nährboden für den Wildkirschen-Borkenkäfer *(Scolytus rugulosus)*. Ausgehöhlte Stammteile dienen als Winterquartier für Fledermäuse.
**Wildapfel** *(Malus sylvestris)*: Schon im April locken die weißen Blüten Hummeln und Mauerbienen an. Die Blätter sind Futter für Raupen verschiedenster Falter, die Äpfel im Herbst nährstoffreiche Beute für Dachs, Maus und Vögel wie Ringeltaube und Stieglitz. Admirale tanken hier noch Zucker vor ihrem Flug über die Alpen gen Süden. Auf den toten Ästen siedeln Baumpilze.
**Traubenkirsche** *(Prunus padus)*: Sie ist ein raschwüchsiger, exzellenter Frühblüher-Nektarspender: Ihr Duft ist unwiderstehlich und lockt Wildbienen, Fliegen und Schmetterlinge an. Kurze Zeit später kann es passieren, dass die Blätter und Äste mit Gespinsten übersät sind. Verantwortlich dafür sind die Raupen der Traubenkirschen-Gespinstmotte *(Yponomeuta evonymella)*, die sie kahl fressen und mit einem auffälligen, silbrig schimmernden, spinnwebartigen Netz überziehen, in dessen Schutz sie sich verpuppen. Daran geht die Traubenkirsche jedoch nicht ein, später treibt sie erneut aus (der sogenannte Johannistrieb). Diese Anpassung nennt man Juniaustrieb und wird auch vom Pfaffenhütchen praktiziert. Damit produziert dieser Baum eine Vielzahl von Insekten, die Vögeln und Fledermäusen als Nahrung dienen. Die Früchte sind bei vielen Vögeln begehrt. Eigentlich beheimatet in feuchten Auwäldern, gedeiht die Traubenkirsche durchaus auch auf trockeneren, lehmigen Standorten, gerne vergesellschaftet mit andern Gehölzen.

Vogelbeeren, gerade leicht gegoren nach dem ersten Frost, sind eine der Leibspeisen von Amseln.

## Mikrohabitat Baumhöhle

Baumhöhlen und Astlöcher sind kleine Wunderkammern der Natur. Sie bieten unzähligen Tieren und Pflanzen einen sicheren Rückzugsraum.
In **Asthöhlen** finden nicht nur Meisen, Kleiber oder sogar Eulen Nistplätze. Fledermäuse nutzen sie tagsüber als Schlafplatz.
**Mulmhöhlen** sitzen tiefer im Stamm und füllen sich mit Mulm – einer Mischung aus verrottetem Holz, Blättern und kleinen Tierresten. Hier finden sich Käferlarven und andere Insekten, die sich nur in diesem reichhaltigen »Baumkompost« entwickeln können.
**Dendrotelme** sind Baumlöcher gefüllt mit Wasser, die als temporäres Mini-Biotop für Zuckmückenlarven (keine Angst, sie stechen nicht) und Mikroorganismen dienen. Aber auch Moose, Flechten und Pilze siedeln sich an den feuchten Wänden an.

**Hainbuche** *(Carpinus betulus)*: Die Hainbuche wird von zahlreichen Insekten genutzt: Auf ihre Blätter als Nahrung sind vier Spannerarten spezialisiert, ihre Blätter dienen aber auch als Nahrung für Blattwespen *(Tenthredinidae)* und Miniermotten *(Gracillariidae)*. Ihre dichte Krone bietet Nistplätze für Buchfink, Girlitz oder Stieglitz, Winterschutz für Zaunkönig oder Heckenbraunelle. An der Rinde suchen Kleiber oder Gartenbaumläufer nach Insekten und deren Larven. Die Rinde ist auch Habitat für epiphytische Flechten und Moose. Hainbuchen ergeben eine selbst im Winter blickdichte Hecke.

**Sal-Weide** *(Salix caprea)*: Ihre frühe Blütezeit mitunter bereits im Februar, sicher dann ab März, und ihr sehr hoher Nektar- und Pollenwert machen sie zu einer der wichtigsten Futterpflanzen für zahlreiche Wildbienenarten und auch die Honigbiene um diese Jahreszeit. 41 Wildbienenarten wie Sandbienen *(Andrena)*, Mauerbienen *(Osmium)* und Furchenbienen *(Lasioglossum)* bedienen sich dort, darunter spezialisierte Arten wie die Weiden-Sandbiene *(Andrena vaga)* oder die Frühlings-Seidenbiene *(Colletes cunicularius)*. Besondere Bedeutung hat die Sal-Weide für Schmetterlinge – ca. 100 Falterarten ernähren sich von ihr. Knapp 200 Raupenarten wie dem Großen Fuchs *(Nymphalis polychloros)*, dem Kleinen Nachtpfauenauge *(Saturnia pavonia)* und dem Großen Schillerfalter *(Apathura iris)* dienen die Blätter als Futter. Käfer wie der Gefleckte Weidenblattkäfer *(Chrysomela vigintipunctata)* oder der Moschusbock *(Aromia moschata)* sind von ihr abhängig. Der Insektenreichtum lockt viele Vogelarten an. Als guter Bodenfestiger sichert sie lockere Hänge.

## Verantwortungsart Hainbuche

Auf den ersten Blick lässt sich diese Verantwortungsart (siehe Seite 79) leicht mit der Rotbuche *(Fagus sylvatica)* verwechseln. Sie trägt daher auch den Namen Hainbuche *(Carpinus betulus)*. Allerdings ist sie ein Birkengewächs *(Betulaceae)* mit robustem Weißholz und zählt gemeinsam mit dem Holz des Speierlings zu den härtesten Holzarten Mitteleuropas. Sie wächst fast überall in Europa, verträgt Schnitt durch Stockausschlag gut und bildet dichte Hecken. Ihre Holzqualität macht sie zum begehrten Material für Klavierhammer – und früher für Mühlzähne und zur Holzkohlegewinnung. Warum Verantwortungsart? Durch veränderte Bewirtschaftungsformen gibt es kaum noch Nieder- und Mittelwaldwirtschaft, die für die Hainbuche bevorzugte Standorte schaffen.

Das Traumpaar des zeitigen Frühlings: dringend nötiger Nektar der Weidenkätzchen und Hummelköniginnen.

### Fazit

Diese Artenauswahl lässt sich je nach Standort (Boden, Feuchte, Licht) und Raumangebot variieren. Eine Mischung aus Frühjahrs-Pollenspendern (z. B. Sal-Weide, Weißdorn), Sommertracht-Spendern (Linde, Vogelkirsche) und herbstfruchtenden Arten (Vogelbeere, Wildapfel) sorgt für ganzjährige Lebensräume und Nahrungsangebote und bietet die Basis für eine resilientere und naturnähere Zukunft. Im Herbst pflanzt du Jungbäume, damit sie bis zum Frühjahr ein kräftiges Wurzelnetz entwickeln. So brauchen sie weniger Gießwasser – im Frühling ist ihre Widerstandskraft dann am größten. Frühjahrspflanzungen brauchen mehr Pflege, bis sich das Wurzelwerk etabliert hat.

# SECOND-LIFE-HOLZ – EIN SCHATZ, DER LEBEN SCHENKT

**Was auf den ersten Blick wie Unordnung im Wald wirkt, entpuppt sich bei genauerem Hinsehen als ein faszinierendes und unverzichtbares Element für das ökologische Gleichgewicht der Natur: Totholz oder besser Second-Life-Holz. Und das auch im Garten!**

Abgestorbene Bäume, knorrige Äste am Boden, morsche Stümpfe – all das ist weit mehr als einfach totes Material. Totholz ist ein belebter, dynamischer Bestandteil des Waldes und hat eine enorme Bedeutung für die Biodiversität und für das ökologische Gleichgewicht. Deshalb spreche ich im Folgenden nicht von »Tot«holz, sondern von Second-Life-Holz, weil das abgestorbene Holz unzähligen anderen das Leben ermöglicht.

Urig wirkt es, wichtig ist es. Totholz oder besser Second-Life-Holz ist vom »Aussterben« bedroht.

## VOM ALTEN STAMM ZUR SCHATZTRUHE DES LEBENS

Second-Life-Holz entsteht durch natürliche Prozesse, die über Jahre oder sogar Jahrzehnte stattfinden: Bäume fallen durch ein Sturmereignis mitsamt den Wurzeln um, brechen ab, sterben altersbedingt ab – doch ihr Lebenswerk geht weiter. In natürlichen Wäldern ist Second-Life-Holz fester Bestandteil der Struktur. Es speichert Wasser, schafft damit ein besonderes Mikroklima und bietet ideale Keimbedingungen für junge Bäume. Im schattigen Bereich kann es sich wie ein Schwamm mit Regenwasser vollsaugen und dieses zu späteren, trockeneren Zeiten langsam wieder abgeben. Viele Sämlinge nutzen dies und keimen gerne auf Second-Life-Holz. Hier ist die Wasserversorgung gesichert und die Lichtmenge oftmals höher als am mit Kräutern bewachsenen Waldboden. **Totholzverjüngung**, auch Rannenverjüngung genannt, beschreibt eine wichtige Art der Naturverjüngung gerade in Bergwäldern. Besonders in naturbelassenen Urwäldern macht Second-Life-Holz bis zur Hälfte des gesamten Volumens aus. In

Im Garten, hier in Kombination mit Farnen und Steinen, erfüllt Second-Life-Holz nicht nur wertvolle Funktionen, sondern sieht auch sehr attraktiv aus. So wird dein Garten leicht zur kleinen Wildnis.

Wirtschaftswäldern hingegen wird es oft bis auf wenige Prozent entfernt, um »Kahlschlag-Flächen« zu verhindern oder um holzwirtschaftlichen Interessen Platz zu machen. Dabei zeigt sich gerade im Liegen- oder Stehenlassen das wahre Potenzial von Second-Life-Holz: als Biotopinsel, Nährstoffquelle und Strukturgeber.

Auch der Nährstoffkreislauf hängt eng mit Second-Life-Holz zusammen. Pilze, Insekten und deren Larven sowie Mikroorganismen zersetzen es über Jahre hinweg und geben dabei wertvolle Nährstoffe an den Boden zurück. Gleichzeitig entstehen durch diesen Zersetzungsprozess kleine Hohlräume, die Unterschlupf für viele Waldbewohner bieten – vom Salamander bis zum Springschwanz.

Holzabbauende Organismen, an vorderster Front Pilze, Käfer und ihre Larven, Springschwänze und andere Bodenbewohner, nutzen das Second-Life-Holz nicht nur als Brutsubstrat, sondern zersetzen es, ernähren sich davon und geben dabei wesentliche Nährstoffe an Bodenorganismen ab. Dadurch wird das Holz sukzessive in humusreiche Bestandteile überführt, die wiederum das Pflanzenwachstum fördern und die Wasserspeicherfähigkeit des Bodens erhöhen.

## SECOND-LIFE-HOLZ ALS KNOTENPUNKT IM LEBENSGEFÜGE

### Lebensraum für unzählige Arten

Das Second-Life-Holz wirkt nicht isoliert, sondern ist eines der Herzstücke eines komplexen Netzwerks aus Nährstoffkreisläufen, Symbiosen und Nahrungsketten. Pilze und Bakterien zersetzen das Holz, ernähren sich und beeinflussen dadurch Bodenparameter wie pH-Wert, Feuchtigkeit und Mikrostruktur. An abgestorbenen stehenden oder umgestürzten Bäumen findet eine Vielzahl spezialisierter Pilzarten ideale Bedingungen für ihre Fruchtkörperbildung: Gewöhnlicher Zunderschwamm *(Fomes fomentarius)*, Schwefel-Porling *(Laetiporus sulphureus)* und die Samtfußrüblinge (Gattung *Flammulina*) sind nur einige Beispiele

hierfür. Diese Veränderungen begünstigen wiederum Mykorrhiza-Pilze im Boden, die Wurzelsymbiosen eingehen (siehe Seite 199) und so die Nährstoffversorgung umliegender Bäume und Sträucher verbessern.
Vor allem die Porlinge haben eine große Bedeutung, denn sie bieten gleichermaßen Schutz, Nahrung und Lebensraum für viele Insekten, Schnecken, Tausendfüßer oder Asseln. Sie zermürben das Holz der befallenen Stämme, wodurch Spechte leichter Höhlen bauen können.

### *Die besondere Rolle für viele Tierarten*

Für viele Tierarten ist Second-Life-Holz unerlässlicher Bestandteil ihres Lebensraums. Vom winzigen Insekt bis zum größeren Säugetier – die Artenanzahl, die von Totholz abhängig ist, ist riesig.
**Insekten:** Tausende von Insektenarten, wie verschiedene Käferarten, Schmetterlinge, Ameisen und Wildbienen, nutzen Second-Life-Holz als Unterschlupf oder Brutstätte. Durch ihre Arbeit oder durch das Zersetzen des Holzes entstehen Hohlräume und Risse im Holz, die Insektenlarven, Spinnentieren und auch kleinen Wirbeltieren wie Feuersalamandern Unterschlupf bieten. Darüber hinaus finden an morschen Baumstämmen räuberische Insekten, etwa Laufkäfer, reichlich Beutetiere wie Springschwänze und Asseln, die sich von Pilzen und zersetztem Holz ernähren. Diese Tiere wiederum dienen als Nahrung für Vögel, Fledermäuse und größere Raubtiere.
Eine besondere Bedeutung hat Second-Life-Holz für sogenannte Totholzkäfer, das sind Käferarten, die in ihrer Entwicklung und Lebensweise auf Totholz angewiesen sind. Dazu zählen in Mitteleuropa mehr als 600 Käferarten aus vielen Familien. Beispiele sind der Balkenschröter *(Dorcus parallelipipedus)* in morschen Laubbäumen oder der Hirschkäfer *(Lucanus cervus)* im Mulm alter Eichen. Von Bockkäfern sind die Halsböcke (Gattung *Leptura*) oder manche Schmalböcke (Unterfamilie der *Lepturinae*) zu nennen, deren Larven sich in absterbenden Ästen und Stämmen entwickeln.
**Vögel:** Vogelarten wie Buntspecht und Grauspecht nutzen Second-Life-Holz für die Nahrungssuche und als Nistplatz, indem sie dort nach Insektenlarven bohren. In abgestorbene Stämme zimmern sie Höhlen für ihren Nachwuchs. Im nächsten Jahr stehen diese Höhlen dann anderen Vögeln wie dem Star, Waldkauz und vielen Meisenarten oder auch Fledermäusen als Nistplätze und Rückzugsorte zur Verfügung. Spechte haben somit eine Schlüsselrolle als Lebensraumgestalter und Architekten im Wald. Untersuchungen zeigen, dass bei einer erhöhten Zahl hohler und morscher Bäume die Dichte von selteneren Spechtarten wie dem Dreizehenspecht *(Picoides tridactylus)* signifikant ansteigt.
**Säugetiere:** Auch für viele Säugetiere stellt Second-Life-Holz einen wichtigen Lebensraum dar. Bäume, die über lange Zeit zerfallen, bieten Unterschlupf für Tiere wie Igel, Marder oder Eichhörnchen, die in den Höhlungen Schutz vor Raubtieren finden und sich dort einquartieren können. Manche Säugetiere können das Holz auch indirekt als Nahrungsquelle nutzen, indem sie Pilze fressen, die auf dem Totholz gedeihen. Fledermäuse finden in Rindenspalten und Höhlen des Second-Life-Holzes tagsüber Schutz und Wohnquartiere.

## Zersetzung und Nährstoffkreislauf

Second-Life-Holz spielt eine entscheidende Rolle im Nährstoffkreislauf eines Waldes. Wenn Bäume absterben und verrotten, setzen sie eine Vielzahl von Nährstoffen frei, die für das Wachstum neuer Pflanzen notwendig sind. Außerdem fördert die Zersetzung von Second-Life-Holz das Wachstum von Pilzen, die wiederum eine wichtige Rolle im Ökosystem spielen. Viele Pilzarten, wie z. B. der Schwefel-Porling *(Laetiporus sulphureus)* oder die Hallimasche (Gattung *Armillaria*), sind auf zersetzendes Holz angewiesen. Ihre Mycelstränge durchziehen das Holz, produzieren Enzyme wie Cellulasen und Ligninasen und liefern so über den Abbauprozess komplexe organische Verbindungen, die andere Organismen verwerten können. Lignin, die Stützsubstanz im Holz, kann ausschließlich durch Pilze verdaut und damit abgebaut werden. Diese Pilze wiederum sind Nahrungsquelle für eine Vielzahl von Insekten, die das Holz und die Pilze fressen. Dadurch wird das Holz sukzessive in humusreiche Bestandteile überführt, die wiederum das Pflanzenwachstum fördern und die Wasserspeicherfähigkeit des Bodens erhöhen. Die weitere Zersetzung des Totholzes durch Bakterien und Insekten setzt organische Stoffe wie Stickstoff, Phosphor und Kalium frei, die von Pflanzen wieder aufgenommen werden können. Diese natürliche Recyclingfunktion trägt dazu bei, den Boden fruchtbar zu halten und die kontinuierliche Erneuerung des Waldes zu gewährleisten.

Neben den Pilzen tragen auch Bakterien und andere Mikroorganismen aktiv zum Abbau des abgestorbenen Holzes bei und verwandeln es in Humus, der wertvoller Bestandteil des Waldbodens ist. Der Humus verbessert die Bodenstruktur und die Wasserhaltekapazität, was den Boden für die Ansiedlung neuer Pflanzenarten geeignet macht. Insofern trägt Second-Life-Holz direkt und indirekt zur Diversität von Pflanzen, Pilzen und Tieren bei.

## Second-Life-Holz und die Artenvielfalt: ein geschütztes Biotop

Die Vielfalt der Arten, die Second-Life-Holz als Lebensraum nutzen, ist beeindruckend. Sie stellt einen wichtigen Bestandteil der Gesamt-Biodiversität in Wäldern dar. Second-Life-Holz ist ein sogenannter »nischenspezifischer Lebensraum«. Das bedeutet, dass die Arten, die auf Second-Life-Holz angewiesen sind, in der Regel spezielle Ansprüche an ihren Lebensraum haben und oft sehr empfindlich gegenüber Veränderungen sind. Ihre Existenz hängt von der Verfügbarkeit und Qualität von Second-Life-Holz ab, sodass dessen Entfernen oder Reduzieren in Wäldern negative Auswirkungen auf beispielsweise Schüpplinge wie den Ockerblassen Schüppling (*Pholiota squarrosoides*) oder Seitlinge wie den Austernseitling haben kann.

In ausgeräumten Nutzwäldern beträgt der Anteil an Second-Life-Holz gerade mal nur wenige Prozent, in alten urwaldähnlichen Wäldern sind es ungefähr 50 %. Diese Wälder sind wahre Hotspots der Biodiversität, die eine Vielzahl von Lebensräumen für unterschiedlichste Arten bieten wie beispielsweise den streng geschützten Alpenbock *(Rosalia alpina)*.

## Second-Life-Holz als Klimaschützer

Neben seiner Bedeutung für die Biodiversität spielt Second-Life-Holz auch eine Rolle im Klimaschutz. Auch wenn du es dir vielleicht schwer vorstellen kannst, trägt Second-Life-Holz auch zur Kohlenstoffspeicherung bei. Das abgestorbene Holz ent-

Dem Buntspecht verschafft Second-Life-Holz nicht nur Wohnraum, sondern auch einen vollen Magen.

hält große Mengen an Kohlenstoff, der während der Zersetzung langsam als Kohlendioxid ($CO_2$) freigesetzt wird. Dieser langsame Freisetzungsprozess bedeutet, dass Second-Life-Holz über viele Jahre hinweg Kohlenstoff speichert und den unmittelbaren Ausstoß von $CO_2$ in die Atmosphäre verzögert. Wird Holz dagegen verbrannt, wird schlagartig viel $CO_2$ freigesetzt.

Second-Life-Holz fördert die Bildung von Humus, der die Bodenfruchtbarkeit erhält. Gesunde Böden mit reichhaltiger Humusschicht sind entscheidend für die Kohlenstoffbindung und die Reduzierung von Treibhausgasen. Insofern ist der Erhalt von Second-Life-Holz auch im Hinblick auf die Bekämpfung des Klimawandels von großer Bedeutung.

## Second-Life-Holz – eine Herausforderung für den modernen Wald

Trotz seiner zentralen Rolle für das Ökosystem Wald wird Totholz in vielen kommerziell genutzten Wäldern leider nach wie vor nicht ausreichend geschätzt, sondern entfernt oder nicht bewusst erhalten. Es wird als »Abfallprodukt« angesehen, das den Wald vermeintlich »unordentlich« erscheinen lässt oder die Nutzung von Holz als Rohstoff behindert. Das Entfernen des Totholzes hat jedoch weitreichende Konsequenzen für das gesamte Ökosystem Wald.

Die intensive Bewirtschaftung von Wäldern, bei der Second-Life-Holz entfernt oder nicht zur Verfügung gestellt wird, wirkt sich direkt auf die Biodiversität aus. Es entstehen Monokulturen, in denen nicht nur Second-Life-Holz fehlt, sondern auch eine Vielzahl von anderen natürlichen Lebensräumen verloren geht. Der Verlust von Totholz ist in vielen Gebieten eine der Ursachen für den Rückgang von auf abgestorbenes Holz angewiesenen Arten, insbesondere von Pilzen, Insekten und Vögeln.

Die Herausforderung für die Forstwirtschaft besteht darin, eine Balance zwischen der Nutzung von

Ein typischer Nutzwald: Stange an Stange, gleichaltrig, als Monokultur angelegt und ohne Totholz. Das geht besser.

Mit liegendem und stehendem Second-Life-Holz bietet dieser naturnahe Wald zahlreichen Arten Lebensraum und Nahrung.

Wäldern und dem Erhalt von »Totholz« als wertvollem Bestandteil des Ökosystems zu finden. In vielen Bereichen der nachhaltigen Forstwirtschaft wird daher zunehmend Wert auf die Erhaltung von Second-Life-Holz gelegt, um die Biodiversität zu schützen und den Nährstoffkreislauf zu fördern. Das gezielte Zurücklassen von Second-Life-Holz bei der Holzernte ist ein wichtiger Schritt in diese Richtung.

## ARTEN, DIE AUF SECOND-LIFE-HOLZ ANGEWIESEN SIND

Einige Arten sind besonders eng mit Totholz verknüpft – und ohne dessen Vielfalt und Struktur wären sie nicht überlebensfähig:

- **Zunderschwamm** *(Fomes fomentarius)*: Er wächst an totem Laubholz, vor allem an Buchen. Seine langlebigen Fruchtkörper helfen beim Ligninabbau.
- **Honig-Saftling** *(Hygrocybe reidii)*: Er wächst in totholzreichen Bergwiesen auf verbleibendem Nadelholz.
- **Hirschkäfer** *(Lucanus cervus)*: Sie brauchen über Jahre verrottendes Eichenholz für ihre Larvenentwicklung.
- **Borkenkäfer** (Unterfamilie der *Scolytinae*): Sie fördern über ihre Fraßgänge das Eindringen von Pilzen und schaffen neue ökologische Nischen.
- **Großer Eichenbock** *(Cerambyx cerdo)*: Er benötigt warme, sonnige Standorte auf abgestorbenem Eichenholz.
- **Pilzmücken** (Familie der *Mycetophylidae*): Sie leben in feuchten, modrigen Baumhöhlen und helfen bei der Zerkleinerung des Holzes.
- **Dreizehenspecht** *(Picoides tridactylus)*: Die Art lebt von Insektenlarven in morschem Holz – mit dem Rückgang alter Bäume sinken auch ihre Bestände.
- **Haselmaus** *(Muscardinus avellanarius)*: Sie bevorzugt strukturreiche Waldränder mit Totholzhaufen und großen Astgabeln.

Als Schwächeparasit wächst der Zunderschwamm vor allem auf Rotbuchen und ist ein wichtiger Akteur im Stoffkreislauf.

Die Larven des Hirschkäfers brauchen bis zu acht Jahre, bis sie sich zu dem uns bekannten Käfer entwickeln.

- **Großer Abendsegler** *(Nyctalus noctula)*: Diese Fledermausart nutzt Spalten in morschen Obstbäumen als Tagesverstecke in urbanen Gärten.
- **Feuersalamander** *(Salamandra salamandra)*: Er nutzt feuchte, schattige Totholzbereiche als Rückzugsort und Laichplatz.

## SECOND-LIFE-HOLZ ALS MOTOR FÜR BIODIVERSITÄT IN URBANEN RÄUMEN UND GÄRTEN

Second-Life-Holz gewinnt in Siedlungen und privaten Gärten zunehmend an Aufmerksamkeit. Stadtgrünflächen und naturnahe Gärten können mit bewusst belassenem Totholz – in Form von Totholzhaufen oder stehendem Totholz (Habitatbäume) – überraschend viele Arten beherbergen. In vielseitig gestalteten Parkanlagen hat man festgestellt, dass bereits einzelne, fachgerecht platzierte Totholzhaufen die Diversität von Käfern und Vögeln deutlich erhöht. Für uns Hobbygärtnerinnen und Hobbygärtner bietet Second-Life-Holz ein Reservoir für Nützlinge: Schlupfwespen und Marienkäfer, Laufkäfer, Spitzmäuse oder Igel nutzen es als Überwinterungsquartiere, um im nächsten Jahr Insekten zu dezimieren, die als Schädlinge auftreten können.

## MEHR LEBEN IM GARTEN: SECOND-LIFE-HOLZ FÜR ZU HAUSE

Auch du kannst Totholz fördern – und zwar direkt vor der eigenen Haustür. Ob im Garten, auf dem Balkon oder im Stadtpark: Schon wenige gezielt platzierte Äste, Stämme oder Baumstücke bieten Lebensraum für zahlreiche Arten.
Hier ein paar Ideen für deinen naturnahen Garten:

### Liegendes Second-Life-Holz

**Du brauchst dafür:** ungeschälte Stammstücke, Äste oder Wurzelstöcke von möglichst heimischen Laub- oder Nadelbaumarten mit unterschiedlichem Durchmesser, idealerweise auch > 20 cm Durchmesser, um verschiedene Zersetzungsstadien zu fördern

**Standort:** halbschattig bis sonnig, in weniger intensiv genutzten Bereichen des Gartens

Spitzmäuse nutzen strukturreiche Gärten mit Second-Life-Holz.

Lässt du Second-Life-Holz über mehrere Jahre liegen, kannst du die sukzessive Besiedlung und Zersetzung durch verschiedenste Organismen beobachten.

**Anlage:** Lege die Stämme direkt auf den Boden oder versenke sie leicht im Boden für mehr Feuchtigkeitsspeicherung.
**Wertvoll für:** Moose, Pilze und Laufkäfer, aber auch für Molche und Kröten, die sich in der feuchten Umgebung in Erdspalten verstecken oder eingraben können.

### Stehendes, besonntes Second-Life-Holz (z. B. Stelen)

**Du brauchst dafür:** mehrere Stammabschnitte von Laubholzarten, bevorzugt Obstbaumarten, mit mehr als 2 m Höhe, die möglichst entrindet sind, damit sie sich besser erwärmen; das erleichtert die Besiedlung
**Standort:** volle Sonne (mindestens 6 Stunden Besonnung täglich); freistehend im Garten, z. B. in der Wiese oder in der Beetmitte
**Anlage:** Die Stammabschnitte werden senkrecht aufgestellt. Für die Standsicherheit hebe pro Stele ein mindestens 50 cm tiefes und 1 m breites Loch aus, stelle den Stamm hinein und verkeile ihn mit größeren Bruchsteinen. Weitere größere Steine platzierst du am Boden um den Stamm herum oder du befestigst ihn mit Bodenankern. Arrangiere mehrere Stelen in unterschiedlichen Höhen.
**Wertvoll für:** Käfer und Pilze und natürlich zahlreiche weitere Insekten wie Wildbienen, Wespen, Hornissen; für Vögel als Sitzwarte

Stehendes Second-Life-Holz solltest du im Boden gut mit Steinen verkeilen, damit es stabil bleibt.

### Totholzhaufen oder Benjes-Hecke

**Du brauchst dafür:** Äste, Wurzeln, Stammabschnitte in variabler Größe, Mischung aus frischem und altem, unbehandeltem Holz
**Standort Totholzhaufen:** halbschattig bis schattig am Rand des Gartens oder unter Gehölzen
**Standort Benjes-Hecke:** halbsonnig
**Anlage Totholzhaufen:** Schichte unten grobes Material auf, auf das du nach oben immer feineres Material legst; der Totholzhaufen sollte eine Höhe von 0,5–1 m haben; lasse die natürliche Zersetzung zu und »füttere« den Haufen fortlaufend mit weiterem Material.

Ein Haufen aus abgestorbenem Holz ist leicht gemacht und sorgt für viele Spalten und Ritzen für Spitzmäuse, Käfer & Co.

**Anlage Benjes-Hecke:** Schlage als Seitenbegrenzung 2 parallele Holz- oder Metallpfosten in 1 bis 2 m Abstand in die Erde und fülle den Zwischenraum wallartig mit Ästen oder Strauchschnitt aus deinem Garten. Mit der Zeit bewurzeln Teile des Materials bzw. wachsen Pflanzen, die vom Wind oder z. B. durch Vögel herangetragen wurden.
**Wertvoll für:** Amphibien wie Erdkröten, Käfer, kleine Säugetiere wie Spitzmäuse oder Igel, Reptilien, Vögel als Refugium

### Stehende markhaltige Äste

**Du brauchst dafür:** markhaltige Stängel und Zweige von Brombeeren *(Rubus fruticosus)*, Hundsrose *(Rosa canina)* und/oder Schwarzem Holunder *(Sambucus nigra)*
**Standort:** sonnig und trocken, windgeschützt, z. B. an einer Südwand oder Gartenmauer
**Anlage:** Schneide Stängel bzw. Zweige von ca. 50–100 cm Länge und binde sie senkrecht oder leicht geneigt an einer Stütze an. Lege das Mark mit einem Draht oder Bohrer etwas frei. Nach 2–3 Jahren solltest du die Stängel erneuern.
**Wertvoll für:** etliche Wildbienenarten als Nistraum

## MEHRWERT SECOND-LIFE-HOLZ

Durch die Kombination verschiedener Baumarten in unterschiedlichen Zerfallsgraden entstehen komplexe Lebensräume für Pilze, Insekten und Wirbeltiere, dein Garten wird zum Rückzugsort für seltene und nützliche Arten. Du unterstützt ganz nebenbei das große Ganze: den Kreislauf des Lebens.

Auch wenn Ameisen von vielen als Lästlinge wahrgenommen werden: Erhalte ihre Ameisenhaufen!

## Mikrohabitat Ameisenhaufen

Ein Ameisenhaufen, faszinierend und wertvoll zugleich, fördert die biologische Vielfalt im Garten besonders.
**Lebensraum für andere Insekten:** Ameisenhaufen sind viel mehr als nur das Zuhause der Ameisen selbst. Sie bieten zahlreichen anderen Insekten einen sicheren Unterschlupf. In einem Ameisenhaufen finden sich viele Hohlräume und Spalten, die von Milben, Tausendfüßern, Käfern und Fliegen als ökologische Insel genutzt werden.
Diese Insekten wiederum werden von Vögeln gefressen, was das Ökosystem des Gartens stärkt.
**Bodenbelüftung und -durchlässigkeit:** Die Ameisen graben und schichten Erde, um ihre Nester zu bauen, was zu einer besseren Belüftung des Bodens führt. Dadurch kommen Pflanzenwurzeln leichter an Nährstoffe und Wasser. Ameisen tragen dazu bei, die Bodenstruktur zu verbessern, indem sie die Erde mit Nahrungsresten und organischem Material anreichern, was zu einer Erhöhung der Bodenfruchtbarkeit führt.
Da die Ameisen stets kleine Mengen organischen Materials in ihre Nester bringen, fördern sie auch den Zerfall und die Umwandlung von organischen Abfällen in wertvolle Nährstoffe für Pflanzen. In der Folge sind die Pflanzen in der Nähe des Ameisenhaufens oft besonders kräftig und gesund.
**Samenverbreitung** (Myrmekochorie): Ameisen schleppen Samen in ihren Bau, um deren nährstoffreiche Anhängsel (Elaiosom) zu verzehren. Dieses Verhalten fördert die Pflanzenvielfalt im Garten.
**Nahrungsquelle für andere Tiere:** Ameisenhaufen bieten auch vielen Tieren eine wertvolle Nahrungsquelle, wie z. B. Grünspechten oder Staren.

## Einen Käferkeller anlegen

**STANDORTWAHL**

- Lage: bevorzugt halbschattig, windgeschützt, möglichst in strukturreicher Umgebung
- Umfeld: möglichst wenig Störung durch intensive Nutzung oder Pflege (z. B. seltenes Mähen)

**MATERIALIEN**

- Second-Life-Holz: grobe, möglichst vermodernde Stammstücke und Wurzelstöcke von Laubbäumen (besonders Eiche, Buche, Obstgehölze)
- Hackschnitzel oder Mulm als Füllmaterial

### 1. Grube anlegen

- Abmessungen: ideal sind 100 cm tief, 80–120 cm Durchmesser (je nach geplanter Totholzmenge), es geht aber auch kleiner
- Form: zylinder- oder trichterförmig mit leichtem Gefälle zur besseren Wasserableitung

### 2. Totholz einbauen

- Vertikale Einbringung: Stammstücke oder stärkere Holzstücke werden senkrecht aufrecht in die Grube gestellt, teils eingegraben.
- Horizontale Schichtung: kleinere Stücke (Äste, Mulm, Hackschnitzel) dazwischen einfüllen
- Verdichtung: locker schichten, nicht stark verdichten, um Mikroklimata und Besiedelung zu ermöglichen

### 3. Abdeckung und Abschluss

- Deckschicht: Mit Aushubboden z. T. abdecken, sodass etwa 20–30 cm Holz über der Bodenoberfläche sichtbar bleiben.

# MAUERN & STEINE – HARTE FAKTEN FÜR VIELFALT

**Natürliche Steinstrukturen wie Geröllhaufen, Felsformationen und Steinhaufen sind ein oft unterschätzter, aber entscheidender Bestandteil vieler Ökosysteme. Sie bieten einer Vielzahl von Organismen Schutz, Lebensraum und spezifische Mikrohabitate.**

Steinstrukturen prägen Landschaften in unterschiedlichen Klimazonen und insbesondere in ariden und semiariden Regionen, aber auch in mitteleuropäischen Kulturlandschaften. Sie bilden wichtige Refugien für zahlreiche Tier- und Pflanzenarten. Diese Strukturen spielen nicht nur eine zentrale Rolle im Naturschutz, sondern auch in der Anpassung von Ökosystemen an den Klimawandel und die fortschreitende Landschaftszerschneidung.

Sonnenbank und Unterschlupf in einem. Hier fühlen sich auch Reptilien wie die Zauneidechse wohl.

## ÖKOLOGISCHE FUNKTION NATÜRLICHER STEINSTRUKTUREN

Geröllhaufen verraten mehr über Ökosysteme als jeder Geologie-Podcast: Steinformationen entstehen auf natürliche Weise durch Verwitterung, Erosion oder geologische Prozesse wie tektonische Verschiebungen. Geröllhaufen und Felsformationen schaffen aufgrund ihrer Struktur und Materialzusammensetzung spezifische Mikroklimata. Tagsüber speichern Steine Sonnenwärme und geben sie nachts wieder ab, wodurch thermisch stabile Bedingungen entstehen, die insbesondere in kälteren Regionen das Überleben vieler Arten ermöglichen. Die physikalischen Eigenschaften von Steinstrukturen beeinflussen dabei das Mikroklima auf vielfältige Weise. So regulieren Spalten und Hohlräume die Luftfeuchtigkeit und bieten Schutz vor extremen Witterungsbedingungen.
Diese Steinstrukturen dienen zahlreichen Tierarten als Lebensraum. Reptilien wie die Mauereidechse und die Zauneidechse nutzen sie als Sonnenplatz, Versteck und Winterquartier. Amphibien wie die Gelbbauchunke profitieren von den Feuchtigkeits-

Als wechselwarme Tiere nutzen Zauneidechsen Sonnenstrahlen, um auf Betriebstemperatur zu kommen. Steine liefern ideale Sonnenplätze, aber auch schattige Bereiche zum Runterkühlen.

reservoirs zwischen den Steinen und Molche und Kröten überwintern gerne unter Steinen. Auch Insekten, darunter Wildbienen wie Mauerbienen, finden in den Ritzen und Spalten Nistmöglichkeiten. Für Kleinsäuger, beispielsweise die Zwergspitzmaus, bieten Steinhaufen sicheren Unterschlupf vor ihren Feinden.

**Pflanzen, die an nährstoffarme und trockene Bedingungen angepasst sind**, besiedeln häufig diese Standorte. Beispielsweise wachsen Mauerraute *(Asplenium ruta-muraria)* und Mauerpfeffer *(Sedum acre)* in den Fugen von Trockenmauern und tragen zur Erhöhung der pflanzlichen Vielfalt bei. Auch die Karthäusernelke *(Dianthus carthusianorum)*, das Frühlings-Fingerkraut *(Potentilla neumanniana)* und der Steinsame *(Lithospermum officinale)* gedeihen in den Spalten und auf steinigen Böden. Diese Pflanzen sind nicht nur an trockene Standorte angepasst, sondern dienen auch als wichtige Nahrungsquelle für Bestäuber wie verschiedene Wildbienen-, Schmetterlings- und Schwebfliegenarten. Die sehr seltene und gefährdete Steinbrech-Felsennelke *(Petrorhagia saxifraga)* ist eine bedeutende Pollenlieferantin für die ebenfalls gefährdete Metallische Keulhornbiene, die, wie ihr Name besagt, bläulich-metallisch schimmert. Der Apollofalter *(Parnassius apollo)*, ein charakteristischer Bewohner felsiger Landschaften, benötigt die Weiße Fetthenne *(Sedum album)* als Raupenfutterpflanze. Steinstrukturen fördern somit nicht nur die Pflanzenvielfalt, sondern auch die Insektenfauna, die von diesen Pflanzen abhängt.

**Weitere typische Pflanzen von Fels- und Schotterlebensräumen** sind die Steinbrech-Arten (*Saxifraga* spec.), die verschiedene Wildbienenarten wie die Zweifarbige Schneckenhausbiene *(Osmia bicolor)* anziehen. Die Zwerg-Glockenblume oder auch Niedliche Glockenblume *(Campanula cochleariifolia)* ist eine charakteristische Pflanze von Felsrasen auf kalkhaltigem Boden mit Steinen und Sand und wird von zahlreichen Wildbienen und Faltern besucht. Die Alpen-Aurikel *(Primula auricula)*, die in Felsspalten wächst, dient den Raupen von 21 Schmetterlingsarten als Nahrungsquelle.

## STEINHAUFEN ALS ÜBERLEBENS-HOTSPOT IN DEINEM GARTEN

Steinhaufen, Trockenmauern und Co. sind im naturnahen Garten echte Multitalente. Sie sehen nicht nur markant aus, sondern haben es ökologisch in sich: Durch ihre luftige Bauweise und die vielen Hohlräume entstehen geschützte Nischen, die einer Vielzahl von Lebewesen ideale Bedingungen bieten – von Insekten über Amphibien bis hin zu Kleinsäugern und Pflanzen. In vielen modernen Gärten herrscht durch Versiegelung, intensive Nutzung und sterile Bepflanzung leider gähnende Artenleere. Steine mit der richtigen Pflanzenauswahl bringen die Vielfalt zurück.

### Wenn Steinmauern zum Hotel werden

Steinstrukturen sind wie Mini-Nationalparks im Garten. Besonders Trockenmauern bieten mit ihren 15–25 % Hohlräumen perfekte Nist- und Rückzugsorte und ziehen so eine Vielzahl von Arten an, darunter wechselwarme Tiere, deren Körpertemperatur von der Außentemperatur abhängt, wie die Zauneidechse und Mauereidechse oder die Erdkröte. Kleinsäuger wie Feldmaus und auch mal die Gartenspitzmaus nutzen die Trockenmauern als Deckung gegen Fressfeinde und als Wanderkorridor. Auch Vogelarten wie Zaunkönig, Rotkehlchen und Haussperling finden in Mauerspalten höherer Mauern mitunter geeignete Brutplätze. Neben Tieren beheimaten die Ritzen Moose und Flechten, die die mikrobielle Artenvielfalt fördern.

Aus jeder noch so kleinen Ritze zwängt sich Leben – Effektivität pur. Hier die Kugelblume in zartem Violett.

## PLANUNG & STANDORTWAHL: WO FELSBROCKEN IHREN PERFEKTEN SONNENPLATZ FINDEN

Damit dein Steinbiotop richtig durchstartet, spielt die Lage eine große Rolle: Süd- und Südwestlagen erwärmen sich besonders gut – ideal für Reptilien und Insekten. Die schattigere Nordseite bleibt dagegen feuchter und wird zum perfekten Standort für Moose, Farne und Schattenpflanzen wie Steinbrech (*Saxifraga* spec.), aber auch für Amphibien wie Kröten oder Molche. Achte auf einen gut drainierten Untergrund – stehende Nässe mögen die wenigsten Steinbewohner. Und: Plane dein Refugium am besten in Kombination mit Hecken, Trockenrasen oder einem Teich – das schafft wichtige Verbindungen und neue Lebensräume.

### Materialwahl: Rocky trifft regionale Biodiversität

Je nachdem, welchen Naturstein du wählst, beeinflusst du die spätere Artenvielfalt in deinem Garten. Allerdings ist es immer am besten, das Material deiner Region zu verwenden. Dazu passen die heimischen Pflanzen und Tiere:

- **Kalkstein (z. B. Jurakalk):** Perfekt für kalkliebende Moose wie das Kalk-Spatenmoos *(Acapania calcicola)* und viele Flechten
- **Granit:** Seine Poren bieten Hohlräume für wärmeliebende Insekten, etwa Wildbienen (*Bombus* spec.).
- **Schiefer:** Die glatten Flächen sind ideale Sonnenplätze für Eidechsen und gut für trockenheitsliebende Flechten wie *Xanthoria parietina.*
- **Basalt:** Dunkel, dicht, wärmespeichernd – perfekt für wärmeliebende Gliederfüßer
- **Recyclingmaterial,** z. B. Abbruchmaterial alter Häuser, etwa aus Jurakalk oder Ziegel, Granitsteine alter Bordsteinkanten. Selbst optisch passende Betonblöcke kannst du geschickt integrieren. Voraussetzung: Alles ist schadstofffrei.

**Wichtig ist:** Trocken bauen, also ohne Mörtel! So bleiben Fugen offen und nutzbar.

## Bauanleitung für eine Trockenmauer

**MATERIAL UND TECHNIK**

*Trockenmauern erfordern mehr Planung, handwerkliches Geschick und mitunter auch schwereres Gerät, bieten aber stabilere und langlebigere Lebensräume.*

1. **FROST- UND FUNDAMENTSCHICHT:** Ein 20–30 cm starkes Schotterbett gewährleistet Drainage und Frostschutz und sollte gut verfestigt werden. Bei größeren Anlagen eignet sich hierfür ein Rüttelgerät.

2. **AUCH HIER GILT GRÖSSENSTAFFELUNG:** Grobe Basissteine (20–30 cm Kantenlänge) bilden das Fundament, darüber können auch mittlere Steine zum Einsatz kommen.

3. **VERZAHNUNG:** Jeder Stein sollte mindestens zwei Berührungspunkte mit benachbarten Steinen haben – das verhindert Kippen.

4. **HINTERMAUERUNG:** Kleinere Füllsteine (»Bruch«) im Inneren der Mauer sichern die Tragfähigkeit und schaffen zusätzliche Hohlräume.

5. **KRÖNUNG:** Flache Steine oben verhindern das Abrutschen – und bieten Sonnenplätze.

6. **WILDNISZONE:** Daneben ruhig mal wachsen lassen – für mehr Pollen, Nektar und Artenvielfalt.

## MIKROHABITATE – WO DAS LEBEN IN DEN RITZEN TOBT

In Steinhaufen und Mauern entstehen ganz unterschiedliche Mini-Lebensräume – je nachdem, wie hell, feucht oder warm es ist. Solitäre Wildbienen (*Andrena* spec.), Grabwespen (Familie der *Sphecidae*) oder die Blindschleiche *(Anguis fragilis)* finden hier ideale Bedingungen. Moose oder die Mauerraute *(Asplenium ruta-muraria)* siedeln in Fugen. Spannend: Zwischen Sonnen- und Schattenseite können bis zu 20 °C Temperaturunterschied liegen. Das ist pures Gold für wärmebedürftige oder kühlfeuchtigkeitsliebende Tiere!
Weitere Informationen zu Fugen und Ritzen findest du auf Seite 149.

### Pflegeleicht, aber nicht pflegefrei: So bleibt dein Steinreich in Form

Trockenstrukturen sind genügsam – mit ein paar Handgriffen bleiben sie lange ein ökologisches Highlight:

- **Regelmäßig checken:** verrutschte Steine wieder anpassen – für Sicherheit und Zugänglichkeit
- **Ungebetene Gäste entfernen:** invasive Arten besser regelmäßig entfernen
- **Laub liegen lassen:** Das gilt vor allem für schattige Ecken, dort finden Kleinsäuger ein kuscheliges Winterquartier.

## STEINREICH AN ARTENVIELFALT

Ob du einen simplen Steinhaufen oder eine kunstvoll geschichtete Trockenmauer baust – es entstehen wertvolle Lebensräume mitten in deinem Garten. Mit regionalem Stein, kluger Planung und ein wenig Pflege entstehen kleine Hotspots der Artenvielfalt, die Tieren und Pflanzen echte Überlebenschancen bieten. Und ganz nebenbei tust du etwas Großes: Du vernetzt Lebensräume, stärkst die Resilienz deines Gartens und machst ihn zukunftsfähig – Stein für Stein.

# STEINGARTEN – WO STEINE ZUM LEBEN ERWACHEN

**In der Natur hat der Steingarten sein Pendant im Trockenrasen auf Kalk- und Silikatfelsen oder in den spektakulären Blockschutthalden der Alpen. Die natürliche Dynamik – von Erosion über Vegetationsaufwuchs bis hin zu Phasen der Verbrachung – sorgt dafür, dass immer wieder neue Pflanzen und damit auch Tiere die Bühne betreten.**

Die alpine Landschaft übertrifft in Hinsicht auf Vielfalt und Formenreichtum jede andere Landschaftsform. Dort tummeln sich Pionierpflanzen und Polsterpflanzen-Bewohner wie in einem ewigen Casting für extreme Standorte.

Die majestätischen Blüten des Gelben Enzians leuchten fast fluoreszierend gelb: ein Hingucker in jedem Steingarten!

Lichthungrige, niedrig bleibende Stauden und Kleingehölze zünden im kurzen Bergsommer für die Bestäuber ein Feuerwerk. Exemplare wie der Gelbe Enzian *(Gentiana lutea)* oder der Alpen-Hahnenfuß *(Ranunculus alpestris)* illustrieren die eindrucksvolle Vielfalt dieser Biotope.

## ÖKOLOGISCHE ROLLE IN DER KULTURLANDSCHAFT

Im urbanen oder ländlichen Umfeld ist ein naturnaher Steingarten weit mehr als ein hübsches Arrangement aus Stein und Pflanze: Er fungiert wie auch eine Hecke oder Blumenwiese als Trittsteinbiotop und überbrückt für spezialisierte Arten isolierte Lebensräume wie Feldraine, Parks oder Naturschutzgebiete und stabilisiert dadurch deren Genflüsse. Insbesondere in dicht bebauten Zonen simulieren Steingärten mit ihren lockeren Gesteinsschichten, dem durchlässigen Substrat und einer klugen Pflanzenauswahl felsige Trockenstandorte und bieten spezialisierten Arten ein unverzichtbares Refugium. Steingärten leisten also einen unschätzbaren Beitrag zur Förderung der urbanen Biodiversität. Durch ihre Offenheit und die niedrigen Pflanzenarten wie Steinnelken bieten sie Brutplätze und Jagdareale für spezialisierte Insekten wie Sandlaufkäfer, Erdwespen und Wildbienen, aber auch Spin-

Ein kontrastreicher Steingarten beherbergt eine Vielzahl an seltenen und anspruchsvollen Pflanzen und lockt dadurch zahlreiche Insekten an. Er ist die Krönung eines jeden naturnahen Gartens.

nen Unterschlupf und Kleinsäugern Rückzugsräume. Zusätzlich verknüpfen sie grüne Elemente zu einem städtischen Lebensnetz.

## CHARAKTERISTIK ARTENREICHER STEINGÄRTEN – WO DIE VIELFALT STRUKTUR HAT

Artenreiche Steingärten zeichnen sich durch hohe strukturelle Komplexität aus. Grobe Steinblöcke, Kiesbänder und mineralische Schichten wechseln mit humusgefüllten Spalten ab. Ziel ist eine naturnahe Nachbildung warmer, trockener Standorte, ohne dem Gärtner die künstlerische Freiheit zu nehmen. Vertikal gestaffelte Gesteinslagen erzeugen unterschiedliche Mikroklimata: heiße Südexpositionen und kühle Nordnischen, trockene »Gipfel«zonen und feuchte Basis»täler«. Die rasante Erwärmung tagsüber und das schnelle Abkühlen in der Nacht erfordern spezielle Anpassungen bei Pflanzen und regen die Mikrofauna im Wurzelraum an, sich flexibel darauf einzustellen. Die wechselnde Bodenfeuchte erlaubt es Arten mit variierenden Wasseransprüchen, friedlich nebeneinander zu existieren.

### Gestalterische und ökologische Prinzipien: Erosionsästhetik mit System

Die Kunst besteht darin, in ihrer Korngröße variierende Substrate und leichte Gefälle (bis zu 30 %) einzubauen, um natürliche Erosionsprozesse zu imitieren. Unterschiedlich große Gesteinsblöcke bieten Schatten, Feuchtigkeit und Verstecke. Die Pflanzenauswahl folgt dem Motto: regional und robust. Ein Mosaik aus Polster- und Rosettenpflanzen, Halbstraucharten und bodendeckenden Stauden entsteht. Dabei spielen Second-Life-Holz und unbehauene Steine eine doppelte Rolle: Sie sehen schroff aus und bieten Insekten, Spinnen oder Kleintieren wertvolle Lebens- und Brutstätten.
Wer so naturnahe Prozesse nachstellt, darf sich auf eine fast selbstregulierende Anlage mit minimalem Pflegeaufwand freuen.

### Lebensraum und Nahrungsquelle – Oasen für Insekten & Co.

Die rauen Standortbedingungen kreieren ein vielfältiges Nahrungs- und Schutzangebot: Pollen- und Nektarspender in Form von Polsterstauden und Halbstraucharten, trockenresistente Gräser, die im Spätsommer und Herbst Samen liefern, und zahllose Steinritzen, die Laufkäfern und Wildbienenlarven

Unterschlupf bieten. Steinhaufen, Totholz und Rindenstücke fungieren als Verstecke für Kleinsäuger und Reptilien. Sonnige Südseiten und schattige Nordbereiche schaffen auf nur wenigen Quadratmetern ein ganzes Spektrum an mikroökologischen Nischen. Wer also einen Steingarten anlegt, pflanzt nicht nur Steine und Pflanzen – sondern ein ganzes Ökosystem im Kleinen.

## SO STELLST DU EINEN STEINGARTEN HER

**1. Standortanalyse und -auswahl**
**Mikroklima erfassen**
- Sonneneinstrahlung (Schattenphasen, Vollsonne)
- Hangneigung und Exposition (Südhänge bieten trockene, warme Bedingungen)

**Bodeneigenschaften**
- pH-Wert (ideal: 6,0–7,5)
- Textur (Sand-, Kies-, Schluff- oder Tonanteil)
- Durchlässigkeit und Wasserspeichervermögen

**2. Planung und Entwurf**
**Maßstab und Modulbauweise**
- Skizze im Maßstab 1:50; Einteilung in Biotopmodule (Felsband, Second-Life-Holz-Insel, Kiesrinne, Steinhaufen)

**Habitatkomplexe definieren**
- Trockenrasen-Modul mit Kiesel- und Sandauflagen
- Fugen- und Spaltenbiotope durch grobe Bruchsteinlagen

**Zirkulation ökologischer Nischen**
- Verbindung von feuchteren und trockeneren Zonen durch Gefälle von 5–10 %

**3. Materialauswahl (regional)**
**Gesteinsmaterialien:** Gesteine aus nächstgelegenen Steinbrüchen (z. B. Muschelkalk, Kalkstein, Buntsandstein, Granit) in verschiedenen Größen:
- Großblockphase (≥ 30 cm): Grundstruktur, Stützmauern, Trockenmauern
- Grobblockphase (10–30 cm): Strukturierung von Kuppen und Plateaus
- Kleinblockphase (2–10 cm) und Kiesphase (< 2 cm): Verfüllung, Feinritzen für Mikrohabitate

**Substratkomponenten**
- Grobkies (Korngröße 8–16 mm) zur Drainage
- Sand (Korngröße 0,2–2 mm), Grubensand
- Schluff-Lehm-Mischung (Lösssubstrat) für Feuchtepufferung
- Organische Beimischung: halbverrotteter Kompost

**Biotopstrukturen**
- Second-Life-Holz
- Steinrillen und Spalten in verschiedenen Tiefen (5–20 cm)

**4. Bau des Steingartens**
**Geländevorbereitung**
- Entfernen von unerwünschter Vegetation (manuell, kein Herbizid)
- Entfernen des humosen Anteils bis zur mineralischen Schicht
- Grobkiesbett (16–32 mm, 10 cm dick) auftragen, Verdichtung per Rüttelplatte
- feine Sand-Schluff-Lehm-Mischung (10–15 cm), unverdichtet

**Rohbau mit Bruchsteinen**
- Anordnung der Felsblöcke (größere im Kern, kleinere außen)
- Einpassung der Gesteine in natürlicher Lesart (geschichteter, zerklüfteter Aufbau)

**Anlegen von Spalten und Ritzen**
- Breite der Fugen: 2–5 cm, Tiefe variierend (5–20 cm)

**Einbau von Totholz und Biotopstrukturen**
- Lagerung von Stammstücken in sonnigen oder halbschattigen Nischen
- Stehendes Totholz einbauen (siehe Seite 135)
- Einbringen von Totholzhaufen für Insekten und Kleintiere

**5. Etablierung**
**Anpressen und Einschwemmen**
- Leichten Regen simulieren oder feine Bewässerung, um Substrat in Spalten zu fixieren
- Pflanzen einsetzen (eine Auswahl an Arten siehe Seite 145)

**Unkrautregulierung**
- Von Hand entfernen in der Etablierungsphase

**Wassermanagement**
- In der Anwuchsphase wässern

**6. Langfristige Pflege und Biodiversitätsschutz**
- Minimalpflegeprinzip: Nur bei Bedarf eingreifen (z. B. Gehölzschnitt, Krankheitskontrolle)
- Habitatentwicklung fördern: Zulassen von Keimlingen heimischer Pionierarten
- Kontinuierliche Habitatverbesserung: Austausch von evtl. ungeeigneten Stauden gegen passende; Sanierung erodierter Fugen
- Ggf. Artenschutzprojekte: Integration in lokale Schutzkonzepte (NABU, BUND)

Achte bei der Anlage des Steingartens unbedingt auf eine Neigung von mindestens 10 % für die Stabilität der Mauern.

## WICHTIGE STAUDENARTEN FÜR NATURNAHE STEINGARTENPFLANZUNGEN – DIE VIP-LISTE

Bereits etablierte Arten wie Rispen-Steinbrech *(Saxifraga paniculata)*, Sand-Thymian *(Thymus serpyllum)* oder Scharfer Mauerpfeffer *(Sedum acre)* bilden das Grundgerüst. Ergänzend sind folgende heimische Alpen- und Mittelgebirgsarten empfehlenswert:

Die **Silberwurz** *(Dryas octopetala)* bildet flache Polster auf kalkreichen Standorten und toleriert extreme Temperaturschwankungen.

Das **Edelweiß** (*Leontopodium nivale*, Syn. *Leontopodium alpinum*) ist eine charakteristische Polsterpflanze oberhalb der Baumgrenze. Durch seine dichten Wollhaare schützt es sich vor Austrocknung, Kälte und UV-Strahlung, die schimmernden Haare auf den Blütenständen ziehen Insekten an.

Die **Alpen-Aster** *(Aster alpinus)* ist ein Relikt der letzten Eiszeit. Im Spätsommer blüht sie in intensiv violett-blauen Farben und ist wichtige Nektarquelle für späte Schmetterlinge. Sie liefert für 72 Wildbienenarten Nahrung.

Die **Scheuchzers-Glockenblume** *(Campanula scheuchzeri)* bildet filigrane Blüten. Sie bevorzugt silikatreiche Blockschuttfelder.

Ein Steingarten kann gleichzeitig als Hangabsicherung fungieren. Was gibt es attraktiveres als ihn naturnah zu gestalten?

Die anmutig zarte **Zwerg-Glockenblume** *(Campanula cochleariifolia)* bildet dichte Polster mit zahlreichen Blüten.

Die **Heide-Nelke** *(Dianthus deltoides)* ist eine filigrane Nelkenart, die auf der Vorwarnliste steht. Sie gedeiht auf mageren Böden und blüht von Juni bis September. Nicht nur Insekten besticht sie mit ihrem intensiven Duft.

Die sehr seltene **Stein-Nelke** *(Dianthus sylvestris)* erfreut mit duftenden rosafarbenen Blüten von Juni bis Anfang September. Sie liebt einen Standort in der prallen Sonne.

Farblich eher unscheinbar, präsentiert sich die seltene und auf der Vorwarnliste stehende Silberdistel im Steingarten. Die helle Blütenfarbe ist aber Strategie und schützt vor zu starker Verdunstung im heißen Sommer.

Der **Langhaarige Thymian** *(Thymus polytrichus)* wird auch Gebirgs-Thymian, Gebirgs-Quendel oder Alpen-Thymian genannt. Er ist reich an ätherischen Ölen und eine stark frequentierte Insektenpflanze.
Die **Grasnelke** *(Armeria maritima)* tritt oft an felsigen Meeresküsten auf, eignet sich aber auch für karge, kalkarme Bereiche im Steingarten.
Die **Alpen-Nelke** *(Dianthus alpinus)* wird vom stark gefährdeten Kräuter-Mönch *(Cucullia lucifuga)* als Nektarpflanze genutzt.
Die **Kleinblütige Bergminze** *(Calamintha nepeta)*, ein Lippenblütler, ist extrem selten und vom Aussterben bedroht, aber eine super Insektenpflanze für viele winzige Wildbienenarten. Sie blüht unermüdlich ab Juni bis spät in den September hinein, duftet aromatisch und kann auch als Tee und mediterranes Gewürz verwendet werden.
Auf die **Stängellose Kratzdistel** *(Cirsium acaule)* fliegen 84 Wildbienenarten, unter anderem die stark gefährdete Zottige Felsenbiene *(Osmia villosa)*, und 16 Raupenarten nutzen ihre Blätter.
Die **Golddistel** *(Carlina vulgaris)* braucht einen nährstoffarmen, durchlässigen Kalkboden mit reichlich Sonne, ist also absolut geeignet für den Steingarten. Sie blüht von Juli bis September mit vielen goldenen Blüten und zieht zahllose Insekten an. Wie alle hier vorgestellten Distelarten ist auch sie zweijährig und muss nachgepflanzt werden.
Die **Silberdistel** *(Carlina acaulis)* hat in punkto Nektar- und Pollenwert Bestnoten. Zwar bedienen sich »nur« 72 Wildbienenarten an den Blüten, allerdings sind 9 davon auf sie spezialisiert, wie die Pippau-Sandbiene *(Andrena fulvago)*, die Salzsteppen-Zwergwollbiene (*Pseudoanthidium tenellum*, Syn. *Anthidium tenellum*) oder die Flockenblumen-Langhornbiene *(Eucera dentata)*.
Die stark wuchernde **Zypressen-Wolfsmilch** *(Euphorbia cyparissias)* liebt durchlässige, trockene Böden in voller Sonne und gibt dem Steingarten grüne Opulenz. Ihre Blüten sind ein wahrer Insektenmagnet und locken von April bis spät in den August 30 Schwebfliegenarten und 30 Käferarten an. Ein absolutes »Must-have«.
Die in der Tabelle auf Seite 148 genannten Pflanzen ergänzen die Beschreibung der Pflanzen ab Seite 145. Diese erhöhen nicht nur die strukturelle Vielfalt, sondern erweitern das Blühangebot über die gesamte Vegetationsperiode und schaffen damit ein noch breiteres Spektrum an Nahrungsressourcen.

Pflanzen aus dem trockenen, sonnigen Staudenbeet sind ebenfalls für den Steingarten geeignet (siehe ab Seite 160).

## WIE TIERE VON STEINGÄRTEN PROFITIEREN

Die in Steingärten gezielt etablierten Pflanzenarten schaffen Habitate für spezialisierte Tierarten. Die Larven vieler Sandlaufkäfer bauen in sonnigen, sandigen Flächen Röhren, in denen sie auf Beute wie Ameisen lauern. Sandbienen und Erdwespen legen in sandigen Strukturen ihre Nester an. In lockeren Steinhaufen oder in Steinspalten baut die Steinhummel *(Bombus lapidarius)* ihr Nest. Mauereidechsen sonnen sich auf warmen Steinplatten, die Waldmaus findet Schutz unter Totholz, Kleinvögel wie Zaunkönig, Heckenbraunelle oder Meisen suchen in Steinspalten nach Spinnen und Insekten.

Erdwespen sind dankbar für sandige, unbewachsene Strukturen am Boden. Hier können sie ihre Nester anlegen.

### Steingarten vs. Schottergarten

In diesem Duell geht es um weit mehr als nur um ästhetische Fragmente im Vorgarten – es stehen sich zwei völlig unterschiedliche Konzepte gegenüber.
Der artenreiche **Steingarten** baut auf naturnahe, strukturreiche Substrate und eine sorgfältige Auswahl heimischer Pflanzenarten. Er bietet ein komplexes Netzwerk von Nahrungsketten und symbiotischen Interaktionen, bei dem Bestäuber die generative Vermehrung der Stauden sichern. Räuberische Insekten wie Laufkäfer und Spinnen fungieren als Schädlingsmanager, während Totholz und Gesteinsfragmente Kleintieren als schützende Winterresidenzen dienen.
Im Gegensatz dazu präsentiert der **Schottergarten** eine geschlossene Kiesschicht, in der Monokulturen aus Ziergräsern oder Sukkulenten das trügerische Bild puristischer Ordnung zu zeichnen versuchen. Doch hinter dieser Fassade steckt ein multikulturelles Vakuum: Es fehlt an Nektar- und Pollenressourcen, saisonaler Blühvielfalt, an Lebensraumstrukturen und damit an jenen feinen, aber entscheidenden Fädchen, die Bestäuberpopulationen zusammenhalten.
Entsprechend belegen Studien, dass in naturnah gestalteten Steingärten sowohl die Artendichte als auch die Anzahl von Bienen, Schwebfliegen und Co. unvergleichlich viel höher liegen als im steinernen Ödland des Schottergartens.

## Weitere Pflanzen für den Steingarten

| NAME | BLÜTE | INSEKTENBESUCHER | ÖKOLOG. BEDEUTUNG |
|---|---|---|---|
| **Alpen-Mannstreu** *(Eryngium alpinum)* | VII–VIII blau | Wildbienen, Schwebfliegen, Käfer | vom Aussterben bedrohte Mannstreu-Seidenbiene ist spezialisiert |
| **Ästige Graslilie** *(Anthericum ramosum)* | VI–VIII weiß | Wildbienen, Raupen | stark gefährdete Graslilieneule ist spezialisiert |
| **Berg-Aster** *(Aster amellus)* | VIII–X lila | Wildbienen, Schwebfliegen, Raupen, Schmetterlinge, Käfer | Raupenfutterpflanze des gefährdeten Astern-Mönchs |
| **Berg-Gamander** *(Teucrium montanum)* | VI–IX gelb | Wildbienen, Schwebfliegen, Raupen, Käfer | Raupenfutterpflanze des stark gefährdeten Aschgrauen Felsen-Steinspanners |
| **Berg-Steinkraut** *(Alyssum montanum)* | IV–V gelb | Wildbienen, Schwebfliegen, Raupen, Schmetterlinge, Käfer | Lebensraum des stark gefährdeten Kohl-Zahnrüsslers |
| **Dach-Hauswurz** *(Sempervivum tectorum)* | VII–IX rosa | Wildbienen, Raupen | Pollen für die gefährdete Filzzahn-Blattschneiderbiene |
| **Felsen-Fetthenne/Tripmadam** *(Sedum reflexum)* | VI–VIII gelb | Wildbienen, Schwebfliegen, Raupen, Schmetterlinge, Käfer | Pollen/Nektar für die Felsspalten-Wollbiene (Vorwarnliste) |
| **Flachblatt-Mannstreu** *(Eryngium planum)* | VII–IX blau | Wildbienen, 52 Schwebfliegenarten(!), Käfer | Pollen und Nektar für die Blaue Breitbandschwebfliege (Vorwarnliste) |
| **Golddistel** *(Carlina vulgaris)* | VII–IX gelb | Wildbienen, Schwebfliegen, Raupen, Schmetterlinge, Käfer | Scheckhorn-Distelbock nutzt sie als Larvenstube |
| **Kartäusernelke** *(Dianthus carthusianorum)* | IV–XI pink | Wildbienen, Schwebfliegen, Raupen, Schmetterlinge, Käfer | Nektarpflanze für Hummelschwärmer, Zitronenfalter |
| **Kleinblütige Bergminze** *(Calamintha nepeta)* | VI–IX violett | Wildbienen, Schwebfliegen, Schmetterlinge, Käfer | auf Pollen spezialisierte Wald-Pelzbiene (Vorwarnliste) |
| **Kreuzenzian** *(Gentiana cruciata)* | VII–VIII blau | Wildbienen, Raupen | Raupenfutterpflanze des gefährdeten Kreuzenzian-Ameisenbläulings |
| **Niedliche Glockenblume** *(Campanula cochleariifolia)* | VI–VIII blau | Wildbienen, Schwebfliegen, Raupen, Käfer | auf Pollen spezialisierte, vom Aussterben bedrohte Rote Schuppen-Sandbiene |
| **Sand-Thymian** *(Thymus serpyllum)* | VI–X rosa | Wildbienen, Schwebfliegen, Raupen, Schmetterlinge, Käfer | Raupenfutterpflanze für stark gefährdeten Quendel-Bläuling |
| **Silberdistel** *(Carlina acaulis)* | VII–IX weiß | Wildbienen, Schwebfliegen, Raupen, Schmetterlinge, Käfer | auf Pollen spezialisierte, stark gefährdete Flockenblumen-Langhornbiene |
| **Steppen-Wolfsmilch** *(Euphorbia seguieriana)* | VI–IX grüngelb | Schwebfliegen, Raupen, Schmetterlinge, Käfer | Raupenfutterpflanze für spezialisierten Wolfsmilchschwärmer |
| **Traubige Graslilie** *(Anthericum liliago)* | VI–VIII weiß | Wildbienen, Raupen | Pollen und Nektar für die Gewöhnliche Schmalbiene |
| **Weißer Mauerpfeffer** *(Sedum album)* | VI–VII weiß | Wildbienen, Schwebfliegen, Raupen, Schmetterlinge, Käfer | Raupenfutterpflanze des spezialisierten und stark gefährdeten Apollofalters |
| **Wiesen-Kuhschelle** *(Pulsatilla pratensis)* | IV–V violett | Wildbienen, Schwebfliegen, Raupen, Käfer | gefährdete Spargel-Schmalbiene nutzt Pollen und Nektar |

## MIKROHABITAT FUGEN & RITZEN

Fugen und Ritzen – oft als Lücken im Pflaster oder Spalten in Mauern angesehen, in denen sich lästige Unkräuter ansiedeln – sind Refugien für allerlei Leben. Wenn wir diese schmalen Nischen bewusst in Ruhe lassen, eröffnen wir einer Vielfalt aus Moosen, Pflanzen und Tieren, die sonst kaum ein Plätzchen finden, einen Rückzugsort.

### Don'ts

Finger weg von Herbiziden und Fungiziden! Wer Ritzen als lebendige Habitate bewahren möchte, sollte auf die chemische Keule verzichten. Schon geringe Rückstände machen das Substrat unbewohnbar und stören das empfindliche Geflecht aus Pflanzen und Kleintieren. Mit dem Fugenkratzer lediglich eventuell auftretenden Löwenzahn entfernen, ansonsten lasse den Kratzer besser im Geräteschuppen, um keine Wildbienennester zu zerstören. Naturbelassen ist hier der Schlüssel zum Erfolg!

In den schmalsten Fugen, egal ob am Boden oder in der Vertikalen, können Pionierpflanzen, die mit wenig Bodenfruchtbarkeit auskommen, wurzeln. Dazu gehören kleine Thymianarten, Zymbelkraut *(Cymbalaria muralis)*, Mauerraute *(Asplenium ruta-muraria)* oder sukkulente Pflanzen wie Mauerpfeffer *(Sedum acre)*. Winzige Wildbienen, nur gut 1 mm groß, nisten in den Fugen am Boden und finden somit Nahrung und Wohnraum dicht beieinander.

### Garten-Ritzen gestalten – so geht's

Lege am besten deine Fugen mit unterschiedlicher Breite zwischen 5 und 50 mm an. Fülle sie mit einem lockeren Mix aus Sand, Lehm und etwas organischer Substanz. Du kannst ganz gezielt feuchte Zonen schaffen, indem du an schattigen Stellen eine Schicht Moos einbettest oder in wärmeren Bereichen grobkörniges Substrat verwendest. So entsteht ein Mosaik aus unterschiedlichen Mikrohabitaten, in dem sich jede Art ihr Lieblingsplätzchen aussuchen kann.

### Fugenkorridore für mehr Vernetzung

Wenn du Mauern, Wege, den Garagenvorplatz oder Carport mit solchen besiedelbaren Fugen gestaltest, achte darauf, dass sie sich wie ein Netz durch dein Grundstück ziehen. Verbundene Spalten werden zu Korridoren für Käfer und Spinnen und fördern den genetischen Austausch. So unterstützt du die Mobilität selbst winzigster Gartenbewohner. Zusätzlich kannst du bei geeigneten Fugen und Rasenwaben Fugenmischungen aus verschiedenen niedrigwüchsigen Pflanzen einsäen. Solche Fugenmischungen sind auch käuflich erhältlich.

Zwischen Stein und Pflaster darf sich Leinkraut entwickeln. Die Ritzen im Pflaster bieten Thymianen noch viel Potenzial.

# WIESE – MEHR ALS GRAS UND GÄNSEBLÜMCHEN

**In der weiten Symphonie der Natur nimmt die artenreiche Blumenwiese eine zentrale Rolle als dynamisches, sich ständig wandelndes Ökosystem ein, das weit über die bloße Ansammlung von Gräsern und Kräutern hinausgeht.**

Eine artenreiche Wiese ist ein vibrierendes, dynamisches Mosaik aus Leben, ein Ökosystem, das sich ständig wandelt und selbst organisiert. Hier begegnen sich Pflanzen, Insekten, Vögel, Säugetiere und Mikroorganismen auf engstem Raum, vernetzen sich, tauschen sich aus und bilden ein fein abgestimmtes System.

Esparsette und Wiesensalbei leuchten um die Wette. In Kürze wird die Wiesen-Witwenblume am Blühzauber teilnehmen.

## WIESENWUNDER – GRÜNE BÜHNE FÜRS PRALLE LEBEN

Schon in der Urgeschichte hatten große Pflanzenfresser wie Mammut, Riesenhirsch, Nashorn oder Wasserbüffel einen entscheidenden Anteil daran, dass in Mitteleuropa offene Lebensräume erhalten blieben. Sie trampelten Waldränder nieder, fraßen junge Bäume und sorgten so für die Entstehung artenreicher Wiesen. Diese Vorstellung spiegelt sich in der Megaherbivorentheorie wider. Die Theorie widerspricht der lange gängigen Meinung, dass Mitteleuropa ursprünglich fast vollständig bewaldet war und erst der Mensch Offenflächen geschaffen hat. Tatsächlich war es ein Zusammenspiel aus tierischer Einflussnahme und klimatischen Faktoren, das feinziselierte Mosaike aus Wald, Offenland und halboffenen Flächen entstehen ließ.

### Von kargem Boden, Tierhufen und kluger Kultivierung

Was heute oft als Naturidylle wahrgenommen wird, ist in Wahrheit eine feinsinnige Kooperation aus Naturprozessen und traditioneller Nutzung. Artenreiche Wiesen, wie du sie vielleicht bei einem Frühsommer-Spaziergang bestaunst, sind nicht einfach vom Himmel gefallen. Sie werden durch jahrhundertelange, extensiv betriebene Landwirtschaft aufrechterhalten. Späte Mahd, Beweidung durch Rinder, Pferde oder Schafe, vor allem aber der Verzicht auf intensive Düngung prägten diese Biotope.

Gerade Bergwiesen wie hier diese Salbei-Glatthaferwiese schaffen ein Bild großer Natürlichkeit, das wir mittlerweile als außergewöhnlich wahrnehmen. Vor nicht einmal 100 Jahren leuchteten auch im Flachland noch Wiesen um die Wette.

Auf diesen Magerstandorten hatten Spezialisten eine Chance, die auf nährstoffreichen Flächen verdrängt würden. Jeder Quadratmeter wurde zur kleinen Bühne einer floralen Vielfalt, die es ermöglichte, dass bis zu **200 Pflanzenarten** auf einer einzigen Wiese vorkommen. Dort, wo der Boden karg ist, erlauben die geringeren Nährstoffkonzentrationen das Überleben seltener Kräuter und Pionierpflanzen, wodurch ein intensiver ökologischer Dialog zwischen den verschiedenen Arten entsteht. Je weniger Nährstoffe, desto stärker leuchtet die Farbenpracht. Heute ist das noch so auf Bergwiesen die komplette Vegetationsperiode hindurch zu bestaunen – im Gegensatz zum güllegedüngten Grünland im Tal, das höchstens zwei Wochen im Jahr in monokulturellem Löwenzahngelb erstrahlt, dafür aber 5- bis 6-mal pro Jahr gemäht wird. Wir sehen auf intensiv bewirtschafteten Flächen eine Artenarmut durch Überdüngung.

»Die Wiesen entfalten besonders im Juni eine unglaubliche Farbenpracht: bald kleidet die Wucherblume (Anmerkung: *Tanacetum*-Arten wie Rainfarn, Mutterkraut, Staubige Margerite) weite Strecken in weisses oder gelbes Gewand, bald liegt über der ganzen Wiese ein duftiges Blau, das von vielen Tausenden von Glockenblumen herrührt; bald gibt die Blüthe des Sauerampfers dem üppig grünen Teppich eine rothe Färbung. Dann versenken sich die Bienen nicht bloss in die zahllosen Blüthenkelche, sondern sie umschwärmen auch den majestetischen Alpenahorn, …« Eine blumige Schilderung des Pfarrers Czerwenka um 1870. Auch 80 Jahre später konnte man sich an den blühenden Wiesen erfreuen. Die heutige Grünlandwirtschaft allerdings lässt diese Vielfalt nicht mehr zu: Intensive Düngung mit Gülle und ein oftmaliger Schnitt sind der Grund für zwar ertragreichere, aber ökologisch ärmere Wiesen.« So zu lesen im Ramsauer Kulturführer von Josef Hasitschka der Gemeinde Ramsau am Dachstein 2019.

Der Schriftsteller und Poet Peter Rosegger warnte bereits vor 100 Jahren vor der Naturkraftverschwendung: »Des Geldes wegen wird Raubbau, um nicht zu sagen perverse Naturkraftverschwendung getrieben. Wir dürfen es nicht darauf ankommen lassen, dass in unseren Ländern ein starker Baum, ein ursprüngliches Tier, ein wilder Bach zur Kuriosität wird«.

Jetzt sind wir so weit, Naturkraft bis zur Erschöpfung verschwendet zu haben. Eine durchkultivierte und durchökonomisierte Landschaft ist in Mitteleuropa das Maß aller Dinge. Deshalb gilt es, in unserem Wirkkreis wieder wilde Natur herzustellen, so gut es geht. Heute wissen wir: Diese Verschwendung hat ihren Preis, nämlich den dramatischen Verlust der biologischen Vielfalt. Daher das ambitionierte Ziel der Staaten, bis 2030 mindestens 30 % der ökologisch geschädigten Flächen zu renaturieren.

## CHAOS ERWÜNSCHT! WARUM WIESEN VON STÖRUNGEN LEBEN

Was sich chaotisch anhört, ist in der Natur oft sehr gesund: Überschwemmungen, Feuer, Beweidung oder das Umwühlen des Bodens durch Tiere sind keine Katastrophen, sondern Teil des ökologischen Gleichgewichts. Diese Störungen verhindern, dass Bäume überhandnehmen und über Jahrzehnte geschlossene Waldflächen bilden. Stattdessen entstehen Lichtungen, neue ökologische Nischen für Lichtliebhaber wie Orchideen oder andere Spezialisten.

Pionierpflanzen, die oft über Jahrzehnte in der Bodensamenbank geschlummert haben, nutzen solche Gelegenheiten blitzschnell. Und mit ihnen kommen die Tiere. Wäre da nicht ein Haken: Die großen Weidetiere, die früher für diese Dynamik sorgten, sind in Mitteleuropa ausgestorben oder nur noch in Reservaten zu finden. Auerochsen, Wisente, Wildpferde oder gar Elefanten? Alle sind Vergangenheit.

Deshalb ist es so wichtig, die extensive Beweidung mit großen Nutztieren wieder stärker zu fördern. Rinder, Schafe oder Ziegen können den Job des Mähens zumindest teilweise übernehmen. Denn ein großer Unterschied bleibt: Beim Mähen sterben unzählige Insekten, Larven und Eier. Weidetiere dagegen fressen selektiv und hinterlassen funktionierende Lebensräume.

Die heutige Vorstellung vieler Menschen von »Wiese« entspricht eher einer immergrünen Fläche, die im Sommer einfach etwas höher wächst. Diese Art

Lebenswichtige Chancen für Wildbienen: Anlage von Nestern im lückigen Bewuchs.

Faszinierende Vielfalt auf kleinstem Raum: Wiesenkerbel, Berg-Esparsette und Hahnenfuß. Letzterer profitiert vom Stickstoff, den die Esparsette herstellt.

Wiese hat aber nichts mehr gemeinsam mit den bunten und mannigfaltigen Blumenwiesen vergangener Tage, die sich durch Nährstoffmangel auszeichneten.

## STRUKTUR UND FUNKTIONELLE DIVERSITÄT: DAS GEHEIME INNENLEBEN DER WIESE

Die strukturelle Komplexität artenreicher Wiesen geht weit über die reine Pflanzenvielfalt hinaus. Zwischen dicht angeordneten Gräsern und Kräutern sowie Lücken im Bewuchs entstehen vielfältige Mikrohabitate, die zahlreichen kleineren Organismen als Rückzugs- und Lebensraum dienen. Feine Risse im Boden, Hohlräume sowie unterschiedlich dichte Vegetationsschichten bieten verschiedenste Bedingungen für Mikroorganismen, Pilze und wirbellose Tiere. Insbesondere Mikroorganismen, die in den obersten Bodenschichten leben, spielen eine entscheidende Rolle im ökologischen Nährstoffkreislauf, da sie organisches Material abbauen und so den Boden belüften. Ein eindrucksvolles Beispiel dieser symbiotischen Beziehung ist die Kooperation zwischen Pflanzen und Mykorrhiza-Pilzen (siehe Seite 73), die die Nährstoffaufnahme der Pflanzen verbessern, während sie im Gegenzug Kohlenhydrate beziehen. Dieses wechselseitige Abhängigkeitsverhältnis stärkt die Widerstandsfähigkeit des gesamten Ökosystems.

### Dinner for Bees: Wer hier wen liebt, bestäubt oder frisst

Ein artenreiches Wiesenbiotop entspricht einem filigranen und dicht gewobenen Netz von Nahrungsebenen und ist ein Festmahl für zahllose Tierarten. Die Blüten liefern Pollen und Nektar, die Pflanzen bieten Futter für Raupen, Käfer, Heuschrecken und viele mehr. Wildbienen fliegen gezielt bestimmte Pflanzen an, manche sogar ausschließlich. Die Tiere wiederum sind Nahrungsquelle für Vögel, Spinnen, Amphibien, Reptilien oder Kleinsäuger.

Diese Wechselwirkungen sind fein aufeinander abgestimmt. Viele Insektenarten haben ihre Lebenszyklen an die Blüte bestimmter Pflanzen angepasst. Schmetterlinge etwa legen ihre Eier nur dort ab, wo die schlüpfenden Raupen genügend ihrer Futterpflanzen finden. Wildbienen wiederum brauchen ganz bestimmte Pollensorten für ihre Brut. Wird diese Verbindung unterbrochen, bricht das ganze System zusammen.

### Mikrohabitat Lücken im Bewuchs

Lücken sind aus Sicht der Natur keine Fehler, sondern Chancen. Sie sind lediglich große Fugen, die Raum bieten für spontane Pflanzenansiedlung. Pionierarten wie Hirtentäschel *(Capsella bursa-pastoris)* besiedeln diese offenen Bodenstellen zuerst. Diese kleinen Kräuter sind nicht nur hübsch, sondern auch wertvolle Nektarspender für Wildbienen, Schwebfliegen und Schmetterlinge wie das Tagpfauenauge.
Auch viele bodenbewohnende Tiere sind auf offene Stellen angewiesen. Wildbienen wie die Sandbiene *(Andrena vaga)* oder die Furchenbiene *(Lasioglossum malachurum)* graben ihre Nester bevorzugt in offenen, vegetationsarmen Boden. Wildbienen, diese oft übersehene Tiergruppe, ist für die Bestäubung vieler Wildpflanzen, aber auch Gemüsepflanzen, von unschätzbarem Wert. Lücken in der Wiese und im Staudenbeet bieten also Kinderstuben für die Bestäuber der Zukunft. Zudem dienen offene Bodenstellen als Sonnenplätze für wärmeliebende Insekten wie Laufkäfer oder Eidechsen wie die Zauneidechse *(Lacerta agilis)*. In der feuchten Morgensonne trocknen sie hier ihre Flügel, wärmen ihre Muskeln oder lauern auf Beute.
Und auch der Igel, der nächtlich durch den Garten streift, findet hier mehr Insektennahrung als in einem dichten Pflanzenfilz.

## GRÜNE VIPS – DIE STARS UNTER DEN WIESENPFLANZEN

Mitteleuropäische Wiesen sind Heimat für Pflanzenarten, die sowohl ökologisch relevant als auch echte Hingucker sind.
Dazu gehört etwa die **Pfirsichblättrige Glockenblume** *(Campanula persicifolia)*, die früher häufig war und in zahlreichen Wiesen als violettes Leuchtfeuer in der Frühlings- und Sommerlandschaft erschien, heute aber zunehmend verschwindet. Ihre großen Blüten locken 33 Wildbienenarten an, 12 davon sind auf sie spezialisiert, darunter Glockenblumen-Scherenbienen *(Chelostoma rapunculi, C. campanularum)*, wobei Erstere mittlerweile unter Wildbienenbegeisterten eine kleine Berühmtheit ist, da die Männchen schlafend gut in ihrer Wohngemeinschaft zu entdecken sind. Sie übernachten gut geschützt vor Regen und Wind gerne gemeinschaftlich im Blütenkelch. Häufig beißen sie in die Staubbeutel und verankern sich darüber. Am Morgen erscheinen die Weibchen zum Pollensammeln und werden direkt begattet. Ein weiteres Highlight ist das **Echte Labkraut** *(Galium verum)*, das mit seinem Zitronenduft und leuchtenden Gelb sowohl Menschen als auch Insekten begeistert.
78 Schmetterlingsarten (davon 25 spezialisiert) nutzen es, darunter der Breitbinden-Labkrautspanner *(Epirrhoe galiata)* oder der imposante Labkrautschwärmer *(Hyles gallii)*. Selbst das Taubenschwänzchen *(Macroglossum stellatarum)* legt hier seine Eier ab. Dann gibt es da noch die **Skabiosen-Flockenblume** *(Centaurea scabiosa)*, ein wahrer Hotspot für Wildbienen und Schmetterlinge. Sie versorgt zwischen Juli und Oktober 97 Wildbienenarten, 45 Schmetterlings- und 22 Raupenarten und spielt damit in der Champions League.
Der **Wiesensalbei** *(Salvia pratensis)* zieht mit seinem würzigen Duft und den lila Blüten zahlreiche Bestäuber an, wie zum Beispiel solitäre Bienen, Hummeln und Schmetterlinge. Auch die **Schafgarbe** *(Achillea millefolium)* trägt maßgeblich zur Pflanzenvielfalt bei und wird von verschiedenen Insektenarten einschließlich Schmetterlingen wie dem Kleinen Fuchs sowie Wildbienen frequentiert.
Der **Hufeisenklee** *(Hippocrepis comosa)* ist eine wahre Powerpflanze im trockenen, mageren, am liebsten kalkhaltigen Boden. Die gelben Blüten dieser robusten und widerstandsfähigen Pflanze leuchten von Mai bis Juni und locken 65 Wildbienenarten an. Davon sind allein 21 spezialisiert auf ihn wie die gefährdete Große Harzbiene *(Trachusa byssina*, Syn. *Anthidium byssinum*). Raupen von 24 Schmetterlingsarten, darunter der gefährdete, auf den Hufeisenklee spezialisierte wunderschöne Himmelblaue Bläuling *(Polyommatus bellargus)* oder das hübsche Hufeisenklee-Widderchen *(Zygaena transalpina)* leben von ihm.
Weitere interessante Wiesenpflanzen und ihre Besucher findest du in einer Tabelle auf Seite 214.

Flockenblumen, egal ob Skabiosen-, Berg- oder Wiesenflockenblumen, liefern eine tolle Optik.

## ÖKOLOGISCHE BEDEUTUNG: ARTENREICHE WIESEN HELFEN SECHSBEINERN AUF DIE SPRÜNGE

Artenreiche Wiesen fungieren als genetische Schatzkammern, in denen ständig evolutionäre Anpassungsprozesse stattfinden. Diese biologische Diversität ist weit mehr als ein ästhetischer Bonus: Sie bildet die Grundlage für Resilienz gegenüber Stressfaktoren wie Klimawandel oder Krankheiten. Jede einzelne Pflanze bringt ihren eigenen genetischen Bauplan mit – je vielfältiger dieser Pool, desto robuster das System. So entstehen flexible, anpassungsfähige Lebensgemeinschaften, die auch mit Extremwetter oder eingeschleppten Schädlingen besser zurechtkommen.

Gleichzeitig sind diese Wiesen eine Art ökologische Reparaturwerkstatt. Wenn in degradierten Landschaften neue Lebensräume entstehen sollen, sind die genetischen Ressourcen aus artenreichen Wiesen ein unschätzbarer Ausgangspunkt. Denn je bunter die Pflanzenwelt, desto mehr Bausteine stehen dem Ökosystem zur Verfügung, um sich neu zu formieren.

### Was Wiesen für uns tun, wenn wir sie lassen

Man könnte sagen: Wiesen arbeiten still im Hintergrund für uns. Sie stabilisieren den Boden, halten Niederschläge zurück und verhindern so Erosion. Außerdem speichern sie Kohlenstoff durch Humusaufbau und helfen so, den Klimawandel zu bremsen – mitunter sogar effizienter als Wälder, vor allem dann, wenn sie extensiv beweidet werden. Das nennt man **Ökosystemleistungen**.

Auch im Kleinen leisten sie Großes: Siebenpunkt-Marienkäfer, Florfliegen oder Ohrwürmer machen Jagd auf Blattläuse, während Fledermäuse in der Dämmerung über der Wiese auf Beuteflug gehen oder Spitzmäuse zwischen den hohen Gräsern Insekten suchen. Damit regulieren sie das Insektenaufkommen. Diese natürlichen Kontrollmechanismen sorgen dafür, dass das ökologische Gleichgewicht im Takt bleibt – ganz ohne Chemie, ohne Eingriff, einfach durch die Vielfalt selbst.

Glockenblumen, früher ein alltägliches Bild heimischer Wiesen, geraten zur Seltenheit.

Der Hornklee blüht zuverlässig Frühjahr und Sommer hindurch und bildet die unterste Etage in wilden Wiesen.

### *Blühende Argumente für weniger Beton – die Wiese als Coach*

Artenreiche Wiesen sind nicht nur ein ökologisches Modell, sondern auch ein kulturelles und volkswirtschaftliches Statement. Sie ändern Sehgewohnheiten. In Zeiten, in denen immer mehr Fläche versiegelt wird und immer intensivere Monokulturen mit immer höheren Erträgen das Landschaftsbild prägen, setzen sie einen klaren Kontrapunkt. Sie zeigen: Weniger ist manchmal mehr – zumindest, wenn es um Eingriffe in die Natur geht.

In der Landschaftsarchitektur gewinnen diese Wiesen zunehmend an Bedeutung. Sie inspirieren zu einer Gestaltung, die auf Regionalität, Rücksichtnahme und Nachhaltigkeit setzt. Wo früher sterile Rasenflächen dominierten, entstehen heute blühende Biotope, die sowohl Tieren als auch Menschen guttun und das Bewusstsein für die ursprüngliche Vegetation und den natürlichen Zustand einer Region fördern.

## EINE BLUMENWIESE IM NATURNAHEN GARTEN SCHAFFEN – VON DER ALMWIESE ZUR REIHENHAUSIDYLLE

Die Idee, Wiesenprozesse in den Garten zu übertragen, ist mehr als ein ästhetisches Konzept – sie ist ein Paradigmenwechsel. Statt streng zu regulieren und den Garten als künstlichen Raum an dich angepasst zu definieren, betrachte ihn als lebendigen Organismus, der sich im Einklang mit natürlichen Zyklen und Dynamiken entwickelt. Statt in geraden Linien zu denken, orientiere dich an natürlichen Rhythmen. Du lässt Platz für Überraschungen, für Eigenwilligkeit, für das, was sich einstellt, wenn man nicht alles kontrolliert. Nimm einen **Perspektivenwechsel** vor und beachte die Bedürfnisse deiner zukünftigen Gartenbewohner.
Ein naturnaher Garten lebt von seiner Dynamik. Er verändert sich mit den Jahreszeiten, mit dem Wetter und mit dem Einfluss der Tiere. Dadurch entsteht ein kleiner Mikrokosmos, der authentisch die regionale Biodiversität widerspiegelt und weit mehr ist als die Summe seiner Teile.

### Funktionale und ästhetische Bedeutung: schöner Wohnen für Schmetterlinge & Co.

Ein naturnaher Garten ist weit mehr als ein rein dekorativer Raum; er bildet eine Symbiose aus Funktionalität und Ästhetik. Eine Wiese ist auch im naturnahen Garten etwas Besonderes. Anders als die arrangierte Flora im Staudenbeet verkörpert sie ein Stück weit mehr die Wildnis. Sie selbst entscheidet, welche Pflanzen wo darin wachsen und blühen. Und selbstredend anders als ein kurzgeschorener Rasen, der regungs- und bedeutungslos in der Gegend oder im Garten einfach sinnlos herumsteht, ist eine Wiese ein lebendiges, filigranes Wesen. Sphärisch schwebend, duftig leicht, voll anmutiger Eleganz, erzeugt sie ständig sich ändernde Bilder voller Leben. Sie biegt sich, wenn ein Windhauch über sie hinwegstreicht, durchorchestriert, als ob

Heuschrecken profitieren von hohen Gräsern in der Blumenwiese im Garten.

Ein immer noch viel zu seltener Anblick. Glücklicherweise denken viele Gemeinden allmählich um, weil Blumenwiesen auch Vorteile bei der Pflege bringen.

der Dirigent den Stab hebt, oder wenn ein heftiger Regen, ein schweres Insekt auf einer ihrer Blüten landet. Sie duftet und summt an einem warmen Junitag. Also wie ein Sektglas, prickelnd gefüllt mit Aromen im Vergleich zum hochprozentigen Korn im Schnapsglas, wenn man den Vergleich in etwas Berauschendem sucht. Schließe kurz die Augen und stelle dir eine ebensolche Wiese vor. Was fühlst du? Aber nicht nur die Ästhetik besticht, sondern auch die funktionale, ökologische Ebene. Das ist nicht nur schön, sondern auch sinnvoll: Heuschrecken etwa können sich auf einem gemähten Rasen nicht fortpflanzen. Der Wiesen-Grashüpfer braucht höhere Gräser als die Wiesen-Quecke, und die Sichelschrecke ernährt sich von Kräutern wie Rotklee und Schafgarbe. Für sie ist ein naturnaher Garten nicht nur Lebensraum, sondern Überlebensgarantie.

### Naturnahe Gärten – Grün mit sozialer Schlagkraft

**Beitrag zur urbanen Biodiversität:** Auch in Städten sind solche Gärten echte Oasen. Sie durchbrechen die graue Monotonie, schaffen ökologische Trittsteine und verbinden isolierte Lebensräume. Auf einmal tummeln sich Arten, die man sonst nur aus geschützten Gebieten kennt, mitten in der Stadt. So entsteht ein urbaner Biodiversitätsschub, und das Bewusstsein für Natur wächst gleich mit.
**Bildung und Naturerfahrung:** Eine Wiese lehrt mehr über Ökologie als jedes Schulbuch. Wenn du beobachtest, wie aus einer Knospe eine Blüte wird, wie ein Käfer auf Futtersuche geht oder wie ein Vogel zwischen Gräsern landet, verstehst du ökologische Zusammenhänge auf einer ganz anderen Ebene. Das ist Naturpädagogik im besten Sinne – direkt erlebbar, konkret und berührend.
**Zukunftsperspektiven und Herausforderungen:** Angesichts des globalen Klimawandels gewinnen artenreiche Wiesen und naturnahe Gärten zunehmend an Bedeutung als ökologisch widerstandsfähige Systeme. Die in diesen Habitaten vorhandene genetische Vielfalt und die dichten Netzwerke ökologischer Wechselwirkungen ermöglichen eine flexible Anpassung an veränderte klimatische Bedingungen.

## NATURNAHE WIESE IM GARTEN: JETZT WIRD'S WILD!

Du kannst Teil dieses ökologischen Wandels sein – direkt vor deiner Haustür. Eine Wildblumenwiese im Garten wird zum Hotspot der Artenvielfalt. Die Pflanzen darin sind echte Überlebenskünstler und bieten Nahrung, Schutz und Nistplätze für Insekten, Vögel und Kleinsäuger. Deine ökologische, naturnahe Wildblumenwiese stellt eine wertvolle Maßnahme für Biodiversität, Ästhetik und langfristige Pflegeleichtigkeit dar. Ihre Umsetzung ist meistens gar nicht so schwer, wie man meint.

### Mikrohabitat Maulwurfshügel

In naturnahen Gärten spielst du mit Maulwurfshügeln bewusst das Spiel der Vielfalt: So konnte in Felduntersuchungen gezeigt werden, dass im Vergleich zu umliegenden »ungestörten« Rasenflächen maulwurfshügelreiche Flächen bis zu 30 % höhere Artenzahlen bei bodenbewohnenden Gliedertieren aufweisen. Auf den humusreichen Hügelkuppen siedeln sich Wildblumen an, die sonst auf ebenem Rasen kaum eine Chance haben. Für viele Gartenvögel bieten die Hügel kurze Erhebungspunkte, um nach Würmern und Insekten Ausschau zu halten.
Die ständige Grabarbeit bringt Bodenpartikel in Bewegung, verändert die Textur und hebt Nährstoffe in neue Schichten. Dadurch steigt der verfügbare Stickstoff, von dem stickstoffliebende Pflanzen profitieren, während tiefere Schichten belüftet werden und Humusbildung gefördert wird.

# EINE WILDBLUMENWIESE HERSTELLEN: GEDULD BRINGT BLÜTEN

**Eine Wiese entsteht jedoch nicht über Nacht – sie wächst. Damit sie langfristig artenreich wird, braucht es etwas Geduld und Planung. Viele Blumenarten keimen erst nach Wochen, wenn nicht sogar erst im nächsten Jahr, da einige Samen Frost brauchen, um keimen zu können.**

**Eine naturnahe Wildblumenwiese** benötigt in der Regel 2–4 Jahre, bis sich ein stabiles, artenreiches Gefüge etabliert und seltene Arten langsam zunehmen. Geduld und konsequentes Pflegemanagement sind entscheidend für einen langfristig ökologisch wertvollen Lebensraum. Und jedes Jahr ändert sich das Gesicht der Blumenwiese – je nach den äußeren Bedingungen. War das vergangene Jahr sehr trocken, erscheinen wieder Ruderalarten wie der Natternkopf, weil dauerhaftere Pflanzen ausgefallen sind. Nach regenreichen Jahren verschwindet er wieder, überdauert aber als Samen im Boden, die nur darauf warten, dass wieder trockenere Bedingungen herrschen zum Keimen.

## 1. SCHRITT: ANALYSE DER BODENBEDINGUNGEN

- **Bodenqualität:** Für artenreiche, magerkeitsliebende Wildblumenwiesen sind schwach bis mäßig nährstoffreiche Böden (v. a. Stickstoff < 20 mg/100 g Boden) ideal – ein höherer Stickstoffgehalt fördert Gräser und Neophyten, die konkurrenzstark einheimische Kräuter verdrängen. Optimal ist ein pH-Wert von 5,5–6,5 (siehe Seite 163). Abweichungen beeinträchtigen die Nährstoffverfügbarkeit und Artenzusammensetzung.
- **Standort:** Da viele Zielarten Trockenstandorte bevorzugen, sollte die vorgesehene Fläche für deine Blumenwiese am besten in der vollen Sonne liegen. Halbschatten ist auch noch möglich. Vermeide Flächen mit Staunässe.

## 2. SCHRITT: UMWANDLUNG EINES BESTEHENDEN RASENS

Dazu gibt es zwei Möglichkeiten.

**Beibehaltung eines Teils des Rasens unter definierten Bedingungen:**
Diesen Versuch kannst du v. a. dann starten, wenn du deinen Rasen über Jahre hinweg regelmäßig gemäht hast und er bereits nur noch wenig Gras, dafür umso mehr Kräuter beherbergt.

- **Mahdreduktion:** Mähe nur 2-mal im Jahr, dann natürlich eher mit der Sense oder einem Balkenmäher. Du siehst schnell, ob etwas Wertvolles entsteht.
- **Vertikutieren und Einsäen:** Du kannst vollumfänglich oder nur Teilflächen vertikutieren, um die Grasnarbe aufzureißen und punktuell Wiesenblumensamen einzusäen.

**Komplettes Abheben der Grasnarbe (Bodenaustausch):**

- **Rasenschäler-Einsatz:** Mit einem Rasenschäler wird die Grasnarbe samt den obersten 10–15 cm des Oberbodens flächig abgehoben. So senkst du den Nährstoffgehalt entscheidend und schaffst ein homogenes Saatbett.
- **Bodenabtrag und Substrataufbau:** Kompostie-

re das abgetragene Material oder baue es in ein Hügelbeet/Hochbeet mit dem Gras nach unten ein. Auf die abgetragene Fläche bringst du dann eine 10–15 cm starke Schicht nährstoffarmer, sandiger Lehmerde (Körnung 0–8 mm) oder – noch besser – Sand/Kies ein.

## 3. SCHRITT: SAATGUTAUSWAHL UND ANSAAT

- **Auswahl einheimischer Arten:** Verwende Saatgutmischungen von ökologisch zertifizierten Saatgutlieferanten (siehe Seite 218). Hierbei ist gewährleistet, dass das Saatgut an mitteleuropäische Ansprüche angepasst ist.
- **Aussaattermin und -technik:** Idealer Zeitpunkt für die Aussaat sind die Monate April bis Mitte Juni oder August bis Anfang September. Es sollten moderate Temperaturen herrschen und der Boden sollte feucht sein.
- **Saatgutmenge:** Für eine artenreiche Magerwiese reichen 5–10 g Saatgut pro m². Bei einem höheren Anteil an robusteren Gräsern verteile bis zu 15 g/m².
- **Ausbringung:** Mische das trockene Saatgut mit Sand im Verhältnis 1:3, um eine gleichmäßige Verteilung der Samen zu erreichen. Drücke die Saat anschließend mit einer Walze oder einem Brett an, um den Bodenanschluss zu gewährleisten und die Keimung zu erleichtern.

## 4. SCHRITT: PFLEGEMANAGEMENT

- **Bewässerung**

  **Anfangsphase (4–6 Wochen):** Halte den Boden in dieser Zeit kontinuierlich feucht, Staunässe mögen die Pflanzen jedoch nicht. Eine häufige, leichte Bewässerung sichert die Keimung.

  **Nach 4–6 Wochen:** Wässere in Trockenperioden punktuell, denn tiefer eindringendes Wasser fördert tiefe Wurzeln.
- **Pflege**

  **Jungwiese im Jahr 1:** Mähe erstmalig bei einer Wuchshöhe von 20–25 cm, um konkurrenzstarke Einjährige oder unerwünschte Beikräuter zu reduzieren, ggf. dann noch einmal im Herbst.

  **Etablierte Wiese (ab Jahr 2):**

  – **Eine Mahd:** Mähe einmal jährlich im Juli/August nach der Samenreife der Zielarten.

  – **Optionale Zweitmahd**: Um unterschiedliche Artenzyklen zu fördern, mähe einmal Ende Juni, dann ein zweites Mal Ende August. Mähe immer nur abschnittsweise versetzt (Staffelmahd), so bleibt genügend Futter für Wildbienen & Co.

  **Schnittgutmanagement:** Entferne das Schnittgut vollständig von der Wiese, damit sich keine Nährstoffe im Boden anreichern.

  **Unkraut- und Neophytenkontrolle:** Entferne starke Konkurrenten wie Löwenzahn oder Ackerkratzdistel gezielt, indem du sie bodennah wiederholt abschneidest. Nicht ausreißen, da sie sich über Wurzelteile stärker vermehren.
- **Langfristige Pflege**

  **Monitoring:** Alle 2–3 Jahre solltest du prüfen, welche Arten in deiner Wiese wachsen, um eine unerwünschte Veränderung des Artenspektrums früh zu erkennen.

  **Nachsaat:** Nach Blühdefiziten (z. B. durch starke Konkurrenz) ist es im Herbst angebracht, punktuell Zielarten nachzusäen.

Rasenschäler kann man sich in Geräteparks ausleihen. Damit erledigst du die Arbeit im Handumdrehen.

# STAUDENBEET – KLEINE WILDNIS IM BEET

**In den letzten Jahrzehnten hat das Bewusstsein für artenreiche, naturnahe Staudenpflanzungen in Mitteleuropa zugenommen. Waren früher der Zierrasen und rein gärtnerisch gestaltete Rabatten mit Petunien und Fleißigen Lieschen tonangebend, feiern heute blühende Staudenbeete ihr Comeback.**

Blühende heimische Stauden sind nicht nur im Kommen, weil sie schön aussehen, sondern weil sie summendes Leben in die Stadt bringen. Häufig nehmen diese Pflanzungen lediglich die Honigbiene in den Fokus. Das geht aber besser mit einer stärkeren Integration von heimischen Wildpflanzen. Solche Beete basieren auf jahrtausendealten Pflanzgesellschaften unserer heimischen Flora und gelten als Brücke zwischen ästhetisch ansprechender Gartengestaltung und konsequenter Förderung biologischer Vielfalt. Staudenbeete mit Wildpflanzen imitieren natürliche Pflanzengemeinschaften. Damit schaffen wir Nischen für Insekten und Vögel und ein entscheidendes Puzzleteil grüner Netzwerke in urbanen Räumen. Gerade in Zeiten des Klimawandels und des Artenrückgangs gestalten sie auf Optik und Honigbiene ausgerichtete Flächen in Hotspots der Biodiversität und Resilienz um.

Die Wegwarte versorgt den Sommer über unermüdlich unzählige Insekten – allerdings nur bis Mittag.

## STAUDEN IN DER FREIEN LANDSCHAFT

**Was kennzeichnet Stauden?** Stauden sind ausdauernde (perennierende) krautige Pflanzen, deren oberirdisches Grün im Gegensatz zu Gehölzen nicht verholzt, sondern in der Regel am Ende der Vegetationsperiode abstirbt. Perfekt angepasst an die Jahreszeiten überdauern sie die ungünstigen Zeiten (z. B. Winter, Trockenperioden) über unterirdische oder bodennahe Speicherorgane wie Rhizome, Knollen, Zwiebeln oder Ausläufer. Im nächsten Jahr wachsen daraus erneut die Pflanzen, und das viele Jahre hintereinander im Gegensatz zu einjährigen und zweijährigen Pflanzen.

Staudenbeete mit Wildblumen sind vielfältig und filigran. Nur wenige Stauden wie die zweijährigen Königskerzen stellen sich in den Vordergrund, wechseln aber von Jahr zu Jahr den Standort und sorgen so für abwechslungsreiche Kompositionen.

**Einjährige Pflanzen,** z. B. Klatschmohn *(Papaver rhoeas)*, schaffen ihren kompletten Lebenszyklus innerhalb einer einzigen Saison, das heißt, sie überstehen ungünstige Phasen ausschließlich im Samenstadium – Mohnsamen können sogar bis zu mehrere Hundert Jahre im Boden ausharren.
**Zweijährige Pflanzen,** z. B. Wegwarte *(Cichorium intybus)*, bilden im ersten Jahr eine Blattrosette und speichern Reservestoffe, bevor sie im zweiten Jahr blühen und Samen ansetzen.
Für beide gilt: Sie sind angepasst auf Störungen in ihrem Lebensraum. Sie besiedeln häufig Ruderalflächen, also Ränder von Brachen, Wegränder oder extensiv genutzte Wiesenbrachen.
Artenreiche Halbtrockenrasen und Magerrasen zählen mit bis zu 80 Arten pro Quadratmeter zu den artenreichsten Vegetationstypen Europas. Sie sind Kulturlandschaftsrelikte und ihr Rückgang bedeutet massiven Artenverlust.
In Mitteleuropa haben sich gemäß Ellenberg (1996) und Oberdorfer (2001) drei Großgruppen von Wildstaudengesellschaften etabliert:

1. **Mittel- bis mäßig feuchte Wiesen:** Hier dominieren Wiesenknopf *(Sanguisorba officinalis)* und Glatthafer *(Arrhenatherum elatius)*, angepasst an regelmäßige Mahd oder Beweidung.
2. **Trockenrasengesellschaften:** Trockenrasen auf kalk- und basenreichen Böden beheimaten Kartäusernelke *(Dianthus carthusianorum)*, Zypressen-Wolfsmilch *(Euphorbia cyparissias)* und Breitblättrigen Thymian *(Thymus pulegioides)*.
3. **Lichte Waldsäume und feuchte Standorte:** Feuchtigkeitsliebende Arten wie Mädesüß *(Filipendula ulmaria)* und Sumpfdotterblume *(Caltha palustris)* prägen das Bild.

Diese Staudengesellschaften als die artenreichsten Vegetationstypen Europas dienen als ökologisches Vorbild für naturnahe Garten- und Freiraumplanungen.

## DIE CHARAKTERISTIKA ARTENREICHER, NATURNAHER STAUDENPFLANZUNGEN

Ideale naturnahe Staudenpflanzungen schaffen wir durch Kombination von ausdauernden Leitstauden mit sich selbst aussäenden Arten der ein- und zweijährigen Pflanzen und begleitender Spontanvegetation. Integrieren wir verholzende Halbsträucher – sie sind weder Staude noch Strauch und nehmen eine Zwischenstellung zwischen Gehölzen und krautig wachsenden Pflanzen ein –, sorgen wir für eine grundlegende Struktur gerade auch für die Wintermonate, wenn die Blätter der Stauden eingezogen sind. Denn unterschiedliche Wuchsformen – wie horstbildende Stauden, Ausläufer treibende Arten, Rosettenpflanzen und

Zwiebelgewächse – betonen den saisonalen Wandel und werden den ökologischen Anforderungen verschiedenster Organismen gerecht.
Dieses Zusammenspiel sorgt nicht nur für verschiedene Lebensräume, sondern auch für verschiedene Optiken über die Jahre. Ein lebendiges Staudenbeet im doppelten Sinne. Im Gegensatz zu monotonen Pflanzgruppen und starren Blütezeiten gärtnerischer Blütenpflanzungen folgen wir hier keinem rein gestalterischen Plan, sondern den Prinzipien natürlicher Sukzessionen und Pflanzengesellschaften. Die Zusammensetzung orientiert sich ganz besonders an standörtlichen oder geschaffenen Gegebenheiten wie Bodenfeuchte, Bodenzusammensetzung, Nährstoffgehalt und Lichtintensität. Alle Ebenen zu berücksichtigen, ist wirklich eine Kunst und bedarf einer durchdachten Planung. Im Gegensatz zu monofunktionalen Rasenflächen oder intensiv gepflegten Blumenrabatten sind naturnahe Staudenpflanzungen dann aber pflegearm – bis auf das Entfernen von vertrocknetem Blattwerk und von Samenständen und im darauffolgenden Frühjahr.
Zentraler Punkt ist sicherlich die Nutzung autochthoner oder zumindest etablierter heimischer Arten, die in ihrer Evolution an die heimischen Bedingungen angepasst sind. Mit solchen Pflanzungen imitieren wir dabei Aspekte der freien Landschaft wie Magerwiesen, Säume, lichte Wälder und Flusstäler, die traditionell eine recht hohe Artenvielfalt beherbergen.
Ein typisches Staudenbeet kombiniert Früh-, Sommer- und Spätblüher, die über die gesamte Vegetationsperiode hinweg Nektar und Pollen bereitstellen. Wurzelsysteme unterschiedlicher Tiefen erschließen Bodenschichten variabel und verbessern die Wasseraufnahmefähigkeit der Böden erheblich.

## Warum naturnahe Staudenpflanzungen?

Artenreiche Staudenpflanzungen vereinen auf kleinstem Raum eine beeindruckende Vielfalt und Dynamik. Sie stellen ein wichtiges Mosaik im wilden Naturgarten:

- **Artenvielfalt**: Ein ausbalanciertes Geflecht aus Leitstauden, begleitenden Arten und spontaner Vegetation. Häufig kombiniert man Horststauden mit Ausläufer bildenden Arten sowie verholzenden Halbsträuchern, um das ganze Jahr über Struktur zu bieten.
- **Strukturelle Heterogenität**: Unterschiedliche Wuchsformen – von Rosettenpflanzen über horstbildende Arten bis hin zu Zwiebelgewächsen – schaffen Mikrohabitate für allerlei Insekten, Spinnen und Kleintiere.
- **Langfristige Dynamik**: Natürliche Sukzession wird nicht unterbunden, sondern gezielt integriert. Einjährige Sämlinge und Spontanvegetation füllen Lücken aus und verändern das Beet stetig.
- **Standortgerechte Auswahl**: Bodenfeuchte, -beschaffenheit und Lichtverhältnisse bestimmen die Artzusammensetzung. Nur so entwickeln die Pflanzen ihr volles Potenzial.

## WIE NATURNAHE STAUDENPFLANZUNG IM GARTEN GELINGT!

In Gärten fungieren artenreiche Staudeninseln als »kleine Wildnisinseln«. Mit ihnen stärken wir die ökologische Vernetzung, denn sie wirken als Trittsteinbiotope, deren heimische Früh- bis Spätblüher Bienen, Hummeln, Schmetterlinge, Käfer und Schwebfliegen mit Pollen und Nektar versorgen. Die Bodenfauna, wie Regenwürmer oder Springschwänze, profitiert von der Substratschicht, während Vögel an Samenständen Nahrung und Nistmaterial finden.
**»Design by Ecology« lautet hier das Motto:** Ästhetik und Ökologie gehen Hand in Hand. Imitiere Magerwiesen, Waldsäume oder Flussauen, indem du autochthone, also heimische Arten einsetzt, die

in der Evolution an örtliche Bedingungen angepasst sind. Ein typisches Beet verwebt Früh-, Sommer- und Spätblüher zu einem mehrdimensionalen Blühschauspiel, das sich über die gesamte Vegetationsperiode entfaltet. Doch zuvor musst du deinen Gartenboden an solche Gegebenheiten anpassen – dazu unten mehr.
Die Staudenpflanzung ist das am meisten herausfordernde Modul im naturnahen Garten. Statt klassischer Staudenrabatten, die recht gut mit einem immer gleich nährstoffreichen Boden funktionieren, bedeutet eine naturnahe Staudenanlage für uns detailliertere Überlegungen im Vorfeld als nur Blütenfarbe und Blütendauer.

### Standortanalyse

Eine Planung der Staudenpflanzung und eine Analyse der vorherrschenden Gegebenheiten gehen Hand in Hand. Überprüfe, ob deine Vorstellungen eines naturnahen Staudenbeetes in deinem Garten umsetzbar ist. Falls es sich um eine Neuanlage des Gartens handelt, kannst du deine Ideen direkt in die Planung integrieren. Falls du jedoch ein existierendes Staudenbeet umgestalten willst, ist die Fläche bereits klar definiert.

- Die **Lichtverhältnisse** ermittelst du zunächst, indem du die tägliche Sonnenscheindauer am Wunschstandort misst. Vollsonnige Bereiche definieren sich durch mindestens sechs Sonnenstunden pro Tag, Halbschatten durch drei bis sechs und Schatten durch weniger als drei Stunden Sonneneinstrahlung.
- **Basisch oder sauer?** Saure Böden finden sich in Deutschland zum Beispiel in den nördlichen Heideregionen. In diesen sandigen Gebieten kann der Boden das Versauern kaum abpuffern. Leicht alkalische Böden finden sich in Regionen mit kalkhaltigem Ausgangsgestein. Dies ist beispielsweise auf der Fränkischen Alb oder in der Rhön der Fall. Die meisten Wildstauden bevorzugen neutralen bis basischen Boden.
  Bestimmen kann man den pH-Wert relativ einfach selbst: Mische etwas Erde mit destilliertem Wasser, tauche einen pH-Teststreifen (erhältlich zum Beispiel in Gartencentern) ins Wasser und lasse es kurz einwirken. Ein pH-Wert bis 6,5 gilt als sauer, zwischen 6,5 und 7,5 als neutral und ab 7,5 als basisch.

### Den Boden vorbereiten

Befindet sich das Areal des Wildstaudengartens an einer Stelle, an der die Niederschläge rasch versickern und beispielsweise Rasen im Sommer infolge von Trockenheit oft braun wird, so gestaltet sich die Vorbereitung nicht allzu kompliziert. Es reicht dann oft aus, wenn du den Rasen abschälst und die Pflanzfläche grabegabeltief lockerst. Danach solltest du die Fläche zunächst ca. 2–3 Wochen brach liegen lassen, um zu sehen, welche Wildkräuter in der Folge auftauchen, bevor du mit magerem Material auffüllst.
Tauchen zum Beispiel Wurzelunkräuter wie Ackerwinde, Schachtelhalm oder Quecke auf, solltest du sie unbedingt ausmerzen. Achte dabei darauf, die Wurzeln vollständig zu entfernen, weil diese Pflanzen aus dem kleinsten, im Boden verbleibenden Wurzelstück wieder austreiben. Verwende dazu am besten eine Grabegabel statt eines Spatens, um

Wurzelunkräuter sollten vor der Anlage eines Staudenbeetes eliminiert werden. Das spart Arbeit und Frust.

## Mikrohabitat Sandarium

Ein »Sandarium« ist ein minimalistisches, aber höchst effektives Biotop, denn in unserer immer dichter genutzten Welt verschwinden natürliche, offene Sandbereiche nahezu vollständig. Doch gerade viele Wildbienen, rund drei Viertel der deutschen Arten, nisten im Boden. Sie graben hier sichere Brutröhren in den lockeren, gut durchlüfteten Sand und legen dort ihre Eier ab, versehen mit Pollenproviant. Doch nicht nur Wildbienen profitieren. Auch Ameisenlöwen (die Larven einiger Ameisenjungfern), Sandlaufkäfer, Grabwespen, Kuckucksbienen, Spinnen, Schmetterlinge und sogar Eidechsen nutzen solche Areale – zum Brüten, Jagen, zum Verstecken und Sonnenbaden. Wird das Sandarium in ein Habitat-Mosaik eingebettet – mit Totholz, Steinen und blühenden Wiesen daneben – profitieren sogar Kleinsäuger und Vögel.
Für die Anlage eines Sandariums ist ungewaschener, grobkörniger Sand mit Lehmanteil (Grubensand) geeignet, der stabil genug ist, um Brutröhren offen zu halten.

Wurzelstränge nicht zu durchtrennen. Bearbeite den Boden keinesfalls mit einer Fräse, denn dabei würden Wurzelreste fein zerkleinert werden, die an vielen Stellen wieder austreiben würden. Warte erneut einige Wochen ab, ob wiederum Wurzelunkräuter zum Vorschein kommen. Eventuell musst du erneut dagegen vorgehen.

### Den Boden austauschen

Falls von vornherein klar ist, dass der Boden von vielen Wurzelunkräutern durchsetzt ist oder der Untergrund zu schwer, tonig, zu sauer oder zu nährstoffreich für deine Wildstaudenvariante ist, solltest du dich für einen Bodenaustausch entscheiden. Es hilft nichts, hier solltest du ca. 20–40 cm der oberen Bodenschicht gegen ein passendes Substrat austauschen. Vor allem an leichten Süd- und Westhängen lohnt sich diese Mühe, weil sie von der Sonne beschienen werden und Wasser gut ablaufen kann, hier also beste Voraussetzungen für blütenreiche Wildstaudenkombinationen herrschen. Handelt es sich dabei um größere Flächen als ein kleines Beet oder eine Insel in der Wiese, wirst du um schwereres Gerät, etwa einen Minibagger, eine motorisierte Schubkarre kaum herumkommen, es sei denn, du hast sehr viel Zeit gepaart mit noch mehr Muskelkraft und Ausdauer. Nimmt man einen konventionellen Gartenbauer zu Hilfe, sollte vorher exakt festgelegt werden, was, wie und mit welchem Material hier gearbeitet werden soll. Oftmals scheiden sich dabei die Geister. Bestehe auf deiner Version, schließlich bist du der Auftraggeber oder die Auftraggeberin!
Das Erdreich sollte mindestens bis zu einer Tiefe von 40 cm ausgehoben werden.

- Treten **lehmige, tonige Erdschichten** zutage, solltest du diese möglichst tief durchbrechen, indem du groben Kies (Korngröße ca. 20–60 mm) einarbeitest. Ansonsten droht Gefahr von Staunässe.
- **Böden mit moderaten Nährstoffgehalten und Schweregraden** können durch Einarbeiten von Split durchlässiger und magerer gemacht werden. Dadurch könntest du dir den Bodenaustausch sparen.

### Einen Magerstandort schaffen

Am schwierigsten ist es, das Substrat für magere, sonnige, eher trockene Wildstaudenbeete bereitzustellen, da in den seltensten Fällen der natürliche Gartenboden dem entspricht.
Hier solltest du unkrautfreie, magere, durchlässige und regionale Materialien wie ungewaschene Sande (Grubensand) oder Mineralbetone in die ausgehobene Fläche einbauen. Mineralbeton hat nichts mit Beton zu tun, sondern es handelt sich hierbei um ein Mineralgemisch verschiedener Korngrößen 0/16 mm, 0/22 mm, 0/32 mm, 0/45 mm. Oder mische groben Sand (Korngröße bis 8 mm) und Kies (2–16 mm) im Verhältnis 3 :1.

Alternativ kannst du auch Split mit unkrautfreiem Kompost aus der Kompostieranlage im Verhältnis 5–7 :1 mischen. Achte beim Einbau darauf, dass der Boden nicht unnötig verdichtet wird.

### Pflanzplanung und Artenauswahl

Für jede Kombination aus Licht- und Feuchtestufe benötigst du einen eigenen Pflanzplan.

- **In vollsonnigen, trockenen Bereichen** empfehlen sich Trockenstauden wie Gemeine Schafgarbe *(Achillea millefolium)*, Wiesensalbei *(Salvia pratensis)* oder Acker-Witwenblume *(Knautia arvensis)*.
- **Halbschattige, mittlere Standorte** eignen sich für Gräser-Stauden-Mischungen mit Schaf-Schwingel *(Festuca ovina)*, Pfirsichblättriger Glockenblume *(Campanula persicifolia)* oder Blut-Storchschnabel *(Geranium sanguineum)*.
- **In schattigen, feuchten Partien** pflanzt du Waldstauden wie Wald Geißbart *(Aruncus dioicus)* und Geflecktes Lungenkraut *(Pulmonaria officinalis)*.

Weitere Arten findest du rechts und in der Tabelle auf den Seiten 216 und 217.

Um eine natürliche Wirkung zu erzielen, plane mit Pflanzabständen von 20–30 cm bei Kleinstauden, 40–50 cm bei Mittelstauden und 60–80 cm bei Großstauden und ordne die Pflanzen in wellenförmigen Reihen an. Das wirkt natürlicher. Aromatische und nektarreiche Arten wie Oregano *(Origanum vulgare)* kannst du durch Aussaat im März bis April oder August bis September ansiedeln, während wurzelballentragende Pflanzen für eine sofortige Wirkung idealerweise April bis Mai oder September bis Oktober gepflanzt werden.

### Pflanzung

Vor der Pflanzung entfernst du Unkraut mechanisch. In Bereichen, wo Pflanzen mit höherem Nährstoffanspruch wachsen sollen, arbeite Kompost mit einer Menge von 5 $l/m^2$ ein. Für Pflanzen, die weniger Nährstoffe brauchen, ist die Kompostgabe nicht nötig.

### Pflege

In den ersten vier Wochen nach der Pflanzung wässere die neu gesetzten Pflanzen je nach Witterung mehrmals die Woche vorsichtig mit einer kleinen Gießkanne direkt im Wurzelbereich. Entferne ungewollten Aufwuchs durch regelmäßiges Auszupfen. Lücken im Bewuchs dienen erdnistenden Wildbienen und anderen Insekten als Nistmöglichkeit.

## WICHTIGE MITTELEUROPÄISCHE STAUDENARTEN UND DARAN ANGEPASSTE TIERARTEN

Das **Echte Herzgespann** *(Leonurus cardiaca)* ist ein seltener und stark gefährdeter, in Mitteleuropa im Abnehmen begriffener Dauerblüher und eine echte Super-Insektenpflanze mit einer Größe von bis zu 150 cm. Bei genauerem Hinsehen erkennt man an den kleinen violetten Blüten puschelig behaarte Kronen, die auf den anderen deutschen Namen »Löwenschweif« hindeuten. Sie wächst gerne vergesellschaftet mit Schwarznesseln *(Ballota nigra)* auf nährstoffreichen Böden. Sie lockt zahlreiche Wildbienen an, etwa die Filzige Pelzbiene *(Anthophora pubescens)*, die Schwarze Mörtelbiene *(Megachile parietina)* oder die stark gefährdete Rote Schneckenhausbiene *(Osmia andrenoides)*. Auch Wollbienen patrouillieren beständig an den Blüten.

Die **Gemeine Ochsenzunge** *(Anchusa officinalis)*, ebenfalls ein Dauerblüher von Mai bis Ende September, lockt mit ihren anfangs karminroten, später leuchtend dunkelblauen bis violetten Blüten zahlreiche Wildbienen an wie die auf sie spezialisierten und stark gefährdeten Arten Ochsenzungen-Seidenbiene *(Colletes nasutus)* und Ochsenzungen-Sandbiene *(Andrena nasuta)*. Die Pflanze zählt zu den Top-Nektarlieferanten. Der hübsche, auf weißem Untergrund rot und schwarz gepunktete Punktbär *(Utetheisa pulchella)*, auch Harlekinbär genannt, nutzt sie als Raupenfutterpflanze. Der Nachtfalter erscheint bei uns im Herbst und fliegt auch tagsüber.

**Muskatellersalbei** *(Salvia sclarea)* gilt als Archäophyt (siehe Seite 210). Die Blüten werden von 30 Wildbienenarten wie den imposanten Holzbienen besucht. Das Kraut ist Futterpflanze dreier Raupenarten und leider auch Liebling der Schnecken, v. a. der Weinbergschnecke. Kommt in deiner Region die Weinbergschnecke häufig vor, solltest du den Muskatellersalbei in Kübeln pflanzen.

Die zweijährige **Kleinblütige Königskerze** *(Verbascum thapsus)* tritt als Lichtkeimer auf sonnigen Ruderalflächen auf und liefert in ihrer hochaufragenden Blütenkerze von Juli bis September reichhaltig Pollen. Schwebfliegen- und verschiedenste Wildbienenarten wie die Garten-Wollbiene *(Anthidium manicatum)* oder die gefährdete Spargel-Schmalbiene *(Lassioglossum sexnotatum)* werden von der Vielzahl gelber Einzelblüten angezogen. Zudem ist die Königskerze essenziell als Futterpflanze für spezialisierte Nachtfalter wie für die Raupen des Königskerzen-Mönchs *(Shargacucullia verbasci)*.

Die **Wilde Karde** *(Dipsacus fullonum*, Syn. *Dipsacus sylvestris)*, ein Archäophyt, besiedelt feuchte Wiesenränder und Uferzonen, kommt aber auch mit trockeneren Böden klar; ihre eiförmigen Blütenköpfe sind Anziehungspunkt für eine Vielzahl von Bestäubern. Insbesondere Hummeln und Schmetterlinge wie der Schachbrettfalter *(Melanargia galathea)* oder der Kaisermantel *(Argynnis paphia)* laben sich intensiv daran. In den am Übergang vom Stängel zum Blatt entstehenden Trichtern sammelt sich Regenwasser, das Insekten und hin und wieder auch Vögel als Trinkstelle nutzen. Die Samen sind bei Stieglitzen im Winter heiß begehrt. Manchmal lässt sich ein ganzer Schwarm auf der Staude nieder, die sich dann unter der Last bis zum Boden biegt.

Auf mageren Böden findet der **Natternkopf** *(Echium vulgare)*, ebenfalls ein Archäophyt, ideale Bedingungen und entfaltet von Juni bis Oktober, manchmal sogar bis in den November hinein seine intensiv-blauen Röhrenblüten. Er gilt als »Bienenpflanze« par excellence: Hummeln wie die Dunkle Erdhummel *(Bombus terrestris)* und die Steinhummel *(Bombus lapidarius)* sammeln eifrig Nektar, während besonders die vom Natternkopf abhängige Glänzende Natternkopf-Mauerbiene *(Osmia adunca)* und zahlreiche weitere Wildbienenarten zur Pollenernte kommen. Über 40 Schmetterlingsarten nutzen den Natternkopf als Nektarquelle oder als Raupenfutterpflanze, wie die bei uns geschützte Weiße Tigermotte *(Spilosoma lubricipeda)*. Seine Blütenform begünstigt eine hohe Bestäubungsrate und sichert den Samenansatz für folgende Generationen.

Von Königskerzen sind rund zehn Arten mit 50 cm bis 2 m Wuchshöhe bei uns heimisch.

Die Wilde Karde beginnt als Ring in der Mitte des Blütenstandes zu blühen. Später öffnen sich die Blüten wandernd nach oben und nach unten.

Der **Rote Fingerhut** *(Digitalis purpurea)* ist eine Waldsaumart und Trockenrasen-Pionierpflanze, die ab dem zweiten Standjahr von Juni bis August reiche Blütenkerzen bildet, allerdings sauren Boden benötigt. Trotz der giftigen Inhaltsstoffe locken Pollen und Nektar v. a. Hummeln wie die Gartenhummel *(Bombus hortorum)* an. Auch Blattschneiderbienen wie die stark gefährdete Holz-Blattschneiderbiene *(Megachile ligniseca)* nutzen seinen Pollen und Nektar. Blattschneiderbienen schneiden z. T. kreisrunde Blattsegmente aus, um ihre Nester damit auszukleiden und zu verschließen. In den Blüten legt der Fingerhut-Blütenspanner *(Eupithecia pulchellata)* seine Eier ab, die Raupen ernähren sich vom Stempel und den Staubblättern.

Die **Wiesen-Witwenblume** *(Knautia arvensis)* ist wie alle Witwenblumen in punkto Bestäubung recht trickreich. Die Blüten sind meist vormännlich. Das heißt, die Staubgefäße reifen vor dem Stempel. Damit wird eine Selbstbestäubung verhindert. Jedes Blütenköpfchen ist mit bis zu 50, meist hellblauvioletten Einzelblüten bestückt, die reichlich Nektar anbieten. Damit wertet die Blüte den relativ geringen Pollengehalt der einzelnen Blüte auf. Die Blütezeit reicht von Mai bis August, die Blüten werden von einer Vielzahl von Schmetterlingen besucht. Unter den 39 Arten sind viele Widderchen-Arten wie das Grünwidderchen *(Adscita statices)*. Die später und bis weit in den Herbst hinein blühende **Tauben-Skabiose** *(Scabiosa columbaria)* sieht der Wiesen-Witwenblume recht ähnlich. Ihr Name stammt von ihren taubenblauen Blüten. Sie ist ein Schmetterlingsmagnet. 42 Schmetterlingsarten, darunter mehrere Widderchen-Arten wie das Thymian-Widderchen *(Zygaena purpuralis)* nutzen ihren Nektar, das Skabiosen-Grünwidderchen *(Jordanita notata)* braucht sie als Raupenfutterpflanze. Früher kam sie sehr häufig vor. Ihr Wuchs ist zierlicher und reicher verzweigt als der der Wiesen-Witwenblume und sie gedeiht auf trockenen, kalkreichen Magerwiesen im Gegensatz zur Wiesen-Witwenblume, die frischere und nährstoffreichere Wiesen und Wegränder bevorzugt.

Der Rote Fingerhut mag eher frischen, nährstoffreichen und sauren Boden im Halbschatten.

**Glockenblumen** (*Campanula* spec.) zählen zu den Super-Insektenpflanzen. Sie sind wichtig für spezialisierte Wildbienen wie die Glockenblumen-Scherenbiene *(Chelostoma rapunculi)* oder für Schmetterlinge wie den Felsrasen-Glockenblumen-Blütenspanner *(Eupithecia impurata)*, dessen Raupen sich von Blüten und Früchten der Rundblättrigen Glockenblume *(Campanula rotundifolia)* ernähren. Leider sind viele Glockenblumenarten auch bei Schnecken sehr beliebt.

Weitere Pflanzenarten aus dem Staudenbeet und ihre tierischen Partner findest du auf Seite 216.

## Stauden für den Schattenbereich

Neben den auf S. 165 genannten Stauden eignen sich für den Schattenbereich der Knoten-Beinwell *(Symphytum tuberosum)*, der Märzenbecher *(Leucojum vernum)*, der Hohle Lerchensporn *(Corydalis cava)* und die Wiesen-Schlüsselblume *(Primula veris)*, die alle gerade im Frühjahr wichtige Hummel- und Pelzbienenpflanzen sind. Die Rote Lichtnelke *(Silene dioica)* ist eine Super-Insektenpflanze für Schmetterlinge, Schwebfliegen und Hummeln und blüht ab April für ganze fünf Monate. Noch ausdauernder blüht die Gefleckte Taubnessel *(Lamium maculatum)* von April bis Oktober und liefert sowohl viel Nektar als auch Pollen für langrüsselige Insekten wie Hummeln und Schmetterlinge. Das Schmalblättrige Weidenröschen *(Epilobium angustifolium)* zählt zu den Nachtkerzengewächsen und ist die wichtigste Raupenfutterpflanze für den streng geschützten Nachtkerzenschwärmer.

# GEMÜSE & CO. – WO VIELFALT WURZELN SCHLÄGT

**In einem naturnahen Nutzgarten kannst du alle Elemente aus der freien Natur vereinen, die üppiges Leben anlocken. Dazu zählen Obstbäume und Beerensträucher, Beete mit Gemüse und Blumen sowie Hecken.**

Je nach Größe des naturnahen Nutzgartens kann sich dort eine Streuobstwiese mit alten Apfel- und Birnbäumen befinden oder einzelne Apfel- *(Malus domestica)* und Birnbäume *(Pyrus communis)*. Hecken mit einheimischen Sträuchern (siehe ab Seite 115) flankieren die Bereiche des Nutzgartens. In den Beeten herrscht Mischkultur, d. h. der gleichzeitige Anbau mehrerer Nutzpflanzenarten auf gleicher Fläche, die Beetränder und Wege zwischen den Beeten sind mit zahlreichen Wildkräutern wie der Wiesen-Resede *(Reseda luteola)* oder dem Kriechenden Günsel *(Ajuga reptans)* ein Hotspot der Artenvielfalt, ähnlich Feldrainen und Wegrändern. Unter den Oststräuchern gedeihen weitere Wildkräuter und auch sogenannte Unkräuter. Diese bunte Kulisse bietet von März bis Oktober durchgehend Nahrung für eine Vielzahl an Insekten, die zugleich auch Gegenspieler der »Schädlinge« an deinen Gemüse- und Obstpflanzen darstellen. Und auch Vögel, Kleinsäuger, Reptilien und Amphibien kommen in einem solchen Nutzgarten auf ihre Kosten.

Dulde die von selbst aufgegangene Malve neben dem Palmkohl und schon fügst du ein neues Puzzlesteinchen hinzu.

## VIELFÄLTIGES MOSAIK WIE IN DER NATUR

Stell dir vor, wir reisen zurück ins Eem, die letzte Zwischeneiszeit vor rund 120.000 Jahren (siehe Seite 19). Damals prägte ein lebendiges Mosaik aus Wäldchen, Wiesen, niedrigen Gehölzen und blühenden Säumen Mitteleuropa – alles fein verzahnt, übergangsreich, höchstwahrscheinlich bunt. Beerensträucher und Kräuter fanden ideale Bedingungen. Krautreiche Wiesen oder Waldsäume lieferten die Vorläufer unserer Kulturpflanzen wie die Wilde Möhre (*Daucus carota* subsp. *carota*), den Schnittlauch *(Allium schoenoprasum)* oder den Langhaari-

Beerensträucher, verschiedenste Gemüse flankiert von Kräutern und Blütenpflanzen schaffen ein vielfältiges Mosaik, in dem zahlreiche Tiere Nahrung und Unterschlupf finden.

gen Thymian *(Thymus praecox)*. An Brom- und Himbeeren (*Rubus* spec.) sowie Heidelbeeren *(Vaccinium myrtillus)* bedienten sich Pflanzenfresser auch noch nach der letzten Eiszeit. Dieses »Naturmosaik« hat bis vor nicht allzu langer Zeit seine ökologischen Spuren hinterlassen – und fand in der extensiv genutzten Kulturlandschaft kleinbäuerlicher Landwirtschaft ein beeindruckendes Pendant.

## DEIN NUTZGARTEN – EINE BIODIVERSITÄTSINSEL VON HOHEM WERT

Dein Garten kann mehr als nur Ertrag liefern. Er kann ein kleines Paradies sein – für dich, für zahlreiche Insekten, Vögel und viele andere Gartenmitbewohner. Anders als die monotone Agrarlandschaft voller Monokulturen entstehen in deinem naturnahen Nutzgarten vielfältige Lebensräume: einjährige und mehrjährige Kulturen, Beerensträucher, Obstgehölze, Gemüsepflanzen, blühende Kräuter – ein Mix, der über die ganze Vegetationsperiode hinweg Nektar, Pollen und Früchte liefert.
Diese lebendigen Mosaike machen deinen Garten zum Teil einer Trittsteinlandschaft: Diese verbinden isolierte Lebensräume, stabilisieren Populationen und fördern den genetischen Austausch zwischen Stadt und Land. Wenn du dabei ökologische Prinzipien wie Mischkultur oder Wildkrautsaum beachtest, schaffst du eine Biodiversitätsinsel, die Kreislaufprozesse stärken, gleichzeitig eine nachhaltige Nahrungsmittelproduktion gewährleisten und auch kulinarisch bereichernd wirken kann.

### Stadtgarten als Ökopassage: Grüne Autobahn für Summer und Brummer

Auch im urbanen Raum ist dein Gemüsegarten mehr als ein Rückzugsort. Er kann zu einer blühenden Verbindung, Teil eines Biotopverbundsystems zwischen Baumscheiben, Parkanlagen und Dachgärten werden – ein Netzwerk aus »Futterrouten« für Insekten und andere mobile Nützlinge.
Schon kleine Flächen von fünf Quadratmetern machen einen Unterschied – wenn du auf durchgängige Blühzeiten achtest und einige Exemplare mancher Kulturen einfach mal blühen lasst.

## ALTE BEKANNTE UND HEIMLICHE STARS – PFLANZENAUSWAHL MIT MEHRWERT

Für deinen naturnahen Nutzgarten lohnt sich der Griff zu heimischen und lang eingebürgerten Arten. Sie sind perfekt auf unsere Bestäuber und Nützlinge abgestimmt:

**Walderdbeere** *(Fragaria vesca)*: Diese frühblühende, niedrige Staude ist wichtig für Wildbienen wie Sandbienen *(Andrena flavipes)* oder Schmalbienen *(Lasioglossum spec.)* und Schmetterlinge wie den Kleinen Fuchs *(Aglais urticae)*. Als Raupenfutter nutzt u. a. der Gewöhnliche Würfeldickkopf *(Pyrgus malvae)* die Blätter. Aber auch Ameisen lieben den Nektar und die Früchte und tragen so zur Verbreitung der Samen bei. Die Walderdbeere war eine im Mittelalter viel verwendete Heilpflanze und auch Schmuckpflanze. In den Königlichen Gärten des Louvre wurden im 14. Jahrhundert 12.000 Walderdbeeren gepflanzt.
**Heidelbeere** *(Vaccinium myrtillus)*: Sie liebt sauren, nährstoffarmen Boden im Halbschatten und lebt in Symbiose mit Wurzelpilzen (Mykorrhiza). Wegen ihres hohen Nektarwertes ist sie nicht nur für bestäubende Insekten interessant, sondern wegen ihrer Triebe und Blätter auch für die Raupen von sage und schreibe 115 Schmetterlingsarten, darunter sind auch zahlreiche bedrohte Arten wie die Weidenglucke *(Phyllodesma ilicifolia)* oder der hübsche Augsburger Bär *(Arctia matronula)*.
**Brombeere** *(Rubus fruticosus)*: Die weißen Blüten sind ein herausragender Nektarspender gerade für kurzrüsselige Insekten wie Schwebfliegen, Käfer oder einige Hummelarten, aber auch bester Pollenlieferant. Neben den genannten Insekten sind auch Schmetterlinge häufig auf den Blüten anzutreffen. Vielen Raupenarten dient die Brombeere als Futterpflanze.
**Himbeere** *(Rubus idaeus)*: Die Blüten der locker verzweigten Sträucher sind Nahrungsquelle für 48 Wildbienenarten aufgrund der sehr hohen Nektar- und Pollenwerte, 83 Raupenarten, davon 9 spezialisiert wie der Himbeer-Wollrückenspinner *(Habrosyne pyritoides)*, nutzen die Blätter. 20 Säugetierarten und viele Vögel lieben die Früchte.
**Johannisbeeren** (*Ribes* spec.): Sie zählen zu den Stachelbeergewächsen und dienen einigen Wild-

Walderdbeeren sind tolle Bodendecker. Das Aroma ihrer Früchte ist unvergleichlich.

Appetitliche Früchte für uns entwickeln sich im Frühjahr aus leckeren Blüten zum Beispiel für Hummeln, denn sie bieten reichlich Nektar.

bienen- und Raupenarten wie dem Johannisbeerspanner *(Macaria wauaria)* und dem Johannisbeer-Glasflügler *(Synanthedon tipuliformis)* als gute Futterpflanzen. 34 Vogelarten fressen gerne ihre reifen Früchte.

**Stachelbeere** *(Ribes uva-crispa)*: Sie warten mit viel Nektar auf, einige Sandbienenarten *(Andrena)* nutzen den Pollen und 18 Schmetterlingsarten legen hier ihre Eier ab.

**Acker-Ringelblume** *(Calendula arvensis)*: Diese Rote-Liste-Art (siehe Seite 78) ist einjährig, sie blüht von Mai bis Oktober. Ihre gelborangefarbenen Blüten sind reich an Nektar und ziehen 72 Wildbienenarten (12 davon spezialisiert) und 26 Schwebfliegenarten *(Syrphidae)* an. Ihre Blütenblätter kannst du zu Salbe verarbeiten.

**Kornblume** *(Centaurea cyanus)*: Die meist intensiv blauen Korbblüten sind attraktiv für Wildbienen (89 Arten, 14 davon spezialisiert), 15 verschiedene Schmetterlingsraupen und Schlupfwespen. Schlupfwespen parasitieren die Larven des Kohlweißlings. Kornblumen eignen sich als Begleitpflanzung auf frisch umgebrochenem Lehm- oder Sandboden im Gemüsebeet. Die Art steht auf der Vorwarnliste.

**Korn-Rade** *(Agrostemma githago)*: Das stark gefährdete Ackerwildkraut ist unbedingt empfehlenswert als Begleitflora in Staudenbeeten und Säumen. Die hübschen blasspurpurfarbenen Blüten erscheinen von Juni bis August, sie werden von 12 Wildbienenarten und etlichen Schwebfliegenarten bestäubt. Ihr Kraut dient den Raupen der Bacheule *(Hadena rivularis)* als Futterpflanze.

**Schnittlauch** *(Allium schoenoprasum)*: Das mittlerweile in der freien Natur selten gewordene Zwiebelgewächs stellt für viele Insekten eine hervorragende Nektarquelle dar. Seine Blüten liefern von Juni bis August Nahrung für Wildbienen wie Blattschneiderbienen (*Megachile* spec.), Hummeln und Schmetterlinge. Alle weiteren Zwiebelgewächse wie Lauch und Zwiebeln sind im blühenden Zustand ebenfalls absolute Insektenmagneten.

**Bohnen:** Sie gehören zu den Hülsenfrüchtlern, im Garten kommen verschiedene Familien vor. Die Ackerbohne, auch Puff- oder Saubohne genannt *(Vicia faba)*, ist ein Wickengewächs. Ihre hübschen weißen Blüten liefern reichlich Nektar, von dem 54 Wildbienenarten profitieren. Zur Gattung *Phaseolus*, den eigentlichen Bohnen, zählen die Buschbohnen (*Phaseolus vulgaris* var. *nanus*) und die Feuerbohne *(Phaseolus coccineus)*. Deren Blüten nutzen 21 Wildbienenarten, als Highlight kannst du dort die große Blaue Holzbiene *(Xylocopa violacea)* entdecken.

**Möhren** (*Daucus carota* subsp. *sativus*): Die Garten-Möhre dient der Frühlingsgeneration des Schwalbenschwanzes *(Papilio machaon)* als Abla-

Die Blüten des Schnittlauchs sind bei Hummeln, aber auch bei vielen anderen Insekten äußerst beliebt.

Acker-Ringelblumen sind durch die industrialisierte Landwirtschaft fast aus dem Landschaftsbild verschwunden.

Die knallgelben Blüten des Grünkohls ziehen im April des zweiten Jahres eine Unmenge von Insekten an, wie hier das bereits etwas zerzauste Männchen der Mai-Langhornbiene.

geort für seine Eier. Die grün-schwarz gestreiften Raupen sind für uns nicht zu übersehen, denn sie werden bis zu 5 cm lang. Um zu verhindern, dass die Puppen, die häufig am Möhrenkraut hängen, nicht getötet werden und die Schmetterlinge schlüpfen können, solltest du die Möhren frühestens zwei Wochen nach Verschwinden der Raupen ernten. Die Puppen sind entweder grün oder grau gefärbt, je nach Farbe des Stängels.

**Kohlgewächse**: Bei Kohlarten wie Grün- und Braunkohl (*Brassica oleracea* var. *sabellica*) oder in milden Wintern auch Palmkohl (*Brassica oleracea* var. *palmifolia*) solltest du lediglich die einzelnen Blätter von außen her abschneiden und die Pflanze über Winter stehen lassen, statt sie komplett zu ernten. Im zweiten Jahr blühen sie übersät mit gelben Blüten im April und werden von Insekten intensiv umschwirrt: 32 Wildbienenarten, 7 davon spezialisiert, Raupen von 9 Schmetterlingsarten. Die Blüten sind nicht nur eine Insektenweide, sondern auch eine knallgelbe Augenweide.

### Kräuter: Aromatische Minigärten

**Bergminzen:** Die Lippenblüten der heimischen Bergminzearten wie der Kleinblütigen Bergminze (*Calamintha nepeta*) oder der Echten Bergminze (*Calamintha sylvatica*) sind ein Hotspot für Wildbienen. Auf den genannten Arten kannst du 37 Wildbienenarten entdecken, wie die gefährdete Frühe Ziest-Schlürfbiene (*Rophites algirus*) oder die auf der Vorwarnliste stehende Waldpelzbiene (*Anthophora furcata*). Bergminzen lassen sich hervorragend trocknen und ergeben einen hocharomatischen zitronigen Tee.

Aber auch alle anderen Minzearten wie Apfel-, Ross- oder Wasserminze liefern guten Nektar und Pollen und sind bei Insekten heiß begehrt.

**Thymiane** sind nicht nur ein beliebtes Würzkraut, die Lippenblüten sind auch bei vielen Insekten begehrt.

- **Breitblättriger Thymian** (*Thymus pulegioides*): Seine rosa Blüten locken von Juni bis Oktober 38 Wildbienenarten, 31 Schmetterlingsarten und 21 Raupenarten, davon 3 spezialisiert, an.

- **Langhaariger Thymian** *(Thymus polytrichus)*: Die Art blüht von Juni bis September. 39 Wildbienenarten, 14 Schmetterlingsarten, 15 Raupenarten, 4 Schwebfliegenarten, 2 Käferarten profitieren davon.
- **Sandthymian** *(Thymus serpyllum)*: Auf den Blüten kannst du von Juli bis Oktober 41 Wildbienenarten, 14 Schmetterlingsarten und 25 Raupenarten entdecken. Die Art steht auf der Vorwarnliste.
- **Frühlingsthymian** *(Thymus praecox)*: Die duftenden Blüten öffnen sich von Mai bis August und locken mit reichlich Nektar viele Insekten an, wie 38 Wildbienen-, 14 Schmetterlings-, 15 Raupen- und 4 Schwebfliegenarten. Ebenso beliebt bei den Insekten ist eine Unterart davon, der **Graue Polsterthymian** (*Thymus praecox* subsp. *pseudolanuginosus*), er blüht lila von Mai bis Juni.

**Bohnenkraut** *(Satureja hortensis)*: Auf den Blüten des aromatischen Krautes kannst du 29 Wildbienenarten beobachten.

**Basilikum** *(Ocimum basilicum)*: 29 Wildbienenarten nutzen Basilikumblüten. Insbesondere das Rote Basilikum ist mit seinen rosa-violetten Lippenblüten bei Wildbienen heiß begehrt.

**Dill** *(Anethum graveolens)*: Viele kleine Wildbienen, Schwebfliegen und Käfer nutzen den Doldenblütler. Sein Kraut steht auf dem Speiseplan der Raupen des Schwalbenschwanzes.

**Salbeiarten:** Auch Salbei gehört zu den Lippenblütlern. Die Arten wachsen vor allem auf trockenen, sonnigen Standorten.

- **Wiesensalbei** *(Salvia pratensis)*: Die duftende Staude blüht von Mai bis August, sie steht auf der Vorwarnliste. Die blauvioletten Blüten werden von 48 Wildbienenarten, z. B. von der Ackerhummel *(Bombus pascuorum)*, zahlreichen Tag- und Nachtfaltern wie Messingeule *(Diachrysia chrysitis)*, Hummelschwärmer *(Hemaris fuciformis)*, Segelfalter *(Iphiclides podalirius)* oder Tagpfauenauge (*Inachis io*) besucht. 20 Raupenarten dient der Wiesensalbei als Futterpflanze.

Die Entdeckung der Raupen des Schwalbenschwanzes am Dill lässt dein Herz garantiert höherschlagen.

Die zitronenartig duftenden Blüten der Bergminze ziehen Hummeln und andere Wildbienen magisch an.

- **Steppensalbei** *(Salvia nemorosa)*: Die in freier Natur selten gewordene Staude lockt mit ihren rotvioletten Blüten knapp 40 Wildbienenarten und diverse Käfer- und Schwebfliegenarten.

**Rosmarin** (*Salvia rosmarinus*, Syn. *Rosmarinus officinalis*) zählt zu den Lippenblütlern. Als Frühblüher auf sonnig-warmen Standorten zieht er zwischen März und Mai 29 Wildbienenarten an. Vor Schnecken ist der Rosmarin wegen seiner intensiven ätherischen Öle gefeit.

## WEITERE SCHRITTE, UM DIE BIODIVERSITÄT IN DEINEM NUTZGARTEN ZU FÖRDERN

Neben Fruchtfolge, Mischkultur, Permakultur und dem Anlegen von Second-Life-Holz- oder Steinhaufen kannst du zusätzlich Maßnahmen gezielt einsetzen, um den Lebensraum und die Ressourcenverfügbarkeit zu optimieren:

- **Lass zweijährige Nutzpflanzen über Winter stehen**: Von vielen Kohlarten *(Brassicaceae)* und Wurzelgemüsen *(Apiaceae)* wie z. B. Pastinake *(Pastinaca sativa)* oder Möhre *(Daucus carota)* , aber auch von Lauch und Zwiebeln solltest du je ein paar Exemplare ungeerntet stehen lassen, damit sie Blüten entwickeln können. Dann erlebst du ein wahres Insektenspektakel im nächsten Jahr. Die Blütenstände bilden ab Mai/Juni reichlich Pollen und Nektar für Hummeln wie die Steinhummel *(Bombus lapidarius)* und Wildbienen wie die Rotpelzige Sandbiene *(Andrena fulva)*. Aber auch Florfliegen, Schwebfliegen, Käfer oder Wespen bedienen sich dort. Gleichzeitig dienen die hoch aufragenden Stängel mit dem Laub als Unterschlupf für Schmetterlingsraupen und Spinnen.
- **Säe eine artenreiche Zwischenfruchtmischung**: Gründüngung mit Phazelie, auch Bienenfreund genannt *(Phacelia tanacetifolia)*, Buchweizen *(Fagopyrum esculentum)* oder Leindotter *(Camelina sativa)* zwischen den Gemüseernten schafft im Herbst und Frühjahr zusätzliche Blühphasen. Gründüngungspflanzen aus der Familie der Schmetterlingsblütler dienen auch als natür-

Solange die Beetflächen nicht benötigt werden, lass den Klatschmohn wachsen.

Lediglich die gerade benötigten Flächen sind vom Zwerg-Storchschnabel befreit. Am verbliebenen Wildkraut können sich weiterhin Wildbienen laben.

licher Stickstoffdünger, da sie in Symbiose mit Knöllchenbakterien leben, die den Luftstickstoff binden können (siehe Seite 73).

- **Lass Zwischenstreifen brach liegen:** Die offenen Flächen reservierst du für Wildkräuter oder Ackerbegleitkräuter wie Mohn oder Kornblume. Die Brache verschafft dem Boden zusätzlich Erholung. Am besten wechselst du die Flächen von Jahr zu Jahr.
- **Lass geschehen:** Lass Ackerwildkräuter wie Wilde Möhre, Rundblättrigen Storchschnabel *(Geranium rotundifolium)* oder Vogelmiere so lange auf den Beeten wachsen, bis du die Fläche mit Gemüse bepflanzen möchtest. Dann erst rodest du die Wildkräuter. Das fördert die Nahrungsverfügbarkeit für Insekten und erhält die Bodenfeuchte.
- **Vergesellschafte Nutzpflanzen mit Wildkräutern**: Betreibe Mischkultur, indem du zwischen deinen Gemüsepflanzen Wildkräuter oder Gewürzkräuter wachsen lässt. So ermöglichen z. B. Sauerampfer *(Rumex acetosa)* und Gänsefingerkraut *(Potentilla anserina)* innerhalb der Beete 46 Wildbienenarten und 9 Raupenarten die Ernährung.
- **Lass Samenstände stehen**: Putze z. B. Korn-Rade (*Agrostemma githago*) und Klatschmohn (*Papaver rhoeas*) nicht vollständig aus, damit im Spätsommer Vögel wie der Haussperling *(Passer domesticus)* oder der Steiglitz *(Carduelis carduelis)* noch etwas Winterfutter haben. Zudem garantiert das eine Versamung.
- **Bekämpfe keine »Schädlinge«**: Durch den Verzicht auf chemische Pestizide und die Förderung nützlingsfreundlicher Begleitflora wie Ringelblume lässt sich ein stabiles Nützlingsnetzwerk aus Schwebfliegen, Florfliegen- und Marienkäferlarven, Vögeln wie Rotschwänzen oder Meisen etablieren, das Blattläuse, Spinnmilben und andere Schädlinge in Schach hält. Auch wenn es dir schwerfällt: Raupen des Kohlweißlings oder Blattläuse nur im Notfall ablesen. Solche Proteinbooster bleiben nicht lange unentdeckt.

## DEIN GARTEN ALS LEBENDIGE VERBINDUNG VON ARTENVIELFALT UND SELBSTVERSORGUNG

Wenn du deinen Nutzgarten bewusst naturnah gestaltest und nutzt, wird er zum ökologischen Hotspot. Ein Ort, der dir regionale Nahrung liefert und gleichzeitig Lebensräume für gefährdete Arten sichert. Ein Ort, der als genetische Schatzkammer und für wandernde Arten als Trittstein fürs Weiterkommen wirkt. Ein Ort, der dich verbindet mit der Natur – perfekt, um im eigenen Garten eine Bühne für das große Summen und Brummen zu schaffen. Ein Ort, an dem du Landschaftsgeschichte und ökologische Verantwortung lernst.

### Mikrohabitat Dunghaufen

In einem Dunghaufen vernetzen sich Prozesse von der Mikrobiologie über die Bodengestaltung bis hin zu komplexen Nahrungsbeziehungen.
Käfer, die den Kot in eigens angelegten Gängen in 10–25 cm Tiefe vergraben, sorgen für eine tiefere Einmischung der organischen Substanz – das fördert die Durchlüftung und die Humusbildung. Zusätzlich wird die kapillare Wasserleitfähigkeit verbessert.
Die Besiedlung eines Dunghaufens folgt einem klaren Zeitplan. Erst kommen hitzeliebende Bakterien und Fliegen, dann Käfer, Pilze und Kleinsttiere. Diese Abfolge sorgt für eine effiziente Verwertung des Dungs. Jeder Abschnitt ist dabei Lebensraum für eine andere Artengemeinschaft.
Auch in der Wiese kann ein Dunghaufen für viele Insekten als einzigartiges Ökosystem dienen. Was sich ein bisschen verrückt anhört, hat enormes Potenzial. Bis zu 800 Tiere kann ein einziger Dunghaufen beherbergen. Dungkäfer sind mittlerweile vom Aussterben bedroht.

# VERTIKALE BEGRÜNUNG – DRITTE DIMENSION IN GRÜN

**In wildnisnahen Ökosystemen Mitteleuropas sind vertikale Strukturen immer noch allgegenwärtig, wenn auch nicht mehr so häufig wie früher: Bäume und Sträucher, abgestorbene Baumstümpfe und Großstrukturen wie Fels- oder Uferabbrüche bieten Kletterpflanzen einen stabilen Untergrund.**

Die vertikalen Elemente schaffen Mikrokosmen mit unterschiedlichen Feuchte-, Licht- und Temperaturbereichen und ermöglichen die Koexistenz zahlreicher Tier- und Pflanzenarten auf engem Raum. Besonders an sogenannten Ökotonen – Übergangszonen zwischen Wald und Wiese oder zwischen Hecke und Weg – häufen sich Kletterpflanzen. Hier finden sie beste Licht- und Wasserverhältnisse und entfalten ihre volle Wuchskraft.

Freue dich, wenn die Blätter deines Hopfens viele Löcher aufweisen. Das zeigt: Hier sind viele Insekten am Werk.

## VERTIKALE BEGRÜNUNG – AKTIV IN DIE DRITTE DIMENSION

Noch vor nicht mal 100 Jahren glich die mitteleuropäische Landschaft einem feingliedrigen, komplexen Mosaik: Wälder, Wiesen, Hecken und Feldraine ergaben ein vielfältiges Gewebe aus Lebensräumen. Mitten in diesem Geflecht spielen vertikale Strukturen eine entscheidende Rolle – sie fördern Wildnis, Vielfalt und das lebendige Nebeneinander von Tier- und Pflanzenarten. Während sich Forschung und Praxis lange vor allem auf horizontale Ebenen wie Böden und Freiflächen konzentriert haben, rücken nun Begrünungen an Mauern, Zäunen, Baumstämmen mit Kletterpflanzen ins Rampenlicht. Sie eröffnen neue Lebensräume in der dritten Dimension, schaffen Rückzugsorte, Nahrung und Wege – und machen das Biotop komplexer, stabiler und lebendiger.

### Was Kletterpflanzen alles können

Kletterpflanzen sind weit mehr als nur eine lebende Fassadendekoration. Ihre dicht beblätterten Ranken spenden Schatten, erzeugen Kühle durch Ver-

Efeu, der Tausendsassa für die Vertikale, kann ein Methusalem werden. Bis zu 500 Jahre schafft er in deinem Garten vermutlich nicht, aber auch kleinere Exemplare bieten Lebensraum – für Spinnen über Insekten bis hin zu Vögeln.

dunstung, halten die Luft feucht und bremsen den Wind – so machen sie das Mikroklima angenehmer. Mit ihren unterschiedlich geformten Trieben – ob zart gefiedert oder kräftig belaubt, ob Ranken wie starke Seile oder dünne Stängel – schaffen sie vertikale Verbindungen zwischen unten und oben, Boden und Baumkrone. Für Vögel wie den Zaunkönig oder die Amsel sind sie Brutplatz und Jagdrevier in einem. Schmetterlinge nutzen sie zur Eiablage, Ameisen marschieren an ihren Stängeln entlang, Spinnen spannen ihre Netze zwischen den Blättern und zahlreiche Blüten bieten Pollen, Nektar oder später Früchte für allerlei hungrige Schnäbel und Mäuler.

**Auch das Klima profitiert:** Durch ihre große Blattfläche binden Kletterpflanzen Kohlendioxid und produzieren Sauerstoff. Ihre Wurzeln halten Böden an Hängen oder Uferkanten fest und verhindern Erosion. Und nicht zu vergessen: Sie filtern Staub und Schadstoffe aus der Luft und dem Regenwasser – ein grüner Puffer gegen die Folgen von Versiegelung und Umweltbelastung.

### Warum die Vertikale so wertvoll ist

Vertikale Strukturen steigern die Komplexität von Lebensräumen. Sie schaffen neue ökologische Nischen und Mikroklimata für Spezialisten. Je dichter das Grün in die Höhe wächst, desto mehr Tiere finden darin ein Zuhause. Selbst kleine Flächen am Boden werden durch die dritte Dimension entscheidend erweitert, die Reviere vergrößert und ökologische Netzwerke dichter geknüpft. Gerade in agrarisch genutzten oder stark zerschnittenen Regionen Mitteleuropas entstehen so Rückzugsorte für Wildtiere – selbst inmitten der Kulturlandschaft. Untersuchungen zeigen: Wo mindestens 20 Prozent der Fläche vertikal begrünt sind, finden sich deutlich mehr Laufkäfer, Spinnen und Schmetterlinge als auf kahlen Wänden. Und das wirkt sich direkt auf das ökologische Gleichgewicht aus: Beutetiere und ihre Jäger finden Schutz und Nahrung, Bestäuber überleben durch verlängerte Blühperioden. Immergrüne Arten wie der Efeu sorgen sogar im Winter für Futter und Schutzräume, wenn andere Nahrungsquellen knapp werden – etwa für Vögel, Insekten oder auch für Mikroorganismen, die sich in seinem Wurzelbereich ansiedeln, denn die Vertikale führt auch in den Boden.

## MEHR WILDNIS IM EIGENEN GARTEN

Auch dein Garten kann von diesen natürlichen Prozessen profitieren. Indem du vertikales Grün bewusst integrierst, ob an der Haus- oder Schuppenmauer, an Zäunen, Rankhilfen oder alten Bäumen, schaffst du Platz für Leben in die Höhe. Clematis, Efeu und Geißblatt laden Vögel wie Buchfink und Heckenbraunelle zum Nisten ein. Solitärbienen finden an ihnen Nektar, Ruheplätze und Baumaterial.

### Klimapflanzen für die dritte Dimension

Vertikales Grün ist nicht nur ökologisch wertvoll – es macht den Garten auch angenehmer. Es erhöht die Luftfeuchtigkeit, puffert Temperaturschwankungen und erweitert den Blütenreichtum über viele Monate hinweg. Selbst kahle Wände werden durch rankende Pflanzen zu grünen Lebensräumen, die Hitzespitzen mildern und für Tiere wie Menschen wohltuende Kühle spenden.

## KLETTERPFLANZEN FÜR DEN GARTEN

Zwar ist die Auswahl heimischer Kletterpflanzen begrenzt, doch jede einzelne Art bringt ihre ganz eigene Funktion und Fauna mit.

**Die Waldrebe – viel mehr als ein Blättermeer:** Die Gewöhnliche Waldrebe *(Clematis vitalba)* klettert mit schlanken Ranken bis zu 5 m hoch. Ihre cremeweißen, bis zu 4 cm großen Blüten sind ein Magnet für Schwebfliegen, Schmetterlinge wie das Landkärtchen *(Araschnia levana)* und zahlreiche Wildbienen – insgesamt 18 Arten bedienen sich am Nektar und Pollen. Über 40 Raupenarten, 11 davon hochspezialisiert, fressen an ihren Blättern. Ihre silbrigen Fruchtstände sind eine Zierde im Winter, ihre Samen werden durch den Wind verbreitet. Besonders an sonnigen Standorten mit schattigem Wurzelbereich gedeiht sie hervorragend – und ist eine Bereicherung für den Garten.
**Efeu – der grüne Dauerbrenner:** Als einzige immergrüne heimische Kletterpflanze bleibt Efeu *(Hedera helix)* auch im Schatten vital. Er kann ein Methusalem, nämlich bis zu einem halben Jahrtausend alt werden und ist ein echtes Naturdenkmal – solange du ihn nicht auf blendend weißen Wänden ansiedelst, die mag er nämlich nicht (lichtfliehend nennt

Die sehr seltene Waldrebe, eine Liane, mag den Halbschatten mit frischem Boden.

Die späten Blüten des Efeus im September schaffen ein reichhaltiges Büfett für Wespen, Schwebfliegen und die auf sie spezialisierte Efeu-Seidenbiene.

man das). Seine Blüten erscheinen erst spät im Jahr, oft erst nach fünf oder mehr Jahren, sind dann aber lebenswichtig für späte Bestäuber wie die Efeu-Seidenbiene *(Colletes hederae)* und für den Admiral *(Vanessa atalanta)* als letzte Nektartankstelle vor seinem Flug in den Süden. Regelrecht belagert werden die Blüten aber auch von Schwebfliegen, Käfern und Wespen. Und im späten Winter und zeitigen Frühjahr sind seine schwarzen Beeren eine der ersten Nahrungsquellen für Amseln und Rotkehlchen. Anfangs sind seine Blätter drei- bis fünflappig und er wächst stark rankend. Im Alter zwischen 5 und 10 Jahren wird er erwachsen und beginnt herzförmige Blätter auszubilden. Erste Blüten erscheinen. Falls du nicht so viel Geduld hast, kannst du einen **Strauchefeu** pflanzen. Hier wurde die Altersform über Stecklinge vermehrt und nicht kletternde, dichte und langsam wachsende Büsche entstehen. Du kannst auch selbst versuchen, die direkt blühende Form durch Stecklinge zu vermehren. Im September unter Folie ist dafür die beste Zeit. Efeu kann auch als Bodendecker dienen, blüht dann jedoch nicht.

**Geißblatt – betörend und begehrt:** Die röhrenförmigen Blüten des Wald-Geißblatts *(Lonicera periclymenum)* verströmen abends ihren süßen Duft und ziehen Nachtfalter an – darunter auch den Hummelschwärmer *(Hemaris fuciformis)*. Die Raupen des selten gewordenen Blauschwarzen Eisvogels *(Limenitis reducta)* ernähren sich von den Blättern. Die dunkelroten Beeren stillen im Spätsommer den Hunger von Vögeln wie der Dorngrasmücke. Die dichten Triebe bieten Insekten und sogar Kleinsäugern wie der Waldmaus *(Apodemus sylvaticus)* Unterschlupf, die hier ein dichtes Versteck vor neugierigen Blicken und gefährlichen Krallen findet. Entgegen ihrem Namen bewohnt die nachtaktive Waldmaus eher offene strukturreiche Lebensräume und ist ein guter Kletterer.

**Wildrosen – anmutig in Rosarot:** Wer denkt bei Vertikalbegrünung schon an Wildrosen? Dabei kommen sie in der Vertikalbegrünung erst so richtig zur Geltung. Anmutig zeigen sie ihre bogig überhängenden Äste wie die Hechtrose *(Rosa glauca)*, die bis zu 3 m

Setze ein Geißblatt in die Nähe deines Sitzplatzes. So kannst auch du den süßen Duft in den Abendstunden genießen.

Wildrosen verwandeln deinen Garten in einen verwunschenen Ort weitab vom Alltag.

hoch wachsen kann und wenig Stacheln hat, die Hundsrose *(Rosa canina)* mit ebenfalls bis zu 3 m Höhe oder die mittlerweile auf der Vorwarnliste stehende Feldrose *(Rosa arvensis)* mit sogar bis zu 4 m Höhe. Sie begrünen nicht nur Wände, sondern versorgen 40 Wildbienenarten, 40 Raupenarten und bieten sichere Versteck- und Nistplätze für Vögel.

**Zaunwinde – unterschätzt, aber nützlich:** Oft als lästiges Unkraut betrachtet, hat die Echte Zaunwinde *(Calystegia sepium)* erstaunlich viel zu bieten. Für Nachtfalter wie den imposanten Windenschwärmer *(Agrius convolvuli)* mit seinem auffällig schwarz-rosa gestreiften Hinterleib und dem bis zu 9 cm langen Saugrüssel bietet sie viel Nektar. Für seine Raupen ist sie die grüne Futterquelle. Auch die stark gefährdete Große Spiralhornbiene *(Systropha planidens)* ist auf ihre Pollen angewiesen. Wenn du der Zaunwinde eine kleine Ecke gönnst, tust du vielen Insekten einen großen Gefallen. Interessant auch für dich: Bei schlechtem Wetter schließen sich ihre großen weißen Blüten.
**Hopfen – hoch hinaus für Falter:** Hopfen *(Humulus lupulus)* wächst mit beeindruckender Geschwindigkeit und erreicht locker Höhen bis 10 m. Zwar wird er vom Wind bestäubt, aber seine Blätter sind ein Paradies für Raupen. Acht Schmetterlingsarten wie der C-Falter *(Polygonia c-album)*, der Hopfen-Blütenspanner *(Eupithecia assimilata)*, die Hopfen-Zünslereule *(Hypena rostralis)* oder der Hopfen-Wurzelbohrer *(Hepialus humuli)* nutzen ihn als Kinderstube – und bereichern das Gartenleben um flatternde Farben.
**Zaunrüben – zart und wertvoll:** Die Weiße Zaunrübe *(Bryonia alba)* steht auf der Vorwarnliste gefährdeter Arten. Besonders gut klettert sie an Maschendrahtzäunen. Häufiger findest du die Rotfrüchtige Zaunrübe *(Bryonia dioica)*, die sich in Westdeutschland wohler fühlt. Beide Arten begrünen als niedriger bleibende Arten Zäune nicht nur dekorativ, sondern schaffen wichtige ökologische Nischen. So liefern sie den begehrten Pollen für die Brut der Zaunrüben-Sandbiene *(Andrena florea)* und für die Sandbiene selbst reichlich Nektar. Von den Blättern der beiden Arten ernährt sich der Zaunrüben-Marienkäfer *(Henosepilachna argus)*, eine Marienkäferart, die keine Blattläuse frisst.
**Achtung:** Die beiden Zaunrübenarten, vor allem aber die Früchte sind giftig. Bei intensiverer Berührung der Blätter kann es zu Hautreizungen und Blasenbildung kommen.

## SO KLAPPT ES MIT DEM GARTEN IN DIE HÖHE

Es gibt viele Wege, vertikales Grün umzusetzen. Du kannst eine vorhandene Struktur wie einen Baum, einen bereits abgestorbenen Baum oder ein altes Schaukelgestell nutzen und mit Efeu, Clematis oder Wildrosen bepflanzen. Keine Sorge – Efeu erwürgt keine Bäume, entgegen hartnäckiger Gerüchte. Auch Zäune lassen sich einfach mit rankenden Arten begrünen.
Wenn du größere Projekte planst – etwa freistehende Rankgerüste oder Fassadenbegrünungen – wird es etwas anspruchsvoller.

### Freistehende Rankgerüste

Das sind Metall- oder Holzkonstruktionen, an denen Kletterpflanzen hochranken. Als Materialien eignen sich Edelstahl, verzinkter Stahl oder Holz. Hier muss auf ein stabiles Fundament geachtet werden. Auch Nutzpflanzen wie Bohnen, Erbsen oder Kürbisse können hier in die dritte Dimension wachsen.

**1. Materialauswahl**
**Holzvariante:**
- Pfosten: 4 Stück, ca. 2,20 m lang, 7 × 7 cm Querschnitt (z. B. Lärche, witterungsbeständig)
- Querstreben: 4–6 Stück, je nach gewünschter Höhe, 2–3 cm stark, 50–100 cm lang
- Latten/Leisten: für Rankgitter, ca. 2 × 3 cm, unbehandelt oder mit Holzöl imprägniert

**Metallvariante:**
- Rohre oder Vierkantrohre: 2–3 cm Durchmesser, 2 m lang
- Querstreben: Rundeisen oder Metallstreben, 0,8–1 cm stark
- Schweißgerät oder Metallverbinder

**2. Werkzeuge**
- Holz: Bohrmaschine, Holzschrauben, Schraubzwingen, Säge, Winkel
- Metall: Schweißgerät oder Rohrverbinder, Metallsäge, Bohrmaschine für Metall, Schrauben
- Wasserwaage und Maßband

**3. Fundament und Standfestigkeit**

Da die Rankhilfe freistehend sein soll, ist Standfestigkeit entscheidend:

**Option A: Einbetonieren**

- Löcher ausheben: 40–50 cm tief, 20 cm Durchmesser
- Pfosten einsetzen, mit Schnellbeton fixieren, Aushärtezeit ca. 24 Stunden

**Option B: Einschlaghülsen (nur für Holz)**

- Metallhülsen 60 cm tief in den Boden treiben
- Holzpfosten einsetzen und verschrauben

**4. Konstruktion (Grundaufbau)**

**Rahmen aufstellen**

- Zwei Pfosten im Abstand von 100–150 cm setzen
- Querstrebe oben montieren (verbindet die beiden Pfosten)
- Unten eine zweite Querstrebe, ca. 20 cm über dem Boden, für zusätzliche Stabilität

**Rankfläche anbringen**

- Holz: Latten senkrecht oder diagonal verschrauben, Abstand 10–15 cm
- Metall: Streben verschweißen oder Drahtseile (rostfrei, Durchmesser 3 mm) zwischen den Pfosten spannen

**Stabilisierung**

- Bei breiten Konstruktionen empfiehlt sich eine Querverbindung zwischen zwei freistehenden Elementen (z. B. Pergolenform)
- Diagonalstreben stabilisieren zusätzlich

**5. Maße (empfohlene Dimensionen)**

- Höhe: 180–220 cm (gut erreichbar für Pflege, stabil gegenüber Wind)
- Breite: 100–150 cm (abhängig vom Standort und der Pflanze)
- Gitterabstand: 10–15 cm (optimal für Kletterpflanzenranken)

**6. Pflege und Haltbarkeit**

- Holz: Regelmäßige Behandlung mit Leinöl, Holzöl oder Lasur erhöht die Lebensdauer.
- Metall: Verzinkung oder Lackierung als Schutz gegen Rost
- Kontrolle: Einmal pro Jahr Schrauben/Verbindungen prüfen

Freistehende Spaliere können den Gartenraum nach oben erweitern. Achte auf Stabilität.

Begrünte Hauswände können recht einfach mit einem Holzspalier umgesetzt werden.

## Spalierpflanzung

Dieses traditionelle Erziehungssystem für Obstgehölze kann an einer Wand oder freistehend gebaut werden. Als Materialien für das Spalier eignen sich Bambus-, Holz- oder Stahlspaliere. Für freistehende Varianten kannst du verzinkte Metallpfähle aus dem Weinbau einbetoniert und gepaart mit gespannten Seilen nutzen.

Spaliere am Haus oder an einer Mauer sollten immer mindestens 5 cm Abstand zur Wand einhalten, damit ausreichend hinterlüftet werden kann.

# GRÜNE DÄCHER – LEBENSRÄUME ÜBER DEM ALLTAG

**Keine Frage, die Städte und Siedlungen wachsen – und mit ihnen die Probleme für die Biodiversität, für Tiere und Pflanzen. Wo Beton und Asphalt dominieren, verschwinden natürliche Lebensräume. Doch genau dort, wo die Versiegelung besonders stark zunimmt, liegt auch ein Schlüssel zur Lösung: auf dem Dach.**

Ein Dach kann mehr als nur Regen abhalten. Eine begrünte Fläche auf dem Dach macht verlorenes Terrain am Boden nicht nur wett, sondern schafft zusätzliches – und das in erstaunlich hoher ökologischer Qualität. Hier treffen Quantität und Qualität aufeinander und machen begrünte Dächer zu einem echten Gewinn für die Stadt. Denn sie bieten nicht nur Lebensraum für viele Arten, sondern verbessern auch das Stadtklima, saugen bei Starkregen das Wasser wie ein Schwamm auf und laden uns Menschen mitunter auch zum Verweilen ein.

Die Dachbegrünung im Winter zaubert in Verbindung mit Reif bizarre Skulpturen – ansehnlicher als ein kahles Kiesdach.

## NATÜRLICHE VORBILDER FÜR LUFTIGE OASEN

Extensive Dachbegrünung orientiert sich an natürlichen Standorten wie Trockenrasen und Magerwiesen. Ein Dach ist geradezu prädestiniert für diese Arten: Wo sonst kannst du so einfach einen trockenen, mageren Standort schaffen – ganz ohne tiefgreifende Bodenarbeiten? Am Boden wäre dies mit deutlich mehr Aufwand verbunden. Jedes begrünbare Dach ist also ein kleines Geschenk an die Natur – und an dich.

## WARUM DEIN GARTEN AUCH ÜBER DIR WEITERGEHT

Wenn du deinen Garten naturnah gestaltest, spielen heimische Pflanzen eine wichtige Rolle. Auf dem Dach können sie ihre Wirkung besonders entfalten, ökologisch und ästhetisch – vor allem, wenn auf eine extensive Begrünung mit einer dünnen

Die extensive Dachbegrünung bietet Chancen über Chancen: Versiegelung des Bodens wieder wettzumachen, Insekten- und Vogelnahrung, tolle Optik und Regenwasserrückhalt.

Substratschicht (zwischen 5 und 15 cm) gesetzt wird. Diese Pflanzendecken sind nicht nur pflegeleicht, sie bieten auch strukturreiche Lebensräume. So wird das Gründach als Trittsteinbiotop zu einem funktionalen Teil eines urbanen Ökosystems selbst für spezialisierte Arten, die in der freien Landschaft kaum mehr vorkommen.

### Trittsteine für Schmetterlinge, Bienen und Co.

Dachbegrünungen wirken wie kleine Inseln, die den Weg durch die Stadt für viele Tiere möglich machen. Besonders fliegende Arten wie Insekten und Vögel, aber auch Fledermäuse profitieren davon. Diese grünen Trittsteine vernetzen Lebensräume, helfen Populationen stabil zu bleiben und machen die Stadt insgesamt lebendiger – im wahrsten Sinne des Wortes. Stell dir vor, wie eine ganze Siedlung von oben aussähe, wenn jedes Garagendach, jeder Carport und jedes Flachdach in ein Blütenmeer verwandelt wäre. Camouflage pur.

### Wer alles vom Dach profitiert

- **Schmetterlinge und Wildbienen**: Arten wie der Hauhechel-Bläuling *(Polyommatus icarus)* oder die Juni-Langhornbiene *(Eucera longicornis)* sind auf blütenreiche Pflanzen wie Wundklee und Thymian angewiesen. Wenn diese Nahrungsquellen fehlen, wird es für die Bestäuber eng – ihre Populationen schrumpfen und die genetische Vielfalt nimmt ab.
- **Vögel**: Der Gartenrotschwanz oder auch Stieglitze und Haussperlinge nutzen begrünte Dächer als Rastplätze und Futterquellen. Besonders wichtig sind für die beiden letzteren Arten Pflanzen wie Schaf-Schwingel oder Rispen-Flockenblume, deren Samenstände ihnen auch im Winter Nahrung bieten.
- **Fledermäuse**: Kleine Arten wie die Zwergfledermaus kommen indirekt auf ihre Kosten – durch die Dachbegrünung steigt das Insektenaufkommen und damit auch das Nahrungsangebot.

### Pflanzen, die dein Dach in ein Biotop verwandeln

Bei der Pflanzenauswahl kommt es auf Substrathöhe, Trockenheit und Sonneneinstrahlung an. Besonders geeignet sind robuste Arten mit niedrigen Ansprüchen, die mit wenig Substrat (6–12 cm) zurechtkommen und zugleich vielen Tieren Nahrung bieten:

- **Sedum & Co.**: Arten wie Mauerpfeffer *(Sedum album)*, Felsen-Fetthenne *(Sedum rupestre)*, Scharfer Mauerpfeffer *(Sedum acre)*, Knöllchen-

Steinbrech *(Saxifraga granulata)* sind pflegeleicht und ein Magnet für Wildbienen.

- **Gräser und Grasähnliche**: Blau-Schillergras *(Koeleria glauca)*, Schaf-Schwingel *(Festuca ovina)*, Gewöhnliches Zittergras *(Briza media)*, Steppen-Lieschgras *(Phleum phleoides)*, Sand-Segge *(Carex arenaria)* bieten Raupen von Schmetterlingen wie der stark gefährdeten Trockenrasen-Grasbüscheleule *(Apamea lithoxylaea)*, dem Silbergestreiften Grasmotteneulchen *(Deltote bankiana)* oder dem Doppelaugen-Mohrenfalter (*Erebia oeme*) wertvolles Futter.
- **Blütenpflanzen und Kräuter**: Gewöhnlicher Thymian *(Thymus vulgaris)*, Echter Dost *(Origanum vulgare)*, Wundklee *(Anthyllis vulneraria)*, Steinbrech-Felsennelke *(Petrorhagia saxifraga)*, Sand-Grasnelke (*Armeria maritima* subsp. *elongata*), Nickendes Leimkraut *(Silene nutans)*, Sandmohn *(Papaver argemone)*, Gewöhnliches Sonnenröschen *(Helianthemum nummularium)* ziehen zahlreiche Insekten an – vom Käfer bis zum Falter. Sowohl die Ästige *(Anthericum ramosum)* als auch die Traubige Graslilie *(A. liliago)* eignen sich als wichtige Insektenpflanzen für Dachbegrünungen. Zudem sind es zwei Arten der Vorwarnliste (siehe Seite 218).

Diese Pflanzengemeinschaften schaffen kleine, aber komplexe Lebensräume, die für viele Tierarten unverzichtbar sind.

## SO GELINGT DEIN GRÜNES DACH

Eine extensive Dachbegrünung braucht wenig Pflege, bringt aber viel Nutzen – von Wasserrückhalt über Dämmung bis zur Förderung der Biodiversität. Viele Kommunen unterstützen solche Projekte mit Förderprogrammen, da sie bei Starkregenereignissen den Wasserabfluss verzögern und dadurch die Kanalisation entlasten.

Die Ästige Graslilie liebt trockenen, mageren Boden und eignet sich gut fürs Dach.

Besonders gut kommt das Gewöhnliche Sonnenröschen mit der Trockenheit zurecht, die mitunter auf dem Dach herrscht. Es blüht von Mai bis September.

## Schritt für Schritt zum Naturprojekt in luftiger Höhe

### 1. Planung

- **STATIK UND BLITZSCHUTZ:** Prüfe oder lass prüfen, ob dein Dach 80–150 kg/m² trägt – Garagen- und Hausdächer sind meist geeignet. Blitzschutz nicht vergessen!
- **GEFÄLLE:** Das Dach sollte mindestens 2 % Neigung haben.
- **ABDICHTUNG UND WURZELSCHUTZ:** Verwende Dachbahnen (z. B. EPDM-Folie oder Bitumen) nach DIN EN 13956 und wurzelfeste Sperrschichten (PE-Wurzelschutzbahn) nach FLL-Standard.
- **PFLANZEN AUSWÄHLEN:** Um Wildnis zu fördern, greife nicht zur standardisierten Systembegrünung, die meist nur aus wenigen und zum Teil auch aus nicht heimischen *Sedum*-Arten besteht, sondern zu speziellen heimischen Samen- und Pflanzenmischungen für extensive Dachbegrünungen, die es mittlerweile im Handel gibt (siehe Seite 218). Suche dir spezielle Trockenheitskünstler wie die Prachtnelke *(Dianthus superbus)* oder die Küchenschelle *(Pulsatilla vulgaris)* aus und pflanze sie, bevor du die Samenmischung aussäst. Ergänze deine Ansaat mit ca. 15 % Sedum-Sprossen, so garantierst du von Anfang an eine Begrünung.

### 2. Umsetzung

- EPDM-Folie auf dem gründlich gereinigten Dach verlegen und Anschlüsse an Dachaufbauten abdichten
- Falls gewünscht, PE-Wurzelschutzbahn ausrollen, verschweißen oder kleben
- Speichermatte, die in trockenen Zeiten für Feuchtigkeit sorgt, auslegen
- Dränageelemente (z. B. Floradrain®) verlegen
- Filtervlies auflegen, um die Drainage vor Verschlämmung durch das Substrat zu schützen
- Mineralisches Substrat (Sand, Lava, Blähton, Körnung bis 8 mm) mit 10–20 % Zeolith-Zugabe und als organische Beimischung mit max. 5 % Kompost, 5–15 cm hoch einfüllen
- Vegetation ausbringen – einsäen, durch gezieltes Pflanzen oder durch eine Kombination von beidem
- Bewässerung in den ersten Wochen, um die Keimung und Durchwurzelung zu gewährleisten

### 3. Pflege

Im Frühjahr, wenn die Temperaturen stabil über 15 °C liegen, entfernst du abgestorbene Pflanzenteile und ggf. Baumschösslinge – und das war's im Wesentlichen auch schon.

# FARNGARTEN – UNTERSCHÄTZTER SCHATTENKÜNSTLER

**Farne gehören zu den ältesten Pflanzen der Erde und haben sich über Millionen von Jahren hinweg erfolgreich an verschiedene Umweltbedingungen angepasst. Sie dienen als Lebensraum für zahlreiche Tiere und bieten im Garten eine ästhetische und ökologische Bereicherung.**

Farne *(Pteridophyta)* entstanden vor etwa 360 bis 400 Millionen Jahren und haben sich als eine der widerstandsfähigsten Pflanzengruppen behauptet. Während der Karbonzeit bedeckten sie in Kombination mit Bärlappgewächsen und Schachtelhalmen weite Teile der Erde. Aus ihnen entstand die Kohle. Ihr Überleben verdanken sie ihrer einzigartigen Fortpflanzungsstrategie und ihrem großen Genom, das doppelt so groß ist wie das menschliche.

Seit Urzeiten bedecken Farne den Boden in unseren Wäldern und sorgen für ein kühles und feuchtes Mikroklima.

Im Gegensatz zu Blütenpflanzen vermehren sich Farne nicht durch Samen, sondern durch Sporen. Diese werden vom Wind verbreitet und keimen unter geeigneten Bedingungen. Diese Strategie erlaubt es Farnen, selbst isolierte oder extreme Lebensräume zu besiedeln.

## FARNE IN DER NATUR – WENN URZEITVETERANEN ZUR WALDPARTY LADEN

Farne tragen wesentlich zur Stabilität von Ökosystemen bei. Sie schützen den Boden durch ihre Wurzeln und die dichte Überdeckung, verhindern so Erosion und halten die Feuchtigkeit. Sie regulieren Luftfeuchtigkeit und Temperatur in Wäldern und Gärten und tragen damit zu einem guten Mikroklima bei. Durch ihren dichten Bewuchs am Boden gestalten sie Lebensraum und bieten Unterschlupf für zahlreiche Tiere wie Amphibien, Insekten und Kleinsäuger.

## FARNE IM GARTEN: SCHATTIGE WUNDER UNTER DEN BÄUMEN

Farne schaffen in schattigen Gartenbereichen ein einzigartiges Mikroklima. Sie speichern Feuchtigkeit und verhindern so das Austrocknen des Bo-

Farne zeichnen durch ihre Blattstruktur bizarre Bilder. Gerade im Spätherbst und Winter, wenn viele Pflanzenarrten bereits keine Blätter mehr tragen, entstehen attraktive Ansichten.

dens. Besonders in heißen Sommern verdunstet ihr voluminöses Blattwerk reichlich Wasser und beeinflusst nicht nur den Wasserhaushalt anderer Pflanzen positiv, sondern lässt auch für uns die Temperaturen angenehmer erscheinen.
Daher bevorzugen Farne schattige bis halbschattige Standorte mit humusreichem, gut durchlässigem Boden. Ein leicht saurer bis neutraler pH-Wert und eine konstante Bodenfeuchte sind ideal. Sie wachsen jedoch auch auf anderen Substraten. Geeignete Plätze sind zum Beispiel Nord- oder Ostseiten von Gärten oder schattige Gehölzränder. Wenn von einem wilden Naturgarten die Rede ist, denken die allerwenigsten an Farne. Eher an ein Meer an Blüten. Gehe einen weiteren Schritt in Richtung Vielfalt und reserviere eine kleine Ecke in deinem Garten für die Anlage eines kleinen Farngartens oder zumindest für ein paar Pflanzen unter Bäumen und schaffe somit ein weiteres kleines Puzzleteilchen zum wilden Vielfaltsgarten. Ergänzt mit Second-Life-Holz und Steinen schaffst du in den schattigeren Bereichen des Gartens ein wildromantisches, fast gemaltes Stillleben.

### Für den Garten geeignete und beliebte Farnarten

Sie sind robust und winterhart und bevorzugen feuchte, schattige Bereiche:

- Gelappter Schildfarn *(Polystichum aculeatum)*, 30–90 cm
- Wurmfarn *(Dryopteris filix-mas)*, 30–120 cm
- Adlerfarn *(Pteridium aquilinum)*. 0,5–2 m

### Pflege von Farnen

Farne brauchen so gut wie keine Pflege. Man kann sogar die abgestorbenen Wedel an der Pflanze belassen, so baut sich über die Jahre eine dickere Schicht »Farnlaub« auf, unter dem Amphibien gerne Unterschlupf suchen. Gleichzeitig dient sie dem Schutz vor zu viel Verdunstung. Lediglich in heißen, trockenen Sommern freuen sich auch Farne über ab und zu mal eine Gießkanne mit Wasser.

## WECHSELWIRKUNGEN MIT ANDEREN ORGANISMEN: NETZWERKTREFFEN IM FARNWALD

Farne spielen in zahlreichen Ökosystemen eine essenzielle Rolle, indem sie nicht nur als Pflanzen existieren, sondern auch aktiv und vielschichtig mit ihrer Umwelt interagieren. Die Wechselwirkungen zwischen Farnen und anderen Organismen sind komplex und weitreichend. Verschiedene Tierarten, sowohl kleine Insekten als auch größere Säugetiere, Amphibien und Vögel, nutzen Farne als Nahrungsquelle, Schutzraum oder Nistplatz. Darüber hinaus bestehen enge Beziehungen zwischen Farnen und bestimmten Mikroorganismen wie Pilzen und Bakterien, die das Wachstum der Pflanzen beeinflussen. Diese symbiotischen oder parasitären Beziehungen haben sich über Millionen von Jahren entwickelt und verdeutlichen die wichtige Rolle von Farnen in der Biodiversität.

Obwohl Farne eine Vielzahl sekundärer Pflanzenstoffe wie z. B. Phenole, Flavonoide, Gerbstoffe sowie Ptaquilosid, ein bekanntes Karzinogen im Adlerfarn *(Pteridium aquilinum)*, enthalten, die zur Abwehr von Pflanzenfressern, darunter auch Insekten, dienen, haben sich dennoch verschiedene Tiere angepasst.

### Insekten und Farne – reichhaltiges Buffet im Farnhotel

Insekten sind eine der Tiergruppen, die am häufigsten mit Farnen assoziiert sind. Sie profitieren auf unterschiedliche Weise von Farnpflanzen: Einige spezialisierte Insektenarten ernähren sich direkt von Farnblättern oder -sporen, während andere die feuchten, geschützten Bedingungen nutzen, um sich dort zu vermehren oder zu verstecken.

**Farnkäfer** (*Phyllotreta* spec.) fressen bevorzugt junge Farntriebe und können in großen Populationen auftreten.

**Schmetterlingsraupen** einiger Nachtfalterarten nutzen Farne als Futterpflanze. Beispiele sind die Adlerfarneule *(Callopistria juventina)* oder die gefährdete Smaragdeule *(Phlogophora scita)*.

Auch die **Kurzrüsselige Farn-Weichwanze** *(Bryocoris pteridis)* ist stark an Farne gebunden, insbesondere an Arten wie den Wurmfarn *(Dryopteris filix-mas)* oder Adlerfarn *(Pteridium aquilinum)*.

Die Wanzen saugen bevorzugt an Farnwedeln, die Sporangien ausgebildet haben.

**Thripse** (Fransenflügler) profitieren von den feuchten Bedingungen unter Farnwedeln. Diese kleinen Insekten saugen Pflanzensäfte aus Farnblättern, was manchmal zu silbrigen Verfärbungen führt.

Meditation pur. Farnblätter entrollen sich und das schon seit ca. 400 Millionen Jahren.

Verwunschene Stimmung im Farngarten. Selbst Schattenbereiche kannst du mit Farnen in einen wundervollen Ort verwandeln.

Die Erdkröte liebt das schattige und feuchte Mikroklima unter Farnen gerade an heißen Sommertagen. Gepaart mit einem Teich, schaffst du ideale Lebensräume für Amphibien.

Zahlreiche **Spinnenarten** weben ihre Netze zwischen Farnblättern, um sich vor Feinden zu schützen und auf Beute zu lauern.

### Amphibien und Farne – feuchtigkeitsliebende Verbündete

Amphibien wie Frösche, Kröten oder Molche sind stark auf feuchte Lebensräume angewiesen, wenn die Paarungszeit im Wasser vorüber ist. Farne bieten ihnen perfekte Bedingungen, da sie Feuchtigkeit speichern und so ein kühles Mikroklima schaffen. In einem Garten mit Farnbestand kannst du die mittlerweile stark bedrohten Amphibienpopulationen fördern, da sie dort Rückzugsorte und Jagdreviere finden, aber auch Schutz vor Fressfeinden. Zu den Arten, die du in einem Farngarten erwarten kannst, gehören z. B. Erdkröten *(Bufo bufo)* und Grasfrösche *(Rana temporaria)*, aber auch Molche wie der Teichmolch *(Lissotriton vulgaris)*.

### Vögel und Säugetiere – der Farnwald als Mensa und Schutzzone

Vögel nutzen Farne auf verschiedene Weise, sei es als Baumaterial für ihre Nester oder als geschützten Platz für den Nachwuchs. Singvögel, wie Amseln oder Rotkehlchen, suchen zwischen Farnen nach Insekten und Würmern.

Unter den Säugetieren nutzen z. B. Eichhörnchen *(Sciurus vulgaris)* Farnbestände als Versteck für ihre Vorräte und schätzen die dichte Vegetation als Schutz vor Greifvögeln.

### Symbiose mit Pilzen – wenn unsichtbare Mitbewohner Wurzeln dopen

Eine weniger sichtbare, aber bedeutende Interaktion findet zwischen Farnen und bestimmten Pilzen statt. Kein Wunder, schließlich hatten sie bereits einige Hundert Millionen Jahre Zeit, Symbiosen zu entwickeln. Mykorrhiza-Pilze bilden Symbiosen mit den Wurzeln vieler Farnarten. Sie helfen ihnen, Nährstoffe und Wasser effizienter aufzunehmen, besonders in nährstoffarmen Böden. Endophytische Pilze leben in Farnblättern, d. h. sie durchdringen die Blätter und erhöhen deren Widerstandskraft gegen Insektenfraß oder Krankheiten.

### Schon gewusst?

**Ob in natürlichen Wäldern oder in Gärten – Farne sind weit mehr als nur »grüne Dekoration«, sie tragen durch ihre einzigartige ökologische Funktion maßgeblich zur Biodiversität bei.**

# WIE MOOSE UND FLECHTEN DIE NATUR BEREICHERN

**Eine Welt ohne Moose: kahle Böden, trockene Felsspalten, lebloses Grün. Undenkbar, denn Moose prägen Lebensräume. Die Evolution der Flechten erzählt von einer uralten Symbiose, die Ökosysteme formte – ein Sinnbild für Anpassungsfähigkeit und ökologische Resilienz.**

Moose *(Bryophyta)*, diese zarten Polsterpflänzchen, haben keine echten Wurzeln, sondern als Ersatz haarförmig ausgebildete Zellen, die die Pflänzchen fest im Boden bzw. Substrat verankern, während sie Wasser und Nährstoffe über ihre gesamte Blattoberfläche aufnehmen. Ihre flachen Blattspreiten wirken vielleicht unscheinbar, entfalten jedoch unter dem Mikroskop eine filigrane Perfektion: eine einfache, aber ungemein effiziente Bauweise, die Moosen seit Hunderten von Millionen Jahren das Überleben sichert.

Moose und Flechten speichern Feuchtigkeit für andere Pflanzen, wie hier den Trauben-Steinbrech.

## EVOLUTION DER MOOSE – SPRUNG DURCH DIE ERDGESCHICHTE

Vor rund 470 Millionen Jahren begann das große Abenteuer der Landpflanzen – und Moose waren als die ersten, heute noch lebenden Pflanzen dabei. Aus Fossilienfunden erkennen wir primitive Sprossen und einfache Haftorgane, mit denen diese Ur-Moose selbst karge Gesteinsflächen besiedelten. Ihre wahre Spezialität jedoch zeigte sich darin, karbonathaltige Gesteine wie Kalkstein aufzuweichen: Durch die Abgabe organischer Säuren (Oxalsäure, Zitronensäure) lösten sie Kalziumkarbonat ($CaCO_2$) in lösliche Kalzium- und Bikarbonat-Ionen auf. Mikroben in ihren Polstern unterstützten diesen Prozess, sodass langsam Humus entstand und der Boden dadurch seinen ersten Nährstoffpuffer erhielt.

40 bis 80 Millionen Jahre später, mittendrin im Silur und Devon, spalteten sich gleich **drei Moos-Linien** ab: Die fleischigen Lebermoose *(Marchantiopsida)* formten immer komplexere Sprossen, während

Ein wundervoller Moosgarten mit Fingerhut unter Birken. Auch wenn du kein »Anwesen« eines solchen Ausmaßes dein Eigen nennst, kannst du Moos an kleineren, schattigen Stellen etablieren.

Hornmoose *(Anthocerotopsida)* mit schlanken, hornartigen Formen faszinierten. Die größte Innovation jedoch feierten die Laubmoose *(Bryopsida)*: Sie brachten echte Blattstrukturen hervor und dominierten schnell feuchte Lebensräume auf allen Kontinenten. Molekulargenetische Studien belegen, dass diese Evolution bereits vor 400 Millionen Jahren ihren Lauf nahm, stets angetrieben von Klimaschwankungen und tektonischen Umwälzungen.

### Evolutionäre Aha-Momente: die wahren Gamechanger

Die ersten Moose gewannen ihren Überlebensvorsprung durch eine dünne, wachsähnliche Schicht, die sie vor dem Austrocknen bewahrte. Parallel dazu entwickelten sich Rhizoide, haarförmig ausgebildete Zellen, die nicht nur die Moose verankerten, sondern auch Wasser an ihrer Oberfläche kapillar ansaugten. Durch die Verzweigung des Hauptsprosses entstanden größere Fotosyntheseflächen, die Sonnenlicht effektiver nutzten. Den krönenden Abschluss bildete der hochkomplexe Sporenapparat, der Sporen sicher verwahrte und gezielt freisetzte – ein echter Meilenstein in Sachen Vermehrung.

## BIOLOGIE DER MOOSE: EIN BLICK DURCHS MIKROSKOP

Betrachten wir die Moose auf zellulärer Ebene, dann offenbart sich ein Mix aus Schlichtheit und Hightech: Ihre Blätter bestehen aus ein- bis mehrlagigen Zellschichten ohne kompliziertes Gewebe, doch in manchen Torfmoosen schlummern regelrechte Wasserspeicher. Eingelagerte Lipide und Wachsschichten verhindern, dass die kostbare Feuchtigkeit dem Lufthauch zum Opfer fällt. Abgerundet wird das Bild durch sekundäre Metaboliten wie Polyphenole, Betulinsäure und Momilactone, die Moose gegen Bakterien und Pflanzenfresser wappnen.

### Moose und ihre mikroskopischen Mitbewohner

Ein einzelnes Moosblatt gleicht einem Mikro-Apartmenthaus: Hunderte Algen, Bakterien und Pilze tummeln sich auf minimaler Fläche, treiben Stoffkreisläufe an und gehen teils sogar symbiotische Partnerschaften ein – etwa Cyanobakterien, die Stickstoff fixieren. Größere Bewohner wie Springschwänze *(Collembola)* und Milben *(Acari)* knab-

bern sich durch abgestorbenes Material, während winzige Bärtierchen zwischen 0,1 und 0,5 mm im feuchten Polster Zuflucht finden. Ihren Namen erhielten sie wegen ihres Aussehens: tapsig wirkend wie ein kleines Gummibärchen.
Vögeln dient Moos zum Auspolstern ihrer Nester, und Amphibien wie die Erdkröte *(Bufo bufo)* schätzen die kühle, feuchte Unterlage gerade im Sommer als Pausenplatz.

### Ökologische Superkräfte auf festem Boden

Moose sind wie Schwämme und hindern das Wasser daran, direkt abzufließen und den Boden zu erodieren. Sie nehmen es schnell auf und geben es dann langsam wieder ab. In Mooren und Feuchtgebieten regulieren sie den Wasserhaushalt, filtern Nährstoffe und formen dicke Torfschichten, die wie riesige Puffersysteme fungieren. Sie mildern extreme pH-Werte und halten Mineralien im Spiel. Im Wald wandeln sie den Waldboden in einen weichen, feuchten Teppichboden, der Samenkeimung erleichtert und Erosion dämpft. Selbst in alpinen Höhenlagen oder kargen Wüstenregionen agieren dichte Moospolster zusätzlich als Frostschutz, indem sie Temperaturspitzen abfedern.
Als ökologische Vorhut besiedeln sie nach Katastrophen – etwa Felsabbrüchen oder Waldbränden – zusammen mit Flechten karge Flächen, schaffen erste Lebensbedingungen und ebnen so den Weg für spätere Pflanzengemeinschaften. Allein in Deutschland gibt es über 1100 verschiedene Moosarten, weltweit sind es ca. 20.000.

## MOOS IM GARTEN – GRÜNER ALLESKÖNNER

Falls du genug vom monotonen Rasen oder vom ständigen Vertikutieren und Rasennachsäen im Schattenbereich hast, so setze auf Moos: Es bleibt

Das Moos nimmt Wasser und Nährstoffe über seine Blätter auf.

Ein Moosgarten im Halbschatten. Zieh deine Schuhe aus, laufe über die Polster, spüre die Weichheit und genieße den Tag.

immer sattgrün, wächst in Schattenbereichen und verlangt weder Rasenmäher, Vertikutierer noch Dünger. Moose binden Staub, filtern Schadstoffe aus der Luft und regulieren als natürliche Schwämme das Mikroklima – perfekte Zutaten für einen pflegeleichten und klimafitten Naturgarten. Mit Moospolstern wird jeder verträumte Winkel zur lebendigen Oase.

**Moosgärten** haben in England und speziell in Japan lange Tradition. Gerade Zen-Gärten sind oft streng und entsprechen nicht so recht den Vorstellungen von wilder Natur. Die Natur bietet jedoch die besten Moosvorbilder, sei es in den Blockschuttwäldern der Alpen oder Mittelgebirge oder in den heimischen Wäldern, wo weitere Elemente wie Steine, Baumstumpen oder abgestorbene Äste mit Moosen überzogen sind. Richtig schöne Moosgärten oder Moosbereiche wachsen organisch und wirken auch genauso. Voraussetzung ist Schatten. Ebenso kannst du schattige Bereiche des Steingartens nutzen und ausbauen.

## Lass Moos fröhlich wachsen

**Fördere Altmoos:** Wenn es sich bereits in einer Ecke des Gartens durchgesetzt hat, umso besser. Denn dann stimmen die Bedingungen. Hier kannst du behutsam erweitern, Elemente wie Second-Life-Holz oder Steine integrieren. Belass die Moose, die sich in Astgabeln, an Baumrinde oder anderen Stellen im Garten bereits entwickelt haben. Sobald die Bedingungen ihnen zusagen, gedeihen Moose von ganz alleine.

**Neuanlage:** Ja, du liest richtig: Man kann auch ganze Moosgärten anlegen. Der pH-Wert des Bodens sollte hier eher leicht sauer bis neutral sein.

1. Suche dir einen schattigen Bereich aus. Schäle die oberste Erdschicht samt Pflanzen ab, 5–10 cm reichen oft schon. Bei Lust und Laune kannst du auch bis zu 30 cm abtragen und schaffst damit gleich eine Senke, die entsprechend feuchter ist als die Umgebung.
2. Manchmal wird empfohlen, feinen Rindenhumus aufzubringen, um den Bereich feuchter zu halten oder den pH-Wert anzupassen. Es geht aber genauso gut ohne, wenn der pH-Bereich nicht allzu weit vom empfohlenen Wert abweicht.
3. Moospflanzen kannst du im eigenen Garten an anderer Stelle entnehmen, die im Anschluss wieder zuwächst, wenn der Bereich nicht zu groß war. Dabei solltest du mit etwas Untergrund verpflanzen. Verpflanzen bedeutet, dass du das Moos auf den Boden andrückst. Meist wächst es so ganz gut an.
4. Eine weitere Methode ist es, Moos behutsam in der freien Natur der Umgebung des Gartens zu

Moos besiedelt alle möglichen Oberflächen, filtert Schadstoffe aus der Luft und sorgt für eine Dämpfung der Geräusche.

Mitten durch eine Mooslandschaft windet sich dieser Bach und lädt zum Verweilen ein.

Auch hier lohnt sich das Barfußlaufen und das Spüren der weichen Polster im Kontrast zum harten Stein. Gerade im Schattenbereich funktionieren solche Begrünungen ganz leicht.

sammeln. Wähle am besten die Moose aus, die bei dir am häufigsten vorkommen! Achte auf ähnliche Beschattung wie in deinem Garten und entnimm kleinere Stücke – jedoch maximal handgroß –, um die Ursprungsflora nicht zu schädigen.

5. Moospaste? Es kursieren im Netz Empfehlungen, frisches Moos mit Joghurt und Wasser zu pürieren, auf die Wunschfläche aufzubringen – fertig. Versuchen kann man das, garantiert ist hier nichts.
6. Um das Anwachsen der verpflanzten Moosstücke aber zu garantieren, solltest du anfangs gießen, ebenso bei großer Trockenheit, wenn du eine grüne Fläche wünschst. Ansonsten sind Moose ja sehr anpassungsfähig und überdauern trockene Zeiten problemlos.
7. Beikräuter: Wenn zu viele Beikräuter durchwachsen, solltest du sie vorsichtig entfernen. Farne ergänzen das Bild harmonisch.
8. Laub im Herbst entfernen: Ab Dezember solltest du zwei Drittel der Moosfläche laubfrei rechen – nicht mit dem Laubsauger!
9. Schattenspiele: Moose lieben Halbschatten. Ein gezielter Gehölzschnitt garantiert den perfekten Lichtmix.
10. Tritt in Balance: Zu viel Betreten schadet. Natürlich ist nichts gegen einen Barfußspaziergang übers Moos einzuwenden, wenn er nicht stündlich stattfindet. Das ist dann Genuss pur! Integriere dekorative Trittplatten, die durch Moos elegant umrahmt werden.

## FLECHTEN – EINE URALTE PARTNERSCHAFT

Als Symbiose zwischen einem Pilz (Mykobiont) und einer fotosynthetisch aktiven Komponente (Fotobiont) haben Flechten *(Lichen)* in mehr als 400 Mio. Jahren höchste Anpassungskompetenz und ökologische Resilienz entwickelt. Ob in frostigen Polarregionen oder tropischen Regenwäldern, Flechten sind stets zur Stelle. Pionierarbeit leisten sie, wenn Vulkane ihre Asche oder sich zurückziehende Gletscher nacktes Gestein hinterlassen.

### Ursprung und evolutionäre Entwicklung – Devon-Duos und konvergente Karrieren

Die ältesten Fossilien dieser symbiotischen Organismen, etwa *Winfrenatia reticulata* aus dem unteren Devon, belegen, dass Flechten bereits vor rund

410 Mio. Jahren existierten. Damals formten Pilze und Algen/Cyanobakterien ein unschlagbares Team mit offensichtlich evolutionärem Vorteil: Der Pilz lieferte Schutz und Struktur, die Fotobionten eroberten trockene Lebensräume mithilfe von Fotosynthese. Die Entstehung der Flechten lässt sich als eine evolutionäre Innovation beschreiben, die es Pilzen erlaubte, Fotosynthese betreiben zu lassen, ohne selbst Chlorophyll zu besitzen.

Es wird vermutet, dass die ersten Flechten durch eine allmähliche Annäherung zwischen Pilzen und Algen entstanden, möglicherweise begünstigt durch veränderte Umweltbedingungen wie Trockenheit oder Nährstoffmangel. Moderne DNA-Studien belegen, dass die sogenannte Lichenisierung, also das Zusammenfinden von Pilzen mit Algen oder Bakterien, mehrfach unabhängig erfolgte, eine klare Spur konvergenter Evolution. Während die meisten Flechtenpilze zu den Ascomyceten gehören, haben auch einige Basidiomyceten die Symbiosefähigkeit erlangt.

### *Mechanismen der Symbiose: Balanceakt zwischen Kooperation und Kontrolle*

Flechten sind leuchtende Beispiele für Mutualismus – also eine Art Symbiose: Der Pilz schützt vor UV-Strahlung, Austrocknung und Nährstoffmangel, die Alge produziert Kohlenhydrate. Doch das Zusammenspiel bleibt dynamisch – Untersuchungen zeigen, dass das Zusammenleben nicht immer harmonisch ist. Der Pilz greift manchmal recht forsch ein und schränkt das Wachstum der fotosynthesebetreibenden Alge ein.

Ein weiteres Ass im Ärmel: kontrollierte Dehydrierung. In Trockenphasen schalten viele Flechten in ein minimales Trockenprogramm, bis Feuchtigkeit zurückkehrt – ein Überlebenskniff für Wüsten und Hochgebirge.

## Flechten als Pioniere der Besiedlung – Gesteinsveredler und Bodenbauer

Flechten sind die ersten Bewohner neuer Gesteinsflächen: Sie sekretieren organische Säuren, die das

Skurrile Lebermoose und Flechtenformationen haben sich hier auf dem Holz gebildet. In diesem Mikrokosmos gibt es viel zu entdecken.

Flechten können sogar Steine erweichen – mithilfe von Säuren.

Flechten und Moose leuchten in den unterschiedlichsten Farben.

Gestein verwittern, und reichern mit totem Biomaterial Nährstoffe an. So legen sie den Grundstein für Boden und nachfolgende Pflanzenarten. Auf diese Weise spielten sie in der Erdgeschichte die entscheidende Rolle für die Besiedlung des Festlandes. Besonders Cyanobakterien-haltige Flechten fixieren außerdem Stickstoff aus der Atmosphäre und bereichern den jungen Boden nachhaltig.

*Bedeutung in heutigen Ökosystemen – kleine Weltwunder mit großer Wirkung*

Heute finden sich weltweit über 20.000 Flechtenarten in nahezu allen Ökosystemen. Sie dienen als Nahrungsquelle unter anderem für Rentiere und Schnecken und schaffen Mikrohabitate für Insekten und Mikroorganismen. Als Bioindikatoren messen sie Luftqualität: Empfindlich gegen $SO_2$, Schwermetalle oder Ozon, zeigen sie Umweltbelastungen schon beim ersten Anflug einer Schadstoffspur an. Außerdem sind Flechten Schatzkammern für die Medizin. Sekundäre Stoffwechselprodukte wie Usninsäure & Co. besitzen antimikrobielle, antivirale und antitumorale Wirkungen und könnten zukünftig in der Pharmakologie glänzen.

Flechten und Moose in Kombination mit winzigen Pilzen. Hier sind unsere Urahnen gemeinsam versammelt.

## Zukunft und Bedrohungen – Klimawandel im Mikrokosmos

Trotz ihrer Robustheit geraten viele Arten in Gefahr: Erwärmung in alpinen und polaren Regionen sowie ansteigende Schadstoffkonzentrationen schmälern ihre Vorkommen. Besonders sensibel reagieren epiphytische Flechten, die auf Bäumen wachsen, auf Veränderungen der Luftqualität. Aber auch Lebensraumzerstörung durch Urbanisierung und intensive Landnutzung tragen zum Rückgang vieler Flechtenarten bei.

### Warum Flechten im Garten wichtig sind

Im naturnahen Garten sind Flechten mehr als nur Zierde. Sie signalisieren ein gesundes Mikroklima und bauen Lebensräume für Springschwänze, Milben und Larven auf. Epiphytische Arten auf Baumrinden bezeugen geringe Luftverschmutzung. Du kannst sie fördern, indem du alte Gehölze stehenlässt, Natursteinmauern als Substrat anbietest und keinesfalls Flechtenentferner verwendest. Zudem bereichern Flechten mit ihrem zarten Grau bis leuchtenden Gelb jede natürliche Steingarten-Komposition.

### Winzige Formen – große Wirkung

Flechten vereinen Symbiosekunst und Anpassungsfähigkeit auf kleinstem Raum und bleiben unverzichtbare Ökosystemingenieure. Ihre Rolle als Pioniere, Bioindikatoren und potenzielle Medikamentenlieferanten unterstreicht ihre Bedeutung weit jenseits des unscheinbaren Erscheinungsbildes. Der Erhalt ihrer Lebensräume auch bei dir im Garten ist daher nicht nur Naturschutz, sondern eine Investition in die Zukunft unserer Ökosysteme.

# PILZE – ARCHITEKTEN DER ÖKOSYSTEME

**Pilze zählen zu den ältesten Lebewesen auf unserem Planeten. Schon vor über einer Milliarde Jahren bildeten sie vermutlich komplexe Organismen aus. Denn fossile Spuren aus Schottland weisen darauf hin, dass bereits damals myzelartige Pilzstrukturen existierten.**

Mit dem Landgang der Pflanzen gewannen Pilze *(Fungi)* massiv an ökologischer Bedeutung – sie wurden zu unersetzlichen Symbionten und Zersetzerinnen. Pilze sind mittlerweile überall, auch wenn sie eher im Verborgenen leben. Und sie können fast alles – kein Wunder nach dieser Ewigkeit.

Das Kleine Waldvögelein, eine Orchidee, im eigenen Garten. Dazu braucht es Pilze und ein bisschen Geduld.

## WINZIG KLEIN UND RIESENHAFT: PILZE BESETZEN SUPERLATIVE

Hefen sind einzellige Mikroorganismen und gleichzeitig die kleinsten Pilze auf der Welt. Die bekanntesten dürften die Bäckerhefe und die Bierhefe sein, wobei bisher ungefähr 700 entdeckte Arten bekannt sind.
Auf der anderen Seite der Skala steht der Dunkle Hallimasch *(Armillaria ostoyae)*. Er ist der größte Pilz weltweit, lebt in Oregon mit gigantischen Ausmaßen: neun Quadratkilometer (965 Hektar) umfasst die Größe seines Geflechts, das entspricht 1200 Fußballfeldern oder knapp der Fläche des Tegernsees. Ungefähr einen Meter unter der Erdoberfläche wächst ein nur wenige Millimeter dickes, zusammenhängendes Geflecht aus Fäden, den sogenannten Hyphen, die das Myzel bilden. Damit ist dieser Dunkle Hallimasch nicht nur der größte Organismus auf der Erde, sondern auch der schwerste. Sein Gewicht wird auf 400 Tonnen geschätzt und er könnte bis zu 8500 Jahre alt sein.
120.000 Pilzarten sind bisher weltweit beschrieben worden. Man geht aber davon aus, dass es zwischen 2,2 und 3,8 Millionen Pilzarten weltweit geben könnte.

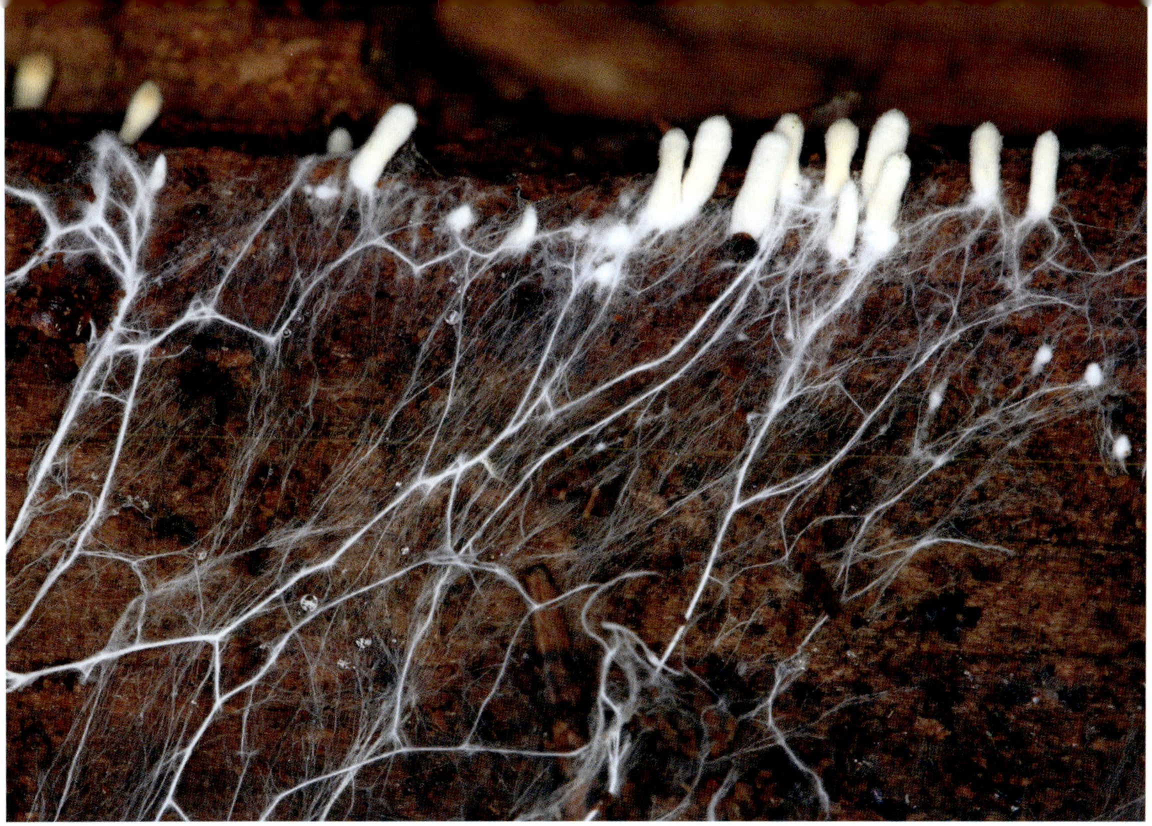

Mykorrhiza-Hyphen auf Erkundungstour. Sie suchen Baumwurzeln, mit denen sie eine Symbiose eingehen können. Mineralien gegen Zucker haben sie im Angebot.

## MYKORRHIZA – EIN URALTES BÜNDNIS

Zeitgleich mit der Ausbreitung der Landpflanzen entstanden die ersten Mykorrhiza-Symbiosen. Oder andersherum: Ohne Pilze würde es keine Pflanzen an Land geben. Denn als die ersten Pflanzen vor 500 Millionen Jahren an Land gingen, besaßen sie keine Wurzeln. Nur gemeinsam mit Pilzen, die ihnen als Wurzeln dienten und sie ein paar Dutzend Millionen Jahre mit Mineralien und Wasser aus dem Boden versorgten, konnten sie Wurzeln entwickeln und sich zu dem differenzieren, was wir heute als Pflanzen erleben.

**Was versteht man unter Mykorrhiza?** Sie ist eine Symbiose von Pilzen und Pflanzen. Pilze liefern Mineralien wie Phosphat und Nitrat sowie Wasser, im Gegenzug bekommen die Pilze von der Pflanze Zucker. Dieses uralte Konzept hat sich bis heute als tragende Säule für das Wachstum – und damit für die Produktivität – von 90 Prozent aller Pflanzenarten erwiesen. Sie bildet die Grundlage des Lebens. Ein Drittel der Fotosyntheseleistung eines Buchenwaldes verbrauchen Mykorrhiza-Pilze. Ohne Mykorrhiza würde hier gar nichts gehen.

### Pilze und Orchideen: ein ungewöhnliches Paar

Ein bemerkenswertes Beispiel für Mykorrhiza liefert eine Orchidee, das **Weiße Waldvögelein** *(Cephalanthera damasonium)*. Die winzigen Samen, die keinerlei Nährgewebe enthalten, benötigen zur Keimung nicht nur Mineralstoffe, sondern auch noch Zucker, die ihnen nur durch Mykorrhiza-Pilze bereitgestellt werden können. Aber es wird noch spannender, denn wir erinnern uns: Normalerweise liefern in dieser Symbiose die Pflanzen den Zucker (siehe links). Das Weiße Waldvögelein synthetisiert aber nur die Hälfte seines Zuckerbedarfs selbst. Die andere Hälfte erhält es von den Pilzen, die wiederum den Zucker von ihren Baumpartnern beziehen. Indirekt zapft also die Orchidee den Baum über den Umweg Mykorrhiza-Pilz an und lebt halbparasitär. Dies ist auch der Grund, weshalb die Orchidee an sehr dunklen Standorten wachsen kann. Ein weiterer spannender Aspekt: Die ersten neun Jahre lebt die Orchidee unterirdisch, mit zehn Jahren blüht sie erstmals. Deshalb taucht sie nur in älteren Gärten mit Bäumen und Pilzen auf.

## KARBON: PILZE ALS KOHLENSTOFF-REGULATOREN

Im Karbon (vor ca. 360–300 Mio. Jahren) erlangte das Reich der Pilze eine weitere Schlüsselrolle. Weißfäulepilze aus der Klasse der *Agaricomycetes* entwickelten die einmalige Fähigkeit, Lignin – die außerordentlich widerstandsfähige Stützsubstanz des Holzes – abzubauen. Durch ihren enzymatischen Abbau bewahrten sie das Gleichgewicht des Kohlenstoffkreislaufs und verhinderten, dass sich übermäßig viel totes Pflanzenmaterial anhäufte, das sonst zur Bildung weiterer massiver Kohleflöze geführt hätte. Gleichzeitig nahm ab diesem Zeitpunkt die Ablagerung von Holz in Form von heutiger Steinkohle stark ab.

### Pilze als Motor der Stoffkreisläufe

In gegenwärtigen Ökosystemen sind Pilze genauso unverzichtbar wie vor Millionen von Jahren. Als Destruenten zersetzen sie organisches Material und setzen Nährstoffe frei, die sonst im Boden gebunden blieben. Somit sind sie für die anderen Lebewesen verfügbar. Bekannte und sichtbare Vertreter wie die Hallimasche (*Armillaria* spec.) und der Austernseitling *(Pleurotus ostreatus)* übernehmen dabei die Zersetzung ligninhaltiger Substrate, während der Zunderschwamm *(Fomes fomentarius)* vor allem geschwächte und absterbende Baumstämme als Parasit befällt und neben Lignin auch Zellulose abbaut. Mit dem bloßen Auge eher unsichtbare Pilzarten wie die meisten Schlauchpilze *(Ascomycota)* tragen weiter dazu bei, Pflanzenreste und Holz abzubauen.

### Pilze – mehr Tier denn Pflanze

Spannend ist, was über die Stellung der Pilze im Reich der Lebewesen bekannt wurde: Lange wurden sie zu den Pflanzen gezählt, doch dann bekamen sie ihr eigenes Reich. Pilze sind näher mit den Tieren verwandt als mit den Pflanzen. Sie können nicht wie Pflanzen ihre Nahrung selbst durch Fotosynthese herstellen, sondern ernähren sich wie Tiere, indem sie organische Substanzen, in ihrem Fall Zuckerstoffe, aufnehmen. Wie Tiere nutzen Pilze Glycogen, ein Polysaccharid, als Speichersubstanz und Chitin als Stützsubstanz. Die pflanzlichen Pendants dazu sind Stärke und Zellulose.

## PILZE: BESTE NAHRUNG FÜR TIERE

Pilze dienen unzähligen Tieren als Nahrungsgrundlage. Insekten wie der Violette Oval-Schwarzkäfer *(Platydema violaceum)* fressen Baumpilze, die Larven des Kurzflügel-Leuchtkäfers *(Phosphaenus hemipterus)*, bekannter als Glühwürmchen, jagen in Myzelgeflechten Schnecken. Schnecken wie die Gefleckte Schüsselschnecke *(Discus rotundatus)* fressen Hyphen und Sporen. Auch Säugetiere profitieren von Pilzen: Eichhörnchen *(Sciurus vulgaris)* bevorraten Fruchtkörper, was zugleich der Sporenausbreitung dient. Nicht zu vergessen die Wildschweine *(Sus scrofa)*: Sie graben nach den knollenförmigen Trüffeln (*Tuber* spec.). Vögel wie der Buntspecht *(Dendrocopos major)* nutzen pilzgeschwächte Stämme zum Höhlenbau, Kleiber *(Sitta europaea)* oder Baumläufer (*Certhia* spec.) picken Insekten aus pilzbewachsenen Rindenspalten.

## PILZWIRKUNG IM GARTEN

Auch vor deinem Garten machen Pilze natürlich nicht Halt und übernehmen die gleichen essenziellen Funktionen: Genau wie in der Wildnis fördern Mykorrhiza-Pilze das Wachstum von Bäumen und Sträuchern, während abbauende, sogenannte saprotrophe Bodenpilze die Humusbildung anregen und den Boden fruchtbar halten. Lass daher einen absterbenden Baum einfach mal stehen und gib den holzabbauenden Pilzen eine Chance, hier wirken zu dürfen. Sie verhelfen auch zahlreichen weiteren Tieren dazu, in deinem Garten ein Zuhause zu finden. Falls Fruchtkörper von Hutpilzen bei dir im Garten auftauchen, kannst du das als ein gutes Zeichen werten. Entferne sie keinesfalls, sodass sie Sporen ausbilden und sich vermehren können.

### Pilze und moderner Gartenbau

Im Gartenbau eröffnen sich neue Anwendungsfelder: Schlauchpilze wie Arten der Gattung *Trichoderma* agieren als biologisches Fungizid gegen pathogene Pilze (z. B. *Fusarium* spec.), während Mykorrhiza-Behandlungen durch Animpfen die Bodenstruktur verbessern und Pflanzen stressresistenter machen. Pilzfressende Regenwürmer *(Lumbricus terrestris)* fördern zusätzlich die Durchlüftung, Durchmischung des Bodens und seine Fähigkeit, Wasser aufzunehmen und zu speichern.

## KURZ GESAGT

Die Evolution der Pilze prägte nicht nur die Urlandschaften, sondern schreibt bis heute das ökologisch wichtigste Kapitel – von ihrer einzigartigen Fähigkeit, Holz abzubauen, über symbiotische Allianzen bis hin zur Orchidee im heimischen Garten. Fördere bewusst pilzliche Akteure durch Second-Life-Holz und Belassen der Fruchtkörper, denn das verspricht eine Win-Win-Situation für Biodiversität, Bodenfruchtbarkeit und Pflanzenwachstum.

Auch Eichhörnchen lieben Pilze. Häufig vergraben sie die Reste und tragen somit zur Verbreitung der Pilzsporen bei.

Mykorrhiza-Hyphen umschließen die Baumwurzeln und starten ihren Tauschhandel.

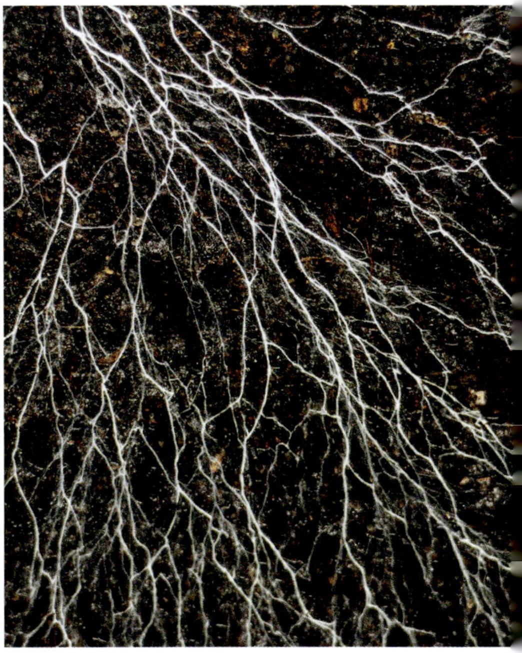

# WASSER IM GARTEN – STRUKTURVIELFALT IM FLUSS

**Teiche, Weiher und Bäche durchziehen die offene Landschaft und bilden lebendige Netzwerke, die verschiedenste Lebensräume miteinander verbinden. Diese Gewässer sind Oasen für eine reiche Pflanzen- und Tierwelt und gleichzeitig wichtige Korridore, über die Tier- und Pflanzenarten wandern können.**

Gemeinsam mit Flüssen durchziehen Teiche, Weiher und Bäche die Landschaft wie Adern unseren Körper. Sie stellen wichtige Korridore dar für Tier- und Pflanzenarten, über die sie wandern und wodurch die genetische Vielfalt erhalten bleibt. Besonders spannend wird es an den Ufern, wo Wasser- und Landleben aufeinandertreffen und eine dynamische Vielfalt schaffen.

Wasser im Garten schafft ein ganz besonderes Refugium für Wasserpflanzen, Tiere und auch für uns.

**In Fließgewässern** findest du ganz unterschiedliche Strömungsbereiche: Mal sprudelt das Wasser schnell über ein kiesiges Bachbett, mal gleitet es ruhig zwischen von Bäumen gesäumten Ufern, mal fließt es träge in Flussmäandern dahin.
Diese Unterschiede schaffen kleinteilige Lebensräume – sogenannte Mikrohabitate –, die sich in Strömungsgeschwindigkeit und Sauerstoffgehalt stark unterscheiden. Fließgewässer sind perfekt zum Beispiel für die Larven verschiedener Eintagsfliegen oder den Bachflohkrebs.
**Stillgewässer** ergänzen das Spektrum: Flache Uferzonen bieten Licht und Wärme, tiefere Bereiche liefern kühlere Schichten und Nährstoffreserven – ideale Bedingungen für Pflanzen wie das Tausendblatt *(Myriophyllum spicatum)*.

## ÖKOTONE ALS ZENTREN DER BIODIVERSITÄT: DIE VIP-LOUNGE FÜR PFLANZEN UND TIERE

Die Übergangszone zwischen Land und Wasser – das sogenannte Ökoton – ist ein besonders spannender Lebensraum. Hier treffen sich zwei Welten, und genau das macht es für viele Arten so attraktiv. Wasserpflanzen wie Schilf *(Phragmites australis)* und Sumpf-Schachtelhalm *(Equisetum palustre)*

Um einen naturnahen Bachlauf zu bauen, braucht es eine gute Planung und bei der Umsetzung viel Liebe zum Detail, damit das Gefälle stimmt und die Teichfolie unter den Steinen dauerhaft verschwindet.

stabilisieren die Ufer, filtern Nährstoffe und bieten Schutz. Im Flachwasser tummeln sich Libellenlarven *(Anax imperator)* und Wasserkäfer *(Dytiscus marginalis)*, während Vögel wie Teichrallen *(Rallus aquaticus)* die dichte Vegetation als Deckung und Nahrungsrevier nutzen. Steigt oder sinkt der Wasserstand, entstehen temporäre Schlammflächen – der ideale Keimplatz für Pionierpflanzen wie die Sumpf-Schwertlilie *(Iris pseudacorus)*, die wiederum durch ihren straffen Wuchs neue Strukturen wie etwa Ansitze für Libellen schafft.

### Kleine Kreisläufe, große Wirkung – der Nährstofffluss als Gourmet-Parcours

Wenn im Herbst das Laub fällt, landet ein Teil davon im Wasser. Dort beginnt ein faszinierender Abbauprozess: Mikroorganismen und Detritusfresser (Tiere, die sich von zerkleinerter organischer Substanz ernähren) wie Zuckmückenlarven *(Chironomus riparius)* machen aus dem Pflanzenmaterial wertvolle Nährstoffe. Diese dienen Kleinfischen, Amphibienlarven und Co. als Nahrung – z. B. dem Grasfrosch *(Rana temporaria)*. Wasserpflanzen wie der Froschbiss *(Hydrocharis morsus-ranae)* helfen ganz nebenbei, die Wasserqualität zu verbessern: Sie binden Nährstoffe und filtern Schwebstoffe.

### Wasserstraßen für Wanderer – die A-Route für Fische, Frösche und Fluginsekten

Fließgewässer sind für viele Arten echte Lebensadern. Fischarten wie Äschen *(Thymallus thymallus)* oder Bachsaiblinge *(Salvelinus fontinalis)* wandern zu ihren Laichplätzen – so bleibt der genetische Austausch erhalten. Aber auch Amphibien und wassergebundene Insekten nutzen diese Verbindungen, um neue Lebensräume zu erreichen. Teiche und kleine Tümpel dienen ihnen zusätzlich als Trittsteine in der weiten Landschaft.

## WASSERSTRUKTUREN IM NATURNAHEN GARTEN FÜR EINEN KASKADENEFFEKT DER ARTENVIELFALT

Wenn du einen Teich im Garten anlegst, kannst du gezielt Lebensräume für verschiedene Arten schaffen. Wichtig ist ein Mix aus flachen Uferbereichen und tieferen Zonen, kombiniert mit einer klugen Pflanzenauswahl.

**Pflanzen im Wasser** wie der Wasserhahnenfuß *(Ranunculus aquatilis)*, das Tausendblatt *(Myriophyllum spicatum)* oder die Sumpf-Schwertlilie *(Iris pseudacorus)* bilden eine vielfältige Vegetationsstruktur.

Damit lockst du Libellen wie die Große Heidelibelle, Zuckmücken, Amphibien und viele Vögel an. **Auch Stauden am Ufer** wie Mädesüß *(Filipendula ulmaria)*, Gewöhnlicher Wasserdost *(Eupatorium cannabium*) oder Blutweiderich *(Lythrum salicaria)* sind ökologisch wertvoll: Ihre Blüten bieten Nahrung für Bestäuber wie Mädesüß-Perlmutterfalter *(Brenthis ino)*, verschiedene Hummelarten (*Bombus* spec.) und Schwebfliegen *(Syrphidae)* sowie Lebensraum für Insekten wie den Blutweiderich-Zünsler *(Neogyna brunnichialis)*. In den dichten Beständen finden Amphibien wie der Grasfrosch (*Rana temporaria*) Schutz. Libellen wie den Plattbauch *(Libellula depressa)*, die Blaugrüne Mosaikjungfer *(Aeshna cyanea)*, Hufeisen-Azurjungfer *(Coenagrion puella)* oder Große Pechlibelle *(Ischnura elegans)* kannst du bei ihren Paarungsspielen beobachten. Auch der Teichmolch oder der Kammmolch fühlen sich hier wohl – vorausgesetzt, du kombinierst Wasser- und Uferbereiche geschickt, denn sie benötigen sowohl Wasser für die Entwicklung ihrer Larven als auch feuchte, bewachsene Uferzonen. Pflanzen wie die Sumpfdotterblume *(Caltha palustris)* spenden Schatten, während feuchte Mulden, Rindenstreu oder Steinhaufen im Umfeld als Rückzugsplätze für erwachsene Molche dienen.

### Naturnaher Bach im Garten: den kleinen Amazonas am Haus

Ein naturnah modellierter Bachlauf mit Kiesbett, Second-Life-Holz und wechselnden Fließgeschwindigkeiten wird zum Hotspot für viele Arten. Bachflohkrebse besiedeln die Kieszonen, Eintagsfliegenlarven nutzen ruhigere Abschnitte oder sie verstecken sich im Totholz im Wasser.

## MIKROHABITAT PFÜTZE

Pfützen sind kleiner als Tümpel und wirken auf den ersten Blick wie lästige, nachlässige und schmutzige Angelegenheiten – doch in ihnen spielen sich biogeochemische Prozesse ab, die Leben in allen

### Bauanleitung für einen naturnahen Bachlauf

Nicht jeder hat einen natürlichen Bach, der durch seinen Garten fließt. Um auch diesen Biotoptyp zu integrieren, gilt es einiges zu beachten. Denn einen ökologisch hochwertigen, optisch ansprechenden und gut funktionierenden Bachlauf umzusetzen, stellt die Königsdisziplin dar. Der vorgestellte Bachlauf enthält Strömungsvariationen und Biotopstrukturen.

#### 1. Planungskonzept und Verlauf

- Entwirf den Bachlauf mit sanften Krümmungen (»S«-Form) auf einer Länge von mindestens 5–8 m für Vielfalt im Strömungsbild.
- Bilde eine Gefällezone (3–5 %) für variierende Fließgeschwindigkeit.
- Lass den Bach in deinen Gartenteich münden.

#### 2. Aushub und Geländevorbereitung

- **ABSTECKEN:** Markiere den zukünftigen Verlauf mit Sand bzw. Sägespänen oder Ähnlichem.
- **AUSHEBEN:** Grabe den Bachlauf mit einer Breite von 30–60 cm und Tiefe von 20–30 cm aus (insgesamt ca. 25 cm tief inklusive Sandschicht).
- **PLANUNG UND VERDICHTEN:** Entferne Wurzelreste und spitze Steine. Verdichte den Untergrund mechanisch.

#### 3. Unterbau und Vlies

- **SANDBETT:** Bringe eine 8–12 cm dicke Sandschicht ein und klopfe diese sorgfältig fest.

- **TEICHVLIES:** Lege das Vlies faltenfrei auf das Sandbett mit mindestens 30 cm Überstand an den Rändern.

## 4. Bachzulauf installieren

- Lege einen Schlauch vom Teichgrund hinauf zum Anfang des Baches. Er soll locker neben dem Bachlauf liegen und wird mit Erde, Kies oder Steinen abgedeckt.

## 5. Teichfolie verlegen und Kapillarsperre

- **FOLIE ZUSCHNEIDEN:** Schneide die EPDM-Folie großzügig zu (mind. 50 cm Überstand rundum).
- **EINLEGEN:** Glätte die Folie von der Mitte aus, um Faltenbildung zu vermeiden.
- **KAPILLARSPERRE:** Ziehe die Folie an den Uferkanten 5–10 cm hoch, um ein Absaugen durch Kapillarkräfte zu verhindern; decke den Überstand mit Kies, feinem Schotter oder flachen Steinen ab.

## 6. Unsichtbare Einbettung der Teichfolie

- **RANDVERSENKUNG:** Grabe unmittelbar am Rand des Bachlaufs einen schmalen, 5–10 cm tiefen Graben, um die Folienüberstände darin zu versenken.
- **ABDECKUNG MIT NATURMATERIAL:** Bedecke das versenkte Folienende mit einer Mischung aus feinem Kies, Sand und Erde. Unter gestaffelt aufgeschichteten flachen Natursteinen kannst du die Folie optimal kaschieren.
- **PFLANZLICHER SICHTSCHUTZ:** Pflanze niedrige Gewächse an den Rand (z. B. Grassoden oder flachwurzelnde Stauden) unmittelbar über den Abdeckungen. Die Wurzeln verankern das Substrat und kaschieren die Folie dauerhaft.

## 7. Verteilung von Totholz und Steinen

- Integriere einzeln liegende Natursteine und Totholz, um Rückstaubereiche und Strömungsschatten zu erzeugen.
- Schaffe Schlammbereiche und Kiesinseln für Insekten und Amphibien.

## 8. Bepflanzung und Besiedlung

- **UFERVEGETATION:** Schilf *(Phragmites australis)*, Gewöhnliche Teichbinse *(Schoenoplectus lacustris)*, Flatter-Binse *(Juncus effusus)*, Mädesüß *(Filipendula ulmaria)*, Blutweiderich *(Lythrum salicaria)*, Kuckucks-Lichtnelke *(Silene flos-cuculi)*, Sumpf-Ziest *(Stachys palustris)*
- **FLACHWASSERZONEN:** Gilbweiderich *(Lysimachia vulgaris)*, Wasserminze *(Mentha aquatica)*, Rohrkolben *(Typha latifolia)*
- **UNTERWASSERPFLANZEN JE NACH TIEFE DES BACHLAUFS:** Tausendblatt *(Myriophyllum spicatum)*, Raues Hornblatt *(Ceratophyllum demersum)*, Laichkraut *(Potamogeton perfoliatus)*

## 9. Wasserversorgung und Umwälzung

- Installiere eine Pumpe mit variabler Förderleistung im Teich für eine Fließgeschwindigkeit von 0,2–0,5 m/Sek.
- Richte eine Notüberlaufstrecke ein, die in einer Sickergrube endet, um bei Starkregen überschüssiges Wasser abzuleiten.

## 10. Pflege

- Kontrolliere den Strömungsverlauf regelmäßig und fülle Kies nach, um die definierten Mikrohabitate zu erhalten.
- Beschneide Uferpflanzen selektiv, um Lichtverhältnisse für Unterwasserpflanzen auszugleichen.

Größenordnungen verknüpfen. Ihre Fähigkeit, rasch zu entstehen, sich anzupassen und wieder zu erschaffen, macht Pfützen zu genetischen Schatzkammern in einer oft unsteten Umwelt. Ihr Nass ist Heimat eines erstaunlich komplexen Netzwerks: von mikroskopisch winzigen Bakterien und Algen über räuberische Amöben bis hin zu Mückenlarven, Urzeitkrebsen und gelegentlich Kaulquappen. Wann und warum Pfützen natürlicherweise entstehen, hängt von Regenfällen, Tauwasser, schmelzendem Schnee oder gar Spuren großer Tiere ab.

### Pfützen im naturnahen Garten

Bewusst angelegte Pfützen schaffen Mehrwert: Feuchte Erdstellen sind nicht nur für Amphibien attraktiv. Sogar Schmetterlinge saugen an nahrhaften feuchten Böden mit dem Wasser Mineralien, Schwalben sammeln Lehm für ihre Nester, Vögel trinken und baden und manche Wildbienen kneten tonige Erde zum Bau ihrer kleinen Brutkammern. Pfützen werden so zu Tankstellen für fliegende Gartenbewohner. Zudem stärkst du damit die Bodenfeuchte für feuchtigkeitsliebende Pflanzen.
Selbst in kleinen Pfützen verzahnt sich der ganze Zyklus des Lebens zu einem dynamischen Netzwerk, in dem einer vom anderen lebt. Diese Synergien sorgen für Nährstoffkreislauf, Energieumwandlung und schnelle Regeneration – essenziell in Zeiten von Klimawandel und Landnutzungsänderungen.

## WASSERFLÄCHEN BEEINFLUSSEN DAS KLEINKILMA – UND SIND ÖKOLOGISCH

Ein Teich oder Bach im Garten hat nicht nur für Tiere etwas zu bieten: Durch Verdunstung wirken sie wie eine natürliche Klimaanlage. In Sommernächten jagen Wasserfledermäuse *(Myotis daubentonii)* über der Wasseroberfläche Mücken und andere Insekten – eine effektive und lautlose Lästlingsbekämpfung.

## Bauanleitung für einen naturnahen Folienteich

Der Teich hat eine Tiefen- und Uferstaffelung.

### 1. Standortwahl und Planung

- Wähle einen sonnigen bis halbschattigen Bereich. Es sollten nicht zu viele Laubbäume in der Nähe stehen, um einen übermäßigen Nährstoffeintrag durch Blätter zu vermeiden.
- Markiere dem Umriss der geplanten Teichform mit einem Schlauch oder mit Sand.

### 2. Ausheben und Terrassieren

- Hebe einen Hauptbereich (ca. 1,2–1,5 m tief) sowie abgestufte Flachwasserzonen (0,3 m und 0,6 m tief) aus.
- Entferne Wurzeln und alle gröberen Steine aus dem Untergrund.
- Forme die Übergänge der verschiedenen Zonen als sanfte Hänge, um die künftige Bepflanzung in verschiedenen Zonen (Ufer, Flachwasser, Mitteltiefe) zu gliedern.

- Bilde am Rand einen kleinen Wall als Kapillarsperre aus, über den die Folie gezogen wird, damit Wasser nicht von außen hineinlaufen kann und übermäßig Nährstoffe einträgt bzw. Wasser nicht durch Kapillarkräfte aus dem Teich nach außen gesaugt wird.

### 3. Dichtung und Stabilisierung

- Unterlege die Folie zuerst mit einer dickeren Sandschicht und mit Vlies, um Beschädigungen durch Steine zu vermeiden.
- Verlege eine dicke Teichfolie (mindestens 0,75 mm EPDM, ein ökologischer Ersatz für PVC-Folie) und achte auf faltenfreie Ausrichtung.

### 4. Substrate und Strukturelemente

- Bringe im Tiefenbereich auf der Folie feinkörniges Substrat (Lehm-Kies-Gemisch) als Grundlage für Unterwasserpflanzen auf. Überdecke sie mit Kies.
- Lege in Flachwasser- und Uferzonen groben Kies und Steine unterschiedlicher Körnung aus, um Lebensräume für Insektenlaich, Amphibien und Kleinstlebewesen zu schaffen.

### 5. Pflanzenauswahl und -platzierung

- **TIEFWASSERBEREICH:** Tausendblatt *(Myriophyllum spicatum)*, Froschbiss *(Hydrocharis morsus-ranae)*, Laichkraut *(Potamogeton perfoliatus)*
- **MITTELTIEFE (0,6 M):** Wasser-Hahnenfuß *(Ranunculus aquatilis)*, Pfeilkraut *(Sagittaria sagittifolia)*, Sumpfbinse *(Eleocharis palustris)*
- **FLACHWASSER (0,3 M):** Sumpf-Schwertlilie *(Iris pseudacorus)*, Gewöhnliche Teichbinse *(Schoenoplectus lacustris)*, Flatter-Binse *(Juncus effusus)*
- **UFERZONE:** Schilf *(Phragmites australis)*, Sumpf-Schachtelhalm *(Equisetum palustre)*, Sumpfdotterblume *(Caltha palustris)*, Froschlöffel *(Alisma plantago-aquatica)*, Mädesüß *(Filipendula ulmaria)*, Blutweiderich *(Lythrum salicaria)*, Kuckucks-Lichtnelke *(Silene flos-cuculi)*, Sumpf-Ziest *(Stachys palustris)*

### 6. Einrichten von Verstecken und Trittsteinen

- Platziere am Rand Steine, Totholzstämme und halb im Wasser liegende Äste als Verstecke für Amphibien.
- Schaffe flache Flachwasserinseln (mit Substrat und Pflanzen) als Rast- und Laichplätze für Amphibien.
- Bepflanze alle Zonen vor dem Befüllen mit Wasser.

### 7. Wasserbefüllung und Etablierungsphase

- Fülle das Becken langsam, damit keine Aufwirbelungen stattfinden.
- Beobachte in den ersten Wochen Wassertrübung und Nährstoffspitzen; ergänze gegebenenfalls Kies, um Sedimentschichten zu stabilisieren.

### 8. Pflege

- Entferne übermäßiges Algenwachstum und Laub regelmäßig manuell.
- Kontrolliere die Wasserqualität (pH-Wert 6,5–7,5) und den Sauerstoffgehalt und passe die Bepflanzung vorsichtig an, wenn Pflanzen wuchern.

# DAS WILDNIS-ABC

Hier findest du praktisches Wissen kompakt vereint: Glossar, inspirierende Pflanzenlisten, sorgfältig ausgewählte Literatur und hilfreiche Bezugsquellen – damit dein eigener wilder Naturgarten wachsen kann.

# GLOSSAR

**Archäophyt:** Pflanze, die bereits vor Kolumbus 1492 nach Mitteleuropa (in der Regel aus Süd- oder Südosteuropa) eingewandert ist

**Autochthon:** einheimisch, eingeboren, hier entstanden und universal

**BDNF:** Brain Derived Neurotrophic Factor, ein Serummarker bei Depression und Burnout; stimuliert Nervenwachstum

**Biofeedback:** Methode, um körpereigene, biologische Vorgänge mit technischen, oft elektronischen Hilfsmitteln sichtbar zu machen

**Citizen Science:** Bürgerwissenschaften; Laien sammeln Daten, die die Wissenschaft unterstützen.

**Detritusfresser:** Tiere, die sich von zerkleinerter organischer Substanz ernähren

**Endemische Art:** Art, die ausschließlich in dieser Region vorkommt

**Habitat:** Lebensraum einer bestimmten Art

**Hyperdisease-Theorie:** Seuchen, möglicherweise durch den Menschen bzw. seine Kulturfolger wie Ratten und Flöhe eingeschleppt, die zum Aussterben der Megaherbivoren beigetragen haben können

**Indigene Art:** seit jeher bei uns heimische Art

**Invasive Neophyten:** gebietsfremde Pflanzen, die negative Auswirkungen auf heimische Arten, Lebensgemeinschaften oder Biotope haben; analog dazu invasive Neozoen

**IUCN:** International Union for Conservation of Nature (Weltnaturschutzunion); größte und älteste internationale Naturschutzorganisation

**Kunming-Montreal Global Biodiversity Framework (GBF):** völkerrechtlicher Vertrag, der 2022 von den Vertragsstaaten auf der 15. COP des Übereinkommens über die biologische Vielfalt im kanadischen Montreal zustandekam; er umfasst vier zentrale Ziele und 23 Unterziele.

**Lichenisierung:** Symbiose von Algen und Bakterien zur Bildung von Flechten

**Megaherbivorenfauna:** große Pflanzenfresser wie Waldelefant, Nashorn, Riesenhirsch, Elch, Mammut

**Megaherbivorentheorie:** Einfluss der großen Pflanzenfresser (Megaherbivoren) auf die Vegetation

**Mesophile Organismen:** Sie lieben gemäßigte Temperaturen zwischen 20 und 45 °C.

**Mutualismus:** Wechselbeziehung zwischen Lebewesen zweier Arten, aus der beide Partner Nutzen ziehen

**Mykorrhiza:** Form der Symbiose von Pilzen und Pflanzen, bei der ein Pilz mit dem Feinwurzelsystem einer Pflanze in Kontakt ist

**Neophyten:** Pflanzen, die direkt oder indirekt, bewusst oder unbewusst vom Menschen in Gebiete eingeführt wurden, in denen sie natürlicherweise nicht vorkamen.

**Ökosystemleistungen:** Z. B. Bestäuben von Obstblüten durch Insekten, die Bereitstellung von sauberem Wasser durch natürliche Filtration von Niederschlag oder Reinigung der Luft von Feinstaub durch Pflanzen

**Ökoton:** Übergangsbereich zwischen Wasser und Land, Wald und Wiese oder Hecke und Weg

**Oligolektisch:** Bienenart, die ausschließlich Pollen einer Pflanzenart oder nah verwandter Pflanzenarten sammelt

**Overkill-Hypothese:** Aussterben der Großtiere am Ende der letzten Eiszeit nicht nur durch Bejagung, sondern auch durch den Menschen und seine Haustiere bzw. durch von Kulturfolgern eingeschleppte Seuchen

**Parasympathikus:** Teil des Nervensystems, der in Ruhephasen grundlegende Aufgaben wie die Verdauung in den Fokus stellt; Gegenspieler des Sympathikus

**Perennierend:** mehrjährig

**Phänologisch:** jahreszeitliches Erscheinen von Pflanzen

**Polylektisch:** Bienenart, die Pollen an Blüten vieler verschiedener Pflanzenarten sammelt

**Resilienz:** widerstandsfähig; je engmaschiger ein Ökosystem ist, je mehr Arten in ihm in Wechselwirkung treten, desto widerstandsfähiger ist es

**Rewilding:** Eingriffe des Menschen zurückfahren mithilfe großer Pflanzenfresser wie Pferde, Wasserbüffel, Taurusrind, um Ökosysteme wieder zu renaturieren und zu stärken

**Ruderalflächen:** Ökosysteme an den Rändern von Flächen, die durch menschliche Störung geprägt sind, z. B. Wegränder, Bahndämme, Brachflächen, Abbruchkanten. Dort findet man häufig Pflanzen (Ruderalarten), die sich rasch an gestörte, nährstoffreiche, lichtreiche Bedingungen anpassen können.

**Samenbank:** in der Ökologie Bezeichnung für keimungsfähige Pflanzensamen, die sich natürlicherweise im Boden befinden

**Schlüsselart:** trägt zur Definition eines Ökosystems bei; ohne sie würde sich das Ökosystem dramatisch verändern oder aufhören zu existieren

**Serotonin:** als »Glückshormon« bekannter Botenstoff; reguliert Emotionen, den Schlaf und Appetit

**Solastalgie:** belastendes Gefühl des Verlustes oder der Zerstörung des eigenen Lebensraums

**Staffelmahd:** gestaffelte Termine für die Mahd einer Fläche, um für verschiedene Tierarten Rückzugsräume oder ein durchgängiges Nahrungsangebot sicherzustellen

**Sukzession:** »nachrücken«; Veränderung der Artenzusammensetzung an einem bestimmten Ort im Laufe der Zeit

**Sympathikus:** Teil des Nervensystems, der die körperliche Leistungsfähigkeit bei Beanspruchung steigert; Gegenspieler des Parasympathikus

**Trophisch:** Nahrungsebene oder Ernährungsstufe eines Organismus in einer Nahrungskette

**Verantwortungsart:** Tier- und Pflanzenarten, für deren Erhalt und Schutz Deutschland eine besondere Verantwortung trägt, weil diese Arten entweder nur in Deutschland vorkommen (endemische Art) oder ein besonders hoher Anteil der Weltpopulation in Deutschland lebt.

**Xerotherm:** trocken und warm

# ROTE-LISTE-PFLANZENARTEN FÜR DEN GARTEN

Die Zahlen vor den Namen nennen den Gefährdungsgrad nach der Roten Liste. Für die Bedeutung siehe Seite 79.

**… für vollsonnige trockene Standorte wie Mager- und Trockenrasen, trockenes Staudenbeet, Steingarten**

③ Ähriger Ehrenpreis (*Veronica spicata* subsp. *spicata*)
② Ausdauernder Lein *(Linum perenne)*
③ Berg-Wohlverleih *(Arnica montana)*
③ Echte Katzenminze *(Nepeta cataria)*
② Echtes Herzgespann (*Leonurus cardiaca* subsp. *cardiaca*)
③ Englischer Ginster *(Genista anglica)*
③ Essig-Rose *(Rosa gallica)*
③ Feld-Rittersporn *(Consolida regalis)*
③ Felsensteinkraut *(Aurinia saxatilis)*
③ Filziger Frauenmantel *(Alchemilla glaucescens)*
① Finger-Küchenschelle *(Pulsatilla patens)*
③ Flockige Königskerze *(Verbascum pulverulentum)*
③ Frühlings-Adonisröschen *(Adonis vernalis)*
② Geflecktes Ferkelkraut *(Hypochaeris maculata)*
② Gelber Lein *(Linum flavum)*
③ Gewöhnliche Küchenschelle *(Pulsatilla vulgaris)*
③ Gewöhnliche Kugelblume *(Globularia bisnagarica)*
③ Gewöhnliches Katzenpfötchen *(Antennaria dioica)*
③ Graue Skabiose *(Scabiosa canescens)*
③ Großer Klappertopf *(Rhinanthus serotinus)*
③ Großes Windröschen *(Anemone sylvestris)*
③ Kiesel-Glocken-Enzian *(Gentiana acaulis)*
③ Kleines Träubel *(Muscari botryoides)*
② Korn-Rade *(Agrostemma githago)*
② Kreuz-Enzian *(Gentiana cruciata)*
③ Kugelköpfiger Lauch *(Allium carinatum)*
② Lungen-Enzian *(Gentiana pneumonanthe)*
③ Mehl-Primel *(Primula farinosa)*
③ Motten-Königskerze *(Verbascum blattaria)*
② Österreichischer Ehrenpreis *(Veronica austriaca)*
③ Pfingst-Nelke *(Dianthus gratianopolitanus)*
② Purpur-Königskerze *(Verbascum phoeniceum)*
③ Runder Lauch (*Allium rotundum* subsp. *rotundum*)
③ Sadebaum *(Juniperus sabina)*
③ Sand-Esparsette *(Onobrychis arenaria)*
① Sand-Nelke *(Dianthus arenarius)*
③ Sand-Strohblume *(Helichrysum arenarium)*
③ Schmalblütiges Träubel *(Muscari tenuiflorum)*
③ Schopf-Träubel *(Muscari comosum)*
② Sommer-Adonisröschen *(Adonis aestivalis)*
③ Steppen-Wolfsmilch *(Euphorbia seguieriana)*
② Violette Schwarzwurzel *(Scorzonera purpurea)*
③ Weicher Pippau *(Crepis mollis)*
③ Weinbergs-Träubel *(Muscari neglectum)*
② Wiesen-Küchenschelle *(Pulsatilla pratensis)*
③ Wilde Tulpe *(Tulipa sylvestris)*

**… für Säume**

① Acker-Ringelblume *(Calendula arvensis)*
③ Blaue Himmelsleiter *(Polemonium caeruleum)*
③ Echte Katzenminze *(Nepeta cataria)*
② Echtes Herzgespann (*Leonurus cardiaca* subsp. *cardiaca*)
③ Feld-Rittersporn *(Consolida regalis)*
③ Feuer-Lilie *(Lilium bulbiferum)*
③ Guter Heinrich *(Chenopodium bonus-henricus)*
② Korn-Rade *(Agrostemma githago)*
③ Motten-Königskerze *(Verbascum blattaria)*
② Purpur-Königskerze *(Verbascum phoeniceum)*
② Sommer-Adonisröschen *(Adonis aestivalis)*

**… für Wiesen**

③ Berg-Wohlverleih *(Arnica montana)*
② Brocken-Küchenschelle (*Pulsatilla alpina* subsp. *alba*)

③ Essig-Rose *(Rosa gallica)*
③ Felsensteinkraut *(Aurinia saxatilis)*
③ Feuer-Lilie *(Lilium bulbiferum)*
③ Gelbe Narzisse *(Narcissus pseudonarcissus)*
③ Gelber Enzian *(Gentiana lutea)*
③ Kleines Träubel *(Muscari botryoides)*
③ Mehl-Primel *(Primula farinosa)*
③ Runder Lauch (*Allium rotundum* subsp. *rotundum*)
③ Weicher Pippau *(Crepis mollis)*
③ Weißer Krokus *(Crocus albiflorus)*

**... für steinige Standorte wie Steinrasen und -gärten, Trockenmauern**

③ Ähriger Ehrenpreis (*Veronica spicata* subsp. *spicata*)
② Alpen-Edelweiß *(Leontopodium alpinum)*
③ Blaue Himmelsleiter *(Polemonium caeruleum)*
③ Buckel-Fetthenne *(Sedum dasyphyllum)*
③ Echte Katzenminze *(Nepeta cataria)*
② Echtes Herzgespann (*Leonurus cardiaca* subsp. *cardiaca*)
③ Felsensteinkraut *(Aurinia saxatilis)*
③ Feuer-Lilie *(Lilium bulbiferum)*
③ Gelber Enzian *(Gentiana lutea)*
③ Gewöhnliche Kugelblume *(Globularia bisnagarica)*
③ Kugelköpfiger Lauch *(Allium carinatum)*
③ Motten-Königskerze *(Verbascum blattaria)*
② Nacktstängel-Schwertlilie *(Iris aphylla)*
③ Pfingst-Nelke *(Dianthus gratianopolitanus)*
③ Rotblättrige Rose *(Rosa glauca)*
③ Sadebaum *(Juniperus sabina)*
② Schlauch-Enzian *(Gentiana utriculosa)*
② Wiesen-Küchenschelle *(Pulsatilla pratensis)*

**... für halbschattige Standorte wie Heckenränder, Gebüsche, Säume**

③ Aufrechte Waldrebe *(Clematis recta)*
② Ausdauernder Lein *(Linum perenne)*
③ Blaue Himmelsleiter *(Polemonium caeruleum)*
③ Englischer Ginster *(Genista anglica)*
③ Essig-Rose *(Rosa gallica)*
③ Färber-Meier *(Asperula tinctoria)*
③ Feuer-Lilie *(Lilium bulbiferum)*
③ Filziger Frauenmantel *(Alchemilla glaucescens)*
③ Flockige Königskerze *(Verbascum pulverulentum)*
③ Frauenschuh *(Cypripedium calceolus)*
③ Frühlings-Adonisröschen *(Adonis vernalis)*
③ Gewöhnliche Küchenschelle *(Pulsatilla vulgaris)*
③ Gewöhnlicher Diptam *(Dictamnus albus)*
③ Gewöhnliches Katzenpfötchen *(Antennaria dioica)*
③ Kleines Träubel *(Muscari botryoides)*
② Kreuz-Enzian *(Gentiana cruciata)*
② Österreichischer Ehrenpreis *(Veronica austriaca)*
② Purpur-Königskerze *(Verbascum phoeniceum)*
③ Rotblättrige Rose *(Rosa glauca)*
③ Sand-Strohblume *(Helichrysum arenarium)*
② Schmalblättriges Lungenkraut *(Pulmonaria angustifolia)*
③ Schwarze Nieswurz *(Helleborus niger)*
② Violette Schwarzwurzel *(Scorzonera purpurea)*
③ Wilde Tulpe *(Tulipa sylvestris)*

**... für feuchte Standorte wie Ufer, Teiche, Tümpel, Bachläufe**

③ Berg-Wohlverleih *(Arnica montana)*
③ Europäische Trollblume *(Trollius europaeus)*
③ Fieberklee *(Menyanthes trifoliata)*
③ Gewöhnliche Seekanne *(Nymphoides peltata)*
③ Gewöhnliches Katzenpfötchen *(Antennaria dioica)*
③ Guter Heinrich *(Chenopodium bonus-henricus)*
③ Kantiger Lauch *(Allium angulosum)*
③ Krebsschere *(Stratiotes aloides)*
③ Kugelköpfiger Lauch *(Allium carinatum)*
② Lauch-Gamander *(Teucrium scordium)*
② Lungen-Enzian *(Gentiana pneumonanthe)*
③ Mehl-Primel *(Primula farinosa)*
③ Polei-Minze *(Mentha pulegium)*
③ Pracht-Nelke *(Dianthus superbus)*
③ Schachblume *(Fritillaria meleagris)*
② Schlauch-Enzian *(Gentiana utriculosa)*
③ Sibirische Schwertlilie *(Iris sibirica)*
② Wiesen-Schwertlilie *(Iris spuria)*
② Wilde Weinrebe *(Vitis gmelinii)*

## Weitere typische Wiesenarten und ihre Partner

| PFLANZE | BLÜTE | BEVORZUGTER LEBENSRAUM | TIERARTEN | ÖKOLOGISCHE BEZIEHUNG |
|---|---|---|---|---|
| **Gemeines Leimkraut** *(Silene vulgaris)* | V–IX weiß | Steinschuttfluren, gestörte Halbtrockenrasen, Gebüschsäume, Wegränder | Dunkelgrüne Schmalbiene *(Lasioglossum morio)*<br><br>Nachtkerzenschwärmer *(Proserpinus proserpina)* und weitere 11 Falterarten | winzige Wildbiene mit 8 mm, nutzt Nektar und Pollen<br><br>spezialisierte Futterpflanze für die Raupen |
| **Gewöhnlicher Natternkopf** *(Echium vulgare)* | VI–IX blau | Straßenränder, trockene Weiden, gestörte Böden | Natternkopf-Mauerbiene *(Osmia adunca)*, Langhornbiene *(Eucera longicornis)* | beide sind oligolektisch[1] auf Raublattgewächse (vor allem *Echium*) |
| **Heil-Ziest** *(Stachys officinalis)* | VI–IX violett | Strauchgesellschaften, Heiden, Halbtrockenrasen, extensive Wiesen, Bergwiesen | Hummeln, viele Wildbienen<br><br>Späte Ziest-Schlürfbiene *(Rophites quinquespinosus* – stark gefährdet) Heilziest-Dickkopffalter *(Carcharodus floccifera)* | nutzen den reichlichen Nektar<br><br>beide sind vom Ziest abhängig |
| **Herbst-Löwenzahn** *(Scorzoneroides autumnalis)* | VII–IX gelb | nährstoffreiche, meist kalkarme Wiesen, Parkrasen, Wegränder, Salzwiesen | Pippau-Sandbiene *(Andrena fulvago)*<br><br>Pinsel-Blattwespe *(Tenthredo testaceipes)* | oligolektisch[1] auf Korbblütler<br><br>Larven fressen an Korbblüten und Samenständen |
| **Kleiner Klappertopf** *(Rhinanthus minor)* | V–IX gelb | feuchte und nährstoffreiche, aber auch trockene, karge, kalkarme Wiesen | Klappertopf-Kapselspanner *(Perizoma albulata)* | spezialisierte Futterpflanze für die Raupen |
| **Kuckuckslichtnelke** *(Lychnis flos-cuculi)* | V–VII pink | Moore, Sümpfe, feuchte Wiesen | Metallische Keulhornbiene *(Ceratina chalybea)*<br><br>Weißbinden-Nelkeneule *(Hadena compta)* | nutzt Nektar und Pollen, nagt ihre Nester in Stängel der Königskerze Vorwarnliste; Nelkengewächse sind spezialisierte Raupenfutterpflanzen |

| PFLANZE | BLÜTE | BEVORZUGTER LEBENSRAUM | TIERARTEN | ÖKOLOGISCHE BEZIEHUNG |
|---|---|---|---|---|
| **Raue Nelke** *(Dianthus armeria)* | VII–IX pink | offene, gestörte Standorte: Waldsäume, Wegränder, Ödland, Weiden, Felder | Kräuter-Mönch *(Cucullia lucifuga)* | Nektarpflanze für den Falter |
| | | | Haldenflur-Nelkeneule *(Heliophobus reticulata)* | *Dianthus*-Arten sind spezialisierte Futterpflanzen für die Raupen |
| **Wiesen-Flockenblume** *(Centaurea jacea)* | VI–IX pink | Halbtrockenrasen, Wiesen, Weiden, lehmige Wegränder | 93 Wildbienenarten wie Bedornte Schneckenhausbiene *(Osmia spinolosa)*, Gewöhnliche Filzbiene *(Epeolus variegatus)* | beide sind oligolektisch[1)] auf Korbblütler (Pollen) |
| **Wiesen-Glockenblume** *(Campanula patula)* | VI–IX violett | Wiesen, Wegränder, offene Wälder, Brachen | Glockenblumen-Scherenbiene *(Chelostoma campanularum)* | streng oligolektisch[1)] auf *Campanula*-Pollen |
| | | | Glockenblumen-Blattwespe *(Tenthredo campanulae)* | Larven fressen Blüten und Triebe |
| **Wiesen-Pippau** *(Crepis biennis)* | V–IX gelb | Wegränder, nährstoffreiche Wiesen | Löwenzahn-Dörnchensandbiene *(Andrena taraxaci)* | ertragreiche Pollen- und Nektarquelle für weitere 78 Wildbienenarten |
| | | | Bocksbarteule *(Amphipyra tragopoginis)* | Raupenfutterpflanze |
| **Wilde Malve** *(Malva sylvestris)* | IV–X rosa | Wiesen, Brachflächen der Ebene | Malven-Langhornbiene *(Eucera macroglossa)* | streng oligolektisch[1)] auf Malven |
| | | | Malven-Erdfloh *(Podagrica fuscicornis)* | Käfer und Larven leben oligophag[2)] an Malven |
| | | | Feuerwanzen *(Pyrrhocoridae)* | ernähren sich v. a. von Samen und Früchten von Malven |
| **Wilde Möhre** *(Centaurea jacea)* | VI–VIII weiß | Wiesen, Weiden, Wegränder, Brachflächen; sandige/kiesige Böden | Sommer-Kielsandbiene *(Andrena nitidiuscula)* | *A. nitidiuscula* oligolektisch[1)] auf Doldenblütler |
| | | | Möhrenfliege *(Chamaepsila rosae)* | Larven sind spezialisiert auf Wurzeln von Doldenblütlern |

1) oligolektisch = Weibchen der Bienenart sammeln ausschließlich Pollen einer Pflanzenart als Futter für ihre Larven
2) oligophag = das Nahrungsspektrum dieser Tierart ist eng begrenzt auf wenige Futterpflanzen

## Ausgewählte Pflanzenarten aus dem Staudenbeet und ihre tierischen Partner

| PFLANZE | TIERISCHE BESUCHER | ÖKOLOGISCHE BEZIEHUNG |
|---|---|---|
| **Berg-Flockenblume** *(Cyanus montanus)* | u. a. 86 Wildbienenarten, viele von ihnen spezialisiert wie die gefährdete Zwerg-Wollbiene oder die vom Aussterben bedrohte Goldene Steinbiene | als Raupenfutterpflanze und Nektarpflanze wichtig für zahlreiche Schmetterlinge |
| **Blut-Storchschnabel** *(Geranium sanguineum)* | Storchschnabel-Bläuling; viele Fliegen, Käfer und Wanzen nutzen die pinkfarbenen Blüten | Raupenfutterpflanze für den spezialisierten und gefährdeten Falter; robuste Pflanze auch für trockene Standorte, steht auf der Vorwarnliste |
| **Gewöhnliche Eselsdistel** *(Onopordum acanthium)* | 80 Wildbienen- und 28 Schwebfliegenarten sowie der Segelfalter fliegen auf sie | Samen dienen im Winter dem Stieglitz als Nahrung |
| **Goldlack** *(Erysimum cheiri)* | Die stark gefährdete Schweriner Sandbiene ist auf den Pollen spezialisiert. | Nektarpflanze für Nachtfalter, Schmetterlingsraupenfutterpflanze |
| **Großer Wiesenknopf** *(Sanguisorba officinalis)* | Heller und Dunkler Wiesenknopf-Ameisenbläuling *(Maculinea nausithous, M. teleius)* | Raupenfutterpflanze und Interaktion mit Ameisen (siehe Seite 158). |
| **Kartäuser-Nelke** *(Dianthus carthusianorum)* | Schwalbenschwanz *(Papilio machaon)*, Zitronenfalter *(Gonepteryx rhamni)*, Kartäusernelken-Kapseleule *(Hadena compta)* | super Blüher, je nach Standort von März bis November; Schmetterlingsmagnet und Raupenfutterpflanze |

| PFLANZE | TIERISCHE BESUCHER | ÖKOLOGISCHE BEZIEHUNG |
|---|---|---|
| **Katzenminze** *(Nepeta cataria)* | Wald-Pelzbiene *(Anthophora furcata)* | gefährdete Wildform der Katzenminze, heiß begehrt bei Wildbienen und Hummeln in den blütenärmeren Sommermonaten, liefert viel Nektar; steht auf der Vorwarnliste |
| **Rote Lichtnelke** *(Silene dioica)* | Violettbraune Kapseleule *(Hadena rivularis)* | Nektarpflanze für Nachtfalter, Schmetterlingsraupenfutterpflanze |
| **Schwarznessel** *(Ballota nigra)* | 47 Wildbienenarten, | blüht an günstigen Standorten von Mai bis November; Bienen, Hummeln und Schmetterlinge nutzen ihre kleinen pinkfarbenen Lippenblüten, wahrer Biodiversitätsbooster auf nährstoffreichen, sonnigen Böden durch ihre lange Blütezeit |
| | besonders interessant für Wollbienen | Monatelang patrouilliert das Männchen und verteidigt die Nahrungsquelle vehement auch gegenüber größeren Insekten. Kommt sehr selten vor bei Wildbienen. Gut zu beobachten: die hektischen Paarungen der Wollbienen. |
| **Stinkende Nieswurz** *(Helleborus foetidus)* | unschätzbarer Wert für Hummelköniginnen und Pelzbienen im zeitigen Frühjahr | grün blühend von Januar bis April; Nektarhefe in den Blüten sorgt für höhere Temperaturen, was frühe Bestäuber zum Aufwärmen nutzen |
| **Teufelsabbiss** *(Succisa pratensis)* | Abbiss-Scheckenfalter *(Euphydryas aurinia)* | Raupenfutterpflanze des stark gefährdeten Falters |
| **Wald-Geißbart** *(Aruncus dioicus)* | Erdkröte *(Bufo bufo)* | Rückzugsort im feuchten Mikrohabitat unter dem Blätterdach |
| | Wildbienen, Schmetterlinge, Käfer, insbesondere Rosenkäfer | super Insektenpflanze |

# ADRESSEN, DIE WEITERHELFEN

### Bezugsquellen Saatgut:

www.hof-berggarten.de
www.lebensinseln-shop.de
www.mr-wildbienengarten.de
www.nagolare.de
www.naturgarten-samen.de
www.rieger-hofmann.de
www.saaten-zeller.de
www.saatgut-vielfalt.de
www.templiner-kraeutergarten.de
www.wildblueten.de
www.wild-saat-gut.de
www.wildsamen-insel.de
www.yosana.net
www.arthasamen.ch

### Bezugsquellen Stauden:

www.allgaeustauden.de
www.biobaumversand.de
www.biostauden-tb.de
www.die-staudengaertnerei.de
www.gaertnerei-hueskes.de
www.gaertnerei-mobil.de
www.gaertnerei-moos.de
www.gaertnerei-strickler.de
www.gaissmayer.de
www.garten-schlueter.de
www.hof-berggarten.de
www.lichtnelke.de
www.mr-wildbienengarten.de
www.native-plants.de
www.naturgarten-shop.com
www.naturagart.de
www.naturgartenwelt.de
www.olerum.de
www.renature-wildpflanzen.de
www.stauden-marie.de
www.staudenspatz.de
www.wehner-naturgarten.de
www.wild-land.de
www.wildblueten.de
www.wildblumenliebe.de
www.wildblumentoechter-forscheln.de
www.wildblumenwelt.de
www.wildpflanzen-lemuth.de
www.wildstauden-online-kaufen.de
www.wildeblumen.at
www.biogarten.ch
www.wildstauden-gaertnerei.ch

### Bezugsquellen Gehölze:

www.natur-im-vww.de/bezugsquellen/
(Verband, Karte Vorkommensgebiete)
Nach Möglichkeit zertifizierte regionale Wildgehölze »VWW-Regiogehölze« beziehen

### Wichtige Links

**NaturaDB-Wildpflanzen-Datenbank**
www.naturadb.de
**Deutschlands Natur**
www.deutschlands-natur.de
**Tausende Gärten – Tausende Arten**
www.tausende-gaerten.de
**Naturgarten e. V.**
www.naturgarten.org
www.naturgarten.org/blog/2025/05/23/handbuch-invasiver-neophyten/
**Hortus-Netzwerk**
www.hortus-netzwerk.de

**Pflanzen der Roten Liste und Verantwortungsarten Deutschlands**
www.rote-liste-zentrum.de/de/Download-Pflanzen-1871.html#header

# BÜCHER, DIE WEITERHELFEN

Arnold, A.: **Quickfinder Artenvielfalt im Gartenjahr.** Gräfe und Unzer Verlag, München
Aufderheide, U.: **Schöne Wege im Naturgarten.** pala-Verlag, Darmstadt
Bode, T.: **Unser naturnaher Kleingarten.** pala-Verlag, Darmstadt
David, W.: **Lebensraum Totholz.** pala Verlag, Darmstadt
Günzel, W. R.: **Lebensräume schaffen.** pala Verlag, Darmstadt
Haft, J.: **Wildnis, unser Traum von unberührter Natur.** Penguin Verlag, München
Helbig, B.: **Naturgarten für Einsteiger – Mit vielen Profi-Tipps zum gleich Loslegen!** Bezug über NaturGarten e. V.
Helbig, B.: **Mein Garten wird ein Naturgarten.** pala-Verlag, Darmstadt
Hilgenstock, F./Witt, R.: **Das Naturgarten-Baubuch, Band 1 + Band 2.** Bezug über NaturGarten e. V.
Keller, N.: **Wilde Ecken für jeden Garten.** Gräfe und Unzer Verlag, München
Kern, S.: **Wild & Bunt.** Franckh-Kosmos Verlag, Stuttgart
Liechtensteinische Gesellschaft für Umweltschutz: **Vom Ziergarten zum Lebensraum – Kleines Praxisbuch für eine naturnahe Gartengestaltung.** Haupt Verlag AG, Bern
Rieger, E.: **Die Insektenwiese.** frechverlag, Stuttgart
Sperl, I.: **Der Boden – das verborgene Universum zu unseren Füßen.** Gräfe und Unzer Verlag, München
Steiger, P.: **Heimische Wildstauden im Garten.** Verlag Eugen Ulmer, Stuttgart
Voss, H. K.: **Artenvielfalt im naturbelassenen Garten – Eine Entdeckungsreise.** Springer Verlag, Heidelberg
Worm, R.: **Die Wiesenfibel.** Quelle & Meyer Verlag, Wiebelsheim

## BILDNACHWEIS

Layoutelemente: AdobeStock, Getty Images, iStock, Shutterstock. Alle Bilder von **Antje Arnold**, mit Ausnahme von: **Adobe Stock**: 002-003, 012-1, 012-2, 013-1, 013-2, 018, 019-1, 020, 021, 022-1, 022-2, 023-1, 023-2, 024, 026, 027, 028, 029, 030-1, 033, 034-1, 034-2, 035-1, 035-2, 036, 040, 042, 044, 045-1, 046, 047, 048, 049-1, 050-1, 050-2, 051, 055, 059-1, 059-2, 060, 061, 064-1, 064-2, 065-1, 065-2, 070, 071, 072-1, 073-1, 073-2, 075, 076-1, 076-2, 077-1, 077-2, 078, 080-2, 081-1, 091, 094-1, 094-2, 095-1, 095-2, 099-2, 103-1, 109, 110, 111-1, 111-2, 112-1, 112-2, 116-2, 118, 121-1, 121-2, 123, 124, 125, 126, 127, 131, 132-1, 133-1, 133-2, 137, 139, 143, 145-1, 145-2, 146, 147, 155-1, 155-2, 156-1, 159, 163, 170-1, 170-2, 171-2, 173-1, 178-2, 179-1, 181-2, 184-1, 184-2, 188-1, 189, 196, 201-1, 203; **Alamy Stock Photos**/Artellia: 045-2; /buccaneer: 192-1; /Colin Varndell: 134-1; /Neils Saksons: 136; /Zoonar/Peter Himmelhuber: 173-2; **GAP Photos:** 185, /Nova Photo Graphik: 193-2, 206; **Getty Images**: 199, 201-2; **Herr, Esther**: 086, 088; **Image Professionals**: 113; /Friedrich Strauss: 194; **mauritius Images**/Alamy Stock Photos/Historic Images: 080-1; /Alamy Stock Photos/ Vladi Alon: 025, /SuperStock/Fine Art Images: 030-2; /Volker Preusser: 049-2; **Nickig, Marion**: 006, 052, 054-1, 054-2, 063, 087, 101, 103-2, 108, 119-2, 129, 135-2, 138, 156-2, 161, 166-2, 167, 169, 183, 187, 188-2, 191, 192-2, 197; **Shutterstock**: 011, 081-2, 181-1; **VWW – Verband deutscher Wildsamen- und Wildpflanzenproduzenten e.V.:** 089; **Wikipedia**: 069, 092; **Wildbienen Thuenen**/ Heynoldt, T.: 068-1, /Spenn, Matthias: 068-2; **Wittmann, Rudi:** 067.

# REGISTER

**Fett** gesetzte Seitenzahlen verweisen auf Abbildungen.

## ZUR AUTORIN

**Dr. Antje Arnold** ist Molekularbiologin und Fachjournalistin, begeistert sich seit Kindheitstagen für Pflanzen, Tiere und Pilze und beschäftigt sich seit vielen Jahren mit den Themen Biodiversität und Artensterben. Als sie innerhalb eines internationalen Großkonzerns den Bereich Biodiversität aufbaute, entwickelte sich der Insektenschutz zu ihrem Herzensthema und führte sie zusätzlich zu einem eigenen wilden und insektenfreundlichen Garten. Außerdem hält sie regelmäßig Vorträge zu Themen wie Biodiversität und Artensterben.

## DIE BÜCHERMENSCHEN HINTER DEM PROJEKT

*Verlagsleitung:* Nadja Harzdorf-van Wickeren
*Projektleitung:* Fabian Barthel
*Lektorat:* Angelika Lang
*Korrektorat:* Anne-Sophie Zähringer
*Bildredaktion:* Natascha Klebl (Cover), Petra Ender
*Cover:* zero-media.net, München
*Layout:* ki36 Editorial Design, München, Bettina Stickel
*Satz:* Christopher Hammond
*Herstellung:* Renate Hutt
*Illustration:* Bella Illenberger
*Reproduktion:* Medienprinzen GmbH, München
*Druck & Bindung:* Druckerei APPL, aprinta GmbH, Wemding


Grillparzerstraße 8, 81675 München

www.gu.de/kontakt | hallo@gu.de

GU ist eine eingetragene Marke der GRÄFE UND UNZER VERLAG GmbH

**1. Auflage 2026, ISBN: 978-3-8338-9750-4**

## WICHTIGER HINWEIS

## LIEBE LESERIN, LIEBER LESER,

wie wunderbar, dass du dich für ein Buch von GU entschieden hast! In unserem Verlag dreht sich alles darum, dir mit gutem Rat dein Leben schöner, erfüllter und einfacher zu machen. Unsere Autorinnen und Autoren sind echte Expertinnen und Experten auf ihren Gebieten, die ihr Wissen mit viel Leidenschaft mit dir teilen. Und unsere erfahrenen Redakteurinnen und Redakteure stecken viel Liebe und Sorgfalt in jedes Buch, um dir ein Leseerlebnis zu bieten, das wirklich besonders ist. Qualität steht bei uns schon seit jeher an erster Stelle – jedes Buch ist von Büchermenschen für Buchbegeisterte gemacht, mit dem Ziel, dein neues Lieblingsbuch zu werden.

Deine Meinung ist uns wichtig, und wir freuen uns sehr über dein Feedback und deine Empfehlungen – sei es im Freundeskreis oder online.

Viel Spaß beim Lesen und Entdecken!

PS: Hier noch mehr GU-Bücher entdecken: www.gu.de

## FÜR DIE UMWELT

Dieses Buch wurde auf PEFC-zertifiziertem Papier aus nachhaltiger Waldwirtschaft gedruckt. Aus Liebe zur Natur verwenden wir leichtes Papier.

## WERDE TEIL DER GU-COMMUNITY!

Du und deine Familie, dein Haustier, dein Garten oder einfach richtig gutes Essen. Egal, wo du im Leben stehst: Als Teil unserer Community entdeckst du die neuesten GU-Bücher als Erstes, du genießt exklusive Leseproben und wirst mit wertvollen Impulsen und kreativen Ideen bereichert.

Worauf wartest du? Sei dabei!

www.gu.de/gu-community

© Kay Blaschke

## WARUM UNS DAS BUCH BEGEISTERT

»Der Wildnis wieder mehr Raum in unseren Gärten geben, für die Natur und auch für uns – wie das gelingt, zeigt uns die Biodiversitäts-Expertin Dr. Antje Arnold.«

*Nadja Harzdorf-van Wickeren,* Verlagsleitung